基于 DirectX 11 的 3D 图形
程序设计案例教程

主 编 曾 骏 高 旻 熊庆宇 文俊浩

重庆大学出版社

内容提要

本书主要介绍如何使用 DirectX 11 开发交互式 3D 图形程序。书中除第 1 章外,每一章都通过一个完整的实验介绍 DirectX 11 程序开发的相关知识。首先介绍了 Windows 编程的基础以及必要的数学函数库的使用,然后讲解了相关的 3D 概念。其主题涵盖了 Direct3D 的基本原理和方法,例如图元的绘制、光照、纹理、混合、模板等。本书弱化过多的理论讲解,强调在实践中掌握 3D 图形编程的基本技能。内容深入浅出,主要面向希望学习 3D 图形开发技术并具有一定的程序设计基础的大中专院校学生以及希望学习 3D 图形编程的开发人员。

图书在版编目(CIP)数据

基于 DirectX 11 的 3D 图形程序设计案例教程/曾骏等
主编. —重庆:重庆大学出版社,2015.5(2016.1 重印)
ISBN 978-7-5624-9003-6

Ⅰ.①基… Ⅱ.①曾… Ⅲ.①多媒体—软件工具—教
材 Ⅳ.①TP311.56

中国版本图书馆 CIP 数据核字(2015)第 083222 号

基于 DirectX 11 的 3D 图形程序设计案例教程
主 编 曾 骏 高 旻 熊庆宇 文俊浩
策划编辑:彭 宁 何 梅
责任编辑:文 鹏 版式设计:彭 宁 何 梅
责任校对:邹 忌 责任印制:赵 晟

*

重庆大学出版社出版发行
出版人:易树平
社址:重庆市沙坪坝区大学城西路 21 号
邮编:401331
电话:(023)88617190 88617185(中小学)
传真:(023)88617186 88617166
网址:http://www.cqup.com.cn
邮箱:fxk@cqup.com.cn(营销中心)
全国新华书店经销
重庆升光电力印务有限公司印刷

*

开本:889×1194 1/16 印张:18.75 字数:517 千
2015 年 5 月第 1 版 2016 年 1 月第 2 次印刷
印数:1 001—2 500
ISBN 978-7-5624-9003-6 定价:39.00 元

前言

本书主要介绍基于 DirectX 11 中 Direct3D 图形程序接口（以下简称 D3D 11）的 3D 图形编程基础。想要掌握图形编程的方法，必须通过实际动手编程进行实践。而目前关于 D3D 11 的书籍注重理论部分的介绍，学习者在掌握了图形编程理论知识后却难以自己独立编写一个 3D 图形程序。针对这一问题，本书弱化理论部分的讲解，注重实践部分的练习。本书的每一章都通过一个独立的 3D 实例程序来介绍每个知识点如何运用和实现。实例程序由易到难，读者可以循序渐进地学习基于 D3D 11 的 3D 图形编程方法。为了便于读者更好地理解 3D 图形的实现过程，本书的实例代码并没有过分强调代码风格，比如没有将一些过程代码封装为类或者函数。有兴趣的读者可以自行将相应代码进行封装。

◆ 适用的读者

本书内容深入浅出，主要面向希望学习 3D 图形开发技术并具有一定的 C++ 程序设计基础的大中专院校学生和技术开发人员。本书既适用于没有图形编程基础的初学者，也适用于熟悉其他图形接口（例如 OpenGL）或早期 D3D 版本（例如 D3D 9 或者 D3D 10）的 3D 图形开发者进一步学习 D3D 11 开发。

◆ 使用方法

本书可以作为教材单独使用，也可以作为其他教材配套实验手册。本书在单独使用时，需要读者参考相关图形学书籍，另外需要读者具有一定的线性代数基础。

本书每一章都是一个独立的 3D 图形程序，难度循序渐进。读者既可以从第 1 章开始从前往后阅读，也可以根据自己的需要，挑选感兴趣的章节和内容直接阅读。

如果读者自行阅读本书，可以先根据每一章的实验指导，一步一步地按照讲解进行编程。编程过程中可以根据代码注释理解代码含义。在完成编程后，可以试着完成每章最后的思考题来加深对代码的理解。最后还可以在实验代码的基础上进行扩展，使自己对整个代码融汇贯通。

如果将本书作为课堂教学的教材使用，建议教师在课前先让学生完成每章的实验，在课上对实验所涉及的理论和实现方法进行讲解，最后以思考题作为课后作业来加深学生对代码的理解。

全书内容

本书内容主要分为三个部分。

第一部分为准备阶段,主要介绍 D3D 11 开发环境配置,Windows 编程及矩阵变换相关基础知识。

➢ 第 1 章介绍了如何配置 D3D 11 的开发环境;

➢ 第 2 章介绍了 Windows 编程的基本知识;

➢ 第 3 章介绍了矩阵变换的相关知识。

第二部分主要介绍如何运用 D3D 11 进行 3D 图形编程。

➢ 第 4 章介绍了初始化 D3D 的方法,以及实验代码的基本框架;

➢ 第 5 章通过绘制一个简单的三角形介绍 D3D 绘制的基本流程;

➢ 第 6 章通过绘制一个旋转的彩色立方体介绍 Effect 框架的使用;

➢ 第 7 章介绍了如何实现不同的光照效果;

➢ 第 8 章介绍了如何为三维物体添加纹理效果;

➢ 第 9 章介绍了如何运用混合实现半透明的水纹效果;

➢ 第 10 章介绍了利用模板实现镜子中物体倒影的效果;

➢ 第 11 章介绍了一个灵活摄像机类;

➢ 第 12 章介绍了从 OBJ 文件中读取 OBJ 模型的方法。

第三部分主要通过两个综合示例介绍了如何运用第一部分介绍的 3D 图形编程技术实现 3D 游戏。

➢ 第 13 章介绍了一个巴士跑酷游戏的实现方法;

➢ 第 14 章介绍了一个投篮游戏的实现方法。

本书辅助内容

本书所有示例程序的源代码均可在 http://www.cqup.com.cn 中找到。

软硬件配置

本书主要讲解基于 Direct3D 11 的 3D 图形编程,因此需要一定的软硬件配置环境,具体要求如下:

➢ CPU 至少 1.6 GHz 以上;

➢ 硬盘空间 2 GB 以上;

➢ 内存 1 GB 以上;

➢ 支持 DirectX 11 的显卡;

➢ Visual Studio 2010/2012/2013;

➢ DirectX 11 SDK 9.29 或以上。

致谢

首先要感谢重庆大学软件学院对本书的支持。

作者要感谢在任教期间,各位老师和同学的帮助。尤其感谢刘海洋和陈垠宇同学为本书第二部分的编写提出的许多宝贵意见。

作者要感谢重庆大学出版社的出版团队,使本书能顺利出版。

最后作者要感谢夫人以及父母在各方面的理解和支持!

曾　骏

重庆大学软件学院软件工程系

电子邮箱:zengjun@cqu.edu.cn

目录

第 1 部分　准备部分 ……………………………………………………… 1

第 1 章　安装与配置 DirectX 开发环境 …………………………………… 2

  1.1　概述 …………………………………………………………………… 2

  1.2　安装 Visual Studio 2012 ……………………………………………… 3

  1.3　安装 DirectX SDK …………………………………………………… 6

  1.4　配置 Effect 框架 ……………………………………………………… 9

  1.5　安装常见问题解决 …………………………………………………… 11

第 2 章　第一个 Windows 程序 …………………………………………… 13

  2.1　概述 …………………………………………………………………… 13

  2.2　建立一个简单的 Windows 程序 …………………………………… 14

  2.3*　补充知识 …………………………………………………………… 22

第 3 章　XNA 数学库简介 ………………………………………………… 24

  3.1　概述 …………………………………………………………………… 24

  3.2　一个矩阵变换的例子 ………………………………………………… 25

  3.3　利用 XNA 数学库实现例子中的矩阵变换 ………………………… 26

  3.4*　补充知识 …………………………………………………………… 35

第 2 部分　Direct3D 基础及应用 ………………………………………… 36

第 4 章　初始化 Direct3D ………………………………………………… 37

  4.1　概述 …………………………………………………………………… 37

  4.2　初始化 Direct3D ……………………………………………………… 38

第 5 章　第一个 D3D 程序 ………………………………………………… 51

  5.1　概述 …………………………………………………………………… 51

  5.2　绘制一个三角形 ……………………………………………………… 52

  5.3*　思考题 ……………………………………………………………… 61

  5.4*　常见问题及解决方法 ……………………………………………… 62

第 6 章　Effect 框架简介 ………………………………………………… 64

  6.1　概述 …………………………………………………………………… 64

  6.2　利用 Effect 框架绘制旋转的彩色立方体 ………………………… 66

  6.3*　思考题 ……………………………………………………………… 78

  6.4*　常见问题及解决方法 ……………………………………………… 79

第 7 章　光照效果 ………………………………………………………… 80

  7.1　概述 …………………………………………………………………… 80

  7.2　绘制具有光照效果的立方体 ………………………………………… 81

1

7.3* 思考题 ⋯⋯⋯⋯⋯⋯⋯⋯⋯⋯⋯⋯⋯⋯⋯⋯⋯⋯⋯⋯⋯⋯ 102

第 8 章　纹理 ⋯⋯⋯⋯⋯⋯⋯⋯⋯⋯⋯⋯⋯⋯⋯⋯⋯⋯⋯ 103
8.1　概述 ⋯⋯⋯⋯⋯⋯⋯⋯⋯⋯⋯⋯⋯⋯⋯⋯⋯⋯⋯⋯⋯⋯ 103
8.2　利用纹理绘制木箱子 ⋯⋯⋯⋯⋯⋯⋯⋯⋯⋯⋯⋯⋯⋯ 105
8.3* 思考题 ⋯⋯⋯⋯⋯⋯⋯⋯⋯⋯⋯⋯⋯⋯⋯⋯⋯⋯⋯⋯⋯ 116
8.4* 补充知识 ⋯⋯⋯⋯⋯⋯⋯⋯⋯⋯⋯⋯⋯⋯⋯⋯⋯⋯⋯⋯ 117

第 9 章　混合 ⋯⋯⋯⋯⋯⋯⋯⋯⋯⋯⋯⋯⋯⋯⋯⋯⋯⋯⋯ 119
9.1　概述 ⋯⋯⋯⋯⋯⋯⋯⋯⋯⋯⋯⋯⋯⋯⋯⋯⋯⋯⋯⋯⋯⋯ 119
9.2　利用混合技术绘制水中的箱子 ⋯⋯⋯⋯⋯⋯⋯⋯ 120
9.3* 思考题 ⋯⋯⋯⋯⋯⋯⋯⋯⋯⋯⋯⋯⋯⋯⋯⋯⋯⋯⋯⋯⋯ 144

第 10 章　模板 ⋯⋯⋯⋯⋯⋯⋯⋯⋯⋯⋯⋯⋯⋯⋯⋯⋯⋯ 145
10.1　概述 ⋯⋯⋯⋯⋯⋯⋯⋯⋯⋯⋯⋯⋯⋯⋯⋯⋯⋯⋯⋯⋯ 145
10.2　利用模板绘制镜子中的物体 ⋯⋯⋯⋯⋯⋯⋯⋯⋯ 146
10.3* 思考题 ⋯⋯⋯⋯⋯⋯⋯⋯⋯⋯⋯⋯⋯⋯⋯⋯⋯⋯⋯⋯ 166

第 11 章　灵活摄像机 ⋯⋯⋯⋯⋯⋯⋯⋯⋯⋯⋯⋯⋯⋯ 167
11.1　概述 ⋯⋯⋯⋯⋯⋯⋯⋯⋯⋯⋯⋯⋯⋯⋯⋯⋯⋯⋯⋯⋯ 167
11.2　灵活摄像机的实现 ⋯⋯⋯⋯⋯⋯⋯⋯⋯⋯⋯⋯⋯⋯ 167

第 12 章　OBJ 模型简介 ⋯⋯⋯⋯⋯⋯⋯⋯⋯⋯⋯⋯ 176
12.1　概述 ⋯⋯⋯⋯⋯⋯⋯⋯⋯⋯⋯⋯⋯⋯⋯⋯⋯⋯⋯⋯⋯ 176
12.2　导入椅子的 OBJ 模型 ⋯⋯⋯⋯⋯⋯⋯⋯⋯⋯⋯⋯ 178
12.3* 思考题 ⋯⋯⋯⋯⋯⋯⋯⋯⋯⋯⋯⋯⋯⋯⋯⋯⋯⋯⋯⋯ 196

第 3 部分　Direct3D 综合示例 ⋯⋯⋯⋯⋯⋯⋯⋯ 197
第 13 章　跑酷游戏——BUS RUN ⋯⋯⋯⋯⋯⋯ 198
13.1　概述 ⋯⋯⋯⋯⋯⋯⋯⋯⋯⋯⋯⋯⋯⋯⋯⋯⋯⋯⋯⋯⋯ 198
13.2　编写 BUS RUN 游戏 ⋯⋯⋯⋯⋯⋯⋯⋯⋯⋯⋯⋯ 199
13.3* 思考题 ⋯⋯⋯⋯⋯⋯⋯⋯⋯⋯⋯⋯⋯⋯⋯⋯⋯⋯⋯⋯ 223

第 14 章　投篮游戏 ⋯⋯⋯⋯⋯⋯⋯⋯⋯⋯⋯⋯⋯⋯⋯ 224
14.1　概述 ⋯⋯⋯⋯⋯⋯⋯⋯⋯⋯⋯⋯⋯⋯⋯⋯⋯⋯⋯⋯⋯ 224
14.2　准备编写投篮游戏 ⋯⋯⋯⋯⋯⋯⋯⋯⋯⋯⋯⋯⋯⋯ 225
14.3　投篮游戏的设计与实现 ⋯⋯⋯⋯⋯⋯⋯⋯⋯⋯⋯ 236
14.4* 思考题 ⋯⋯⋯⋯⋯⋯⋯⋯⋯⋯⋯⋯⋯⋯⋯⋯⋯⋯⋯⋯ 291

参考文献 ⋯⋯⋯⋯⋯⋯⋯⋯⋯⋯⋯⋯⋯⋯⋯⋯⋯⋯⋯⋯ 292

第 **1** 部分

准备部分

要进行基于 Direct3D 11 的图形程序设计，首先需要安装与配置相应的开发环境。本书中的实例都是基于 C++语言编写，同时需要读者了解基本的 Windows 编程的知识。另外，为了更好地理解后面章节的内容，也需要读者了解矩阵变换的相关数学知识。基于这些目的，本部分主要包括以下内容：

➤ 以 Visual Studio 2012 为例介绍开发环境的安装，同时介绍 DirectX SDK 9.29 的安装，最后介绍 Effect 框架的配置过程。

➤ 通过一个最简单的"Hello World"窗口程序，介绍 Windows 编程的基础知识。让读者初步了解 Windows 编程的事件机制、消息循环和回调函数的相关知识。

➤ 通过一个示例介绍如何运用 XNA 函数库对应的类或者数据结构声明向量和矩阵，并且进行向量的缩放、旋转、平移等变换操作。

需要说明的是，Windows 编程以及 XNA 数学函数库所涉及的内容非常多，本书无法在有限的篇幅内对这些知识进行详细阐述，仅仅对后面示例所需要的基本知识进行讲解。如果读者希望了解更多的内容，可以参考相关书籍。

第 1 章
安装与配置 DirectX 开发环境

1.1 概　述

要进行基于 D3D 11 的 3D 图形程序设计,首先要安装和配置开发环境。对于刚接触 C++ 的读者,尤其是对开发环境不熟悉的读者,如何安装和配置开发环境是一个难点。本章就针对这个问题,一步一步地讲解如何安装包括 Visual Studio 2012(下文简称 VS 2012),DirectX SDK(下文简称 DX SDK)在内的开发环境,同时也会对安装和配置过程中可能遇到的问题进行讲解和说明。

1.1.1　相关概念简介

(1) DirectX SDK

对于第一次进行 D3D 开发的读者而言,由于对 DX SDK 还不太了解,所以在介绍开发环境的安装之前,先简要介绍一下 DX SDK 的相关知识。DX SDK 是由微软公司(Microsoft)发布的 DirectX 编程的软件,SDK 就是 Software Development Kit 的缩写,中文意思就是"软件开发工具包"。DX SDK 中包含了开发多媒体应用软件所必需的开发工具、头文件、程序库、范例执行文件、文件、DirectX 工具等。需要注意的是,DX SDK 中不仅包括了 3D 图形编程所需的开发工具,还包括了声音、音乐、游戏输入等的相关开发工具。所以在开发 D3D 程序时,实际上仅仅只用到了 DX SDK 的一部分工具。

由于 DirectX 已经经历了十几年的版本更替,要开发 D3D 11 的图形程序就必须安装支持 D3D 11 版本的 SDK。本书是以 DX SDK 9.29 版本为例进行讲解。这个版本发布于 2010 年 6 月,所以也常被称为 DX SDK(June 2010)。这个版本虽然不是最新的版本,但是考虑到读者所使用的操作系统版本有新有旧,从稳定性上考虑,本书采用 DX SDK 9.29 来编写示例程序。

(2) Effect 框架

安装 DirectX 开发环境,就必须配置 Effect 框架。Effect 框架是 D3D 提供的用于管理各种着色器和渲染状态的一个代码框架,用来直接读取.fx 格式的 Effect 文件。一个 Effect 文件是将一系列相关的着色器程序组织起来,以便需要的时候加载。Effect 文件是用高级着色语言(High-Level Shading Language,HLSL)进行编写。由于篇幅限制,本书无法对 HLSL 进行详细讲解,只对示例中需要的 HLSL 知识进行介绍,读者可以参考 HLSL 相关书籍。本书会从第 6 章开始对 Effect 文件的编写进行讲解,以实现不同的效果。

使用 Effect 框架最大的好处就是降低编写难度,使得编写着色器绘制的程序工作量大大下降。第二个好处是,Effect 框架下,DirectX 中的变量和 HLSL 中的变量绑定逻辑比较清晰。在 DirectX 11 中,

Effect 已经被单独划分出来了,因此就需要配置 Effect 框架来引用相应的静态库。

1.1.2　本章主要内容

综上所述,本章主要内容包括:
- Visual Studio 2012 的下载与安装;
- DX SDK（June 2010）的下载与安装;
- Effect 框架的配置。

1.2　安装 Visual Studio 2012

读者可以在微软的官方网站下载 Visual Studio Ultimate 2012 的镜像文件,文件名为“VS2012_ULT _chs. iso”。如果读者是 Windows 8.1 操作系统,可以直接双击 VS2012_ULT_chs. iso 的图标开始安装, 否则需要安装一个虚拟光驱才可以安装。开始安装后进入到安装界面,按照提示一步一步进行操作。
①如图 1.1 所示,选择“我同意许可条款和条件”。

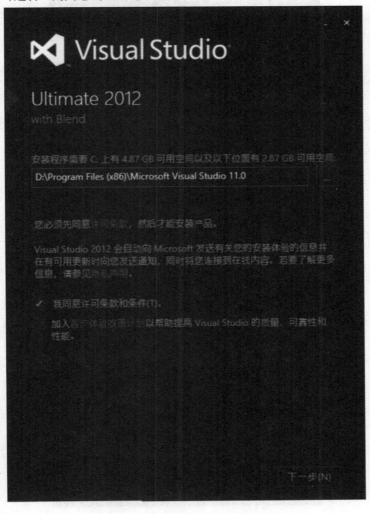

图 1.1　Visual Studio 2012 安装界面

②如图 1.2 所示,选择所有可安装功能。

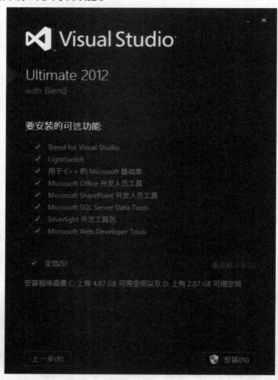

图 1.2　选择 Visual Studio 2012 要安装的可选功能

③如图 1.3 所示,等待安装程序安装 Visual Studio 2012。

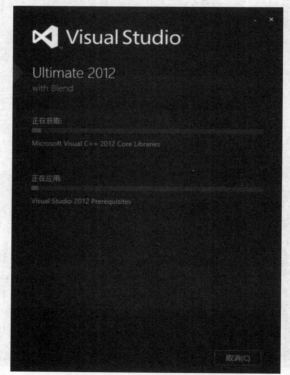

图 1.3　Visual Studio 2012 安装进度界面

④如图 1.4 所示,输入产品密钥。

图 1.4　输入产品密钥

⑤如图 1.5 所示,选择默认环境设置为 Visual C++开发环境后安装完毕。

图 1.5　选择 Visual Studio 2012 默认环境

1.3　安装 DirectX SDK

本书使用的是微软发布的 DX SDK（June 2010）版本。这是 DXSDK 最后一个版本，之后的版本都集合到了 WinSDK 中。大家可以在微软官网上找到此版本的安装文件，文件名为"DXSDK_Jun10.exe"。网址是：http://download.microsoft.com/download/A/E/7/AE743F1F-632B-4809-87A9-AA1BB3458E31/DXSDK_Jun10.exe。

下载完成后直接双击 DXSDK_Jun10.exe 文件，开始安装 DX SDK。

①如图 1.6 所示，进入安装界面。

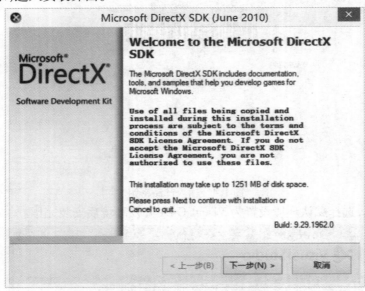

图 1.6　DirectX 安装界面

②如图 1.7 所示，选择"I accept the terms in the license agreement"。

图 1.7　选择接受许可协议中的条款

③单击"下一步",出现如图 1.8 所示界面,选择"No, I would not like to participate"表示不参加用户体验改进。

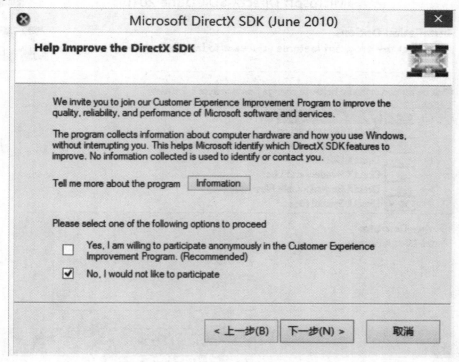

图 1.8　选择不参加用户体验改进

④单击"下一步",选择安装路径,如图 1.9 所示,选择安装路径为"D:\Program Files（x86）\Microsoft DirectX SDK（June 2010）"（读者可以根据自己的需要选择安装路径）。

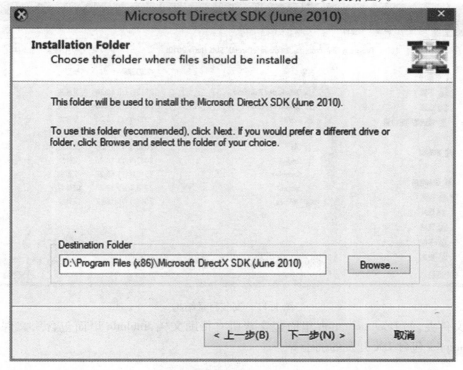

图 1.9　选择安装路径

⑤单击"下一步",如图 1.10 所示,选择需要安装的组件,这里选择默认即可。

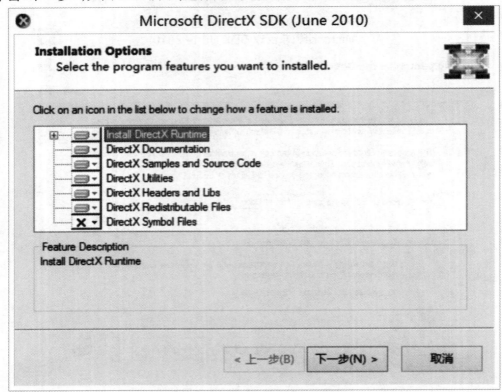

图 1.10　选择需要安装的组件

⑥安装完毕后,安装目录下的文件和子目录结构,如图 1.11 所示。

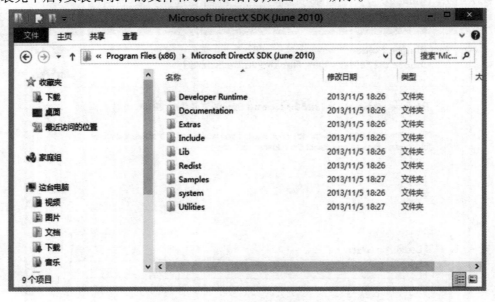

图 1.11　安装目录结构

　　常用的文件夹,如 Documentation 里面包含着所有帮助文档,Include 里面包含头文件,lib 里面包含库文件,Samples 包含 DX 开发的例子等。

1.4　配置 Effect 框架

从 D3D 11 开始,Effect 库就不再作为核心库,而是以辅助库的形式完全开源地提供。配置 Effect 框架的主要目标是生成 Effects11. lib 库文件。首先找到安装 SDK 的目录(如本书中安装目录为 D:\ Program Files (x86)\Microsoft DirectX SDK (June 2010)\),找到 D:\Program Files (x86)\Microsoft DirectX SDK (June 2010)\Samples\C++\Effects11 文件夹。用 VS2012 打开该文件夹下的"Effects11_ 2010. sln",如图 1.12 所示。

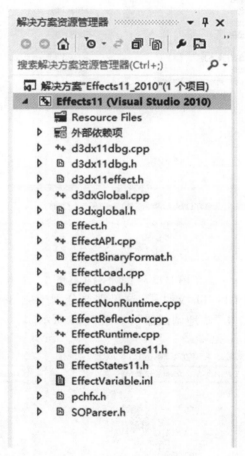

图 1.12　Effect 框架的文件资源

由于是用 VS 2012 作为开发平台,因此必须在 VS 2012 的平台工具集下生成 Effects11. lib 文件。在项目名处单击鼠标右键选择"属性",在属性页中选择"配置属性"→"常规"→"平台工具集",选择"Visual Studio 2012(v110)",如图 1.13 所示。

图 1.13　选择平台工具集

现在就可以开始生成 Effects11. lib 文件了,这里需要分别生成 Release 和 Debug 的 Effects11. lib 文件。首先在 Release 状态下点击"本地调试器",如图 1.14 所示。

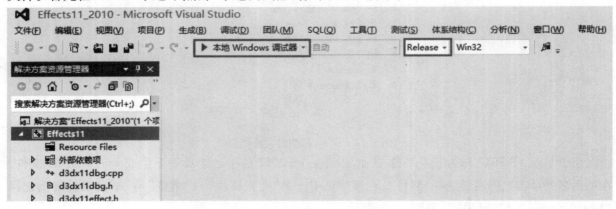

图 1.14　在 Release 状态下点击本地调试器

单击后会出现如图 1.15 的提示框,说明 Relaese 状态下的 Effects11. lib 已经生成成功。然后在 Debug 状态下单击"本地调试器",如图 1.16 所示。同样会出现如图 1.17 的错误框,说明 Debug 状态下的 Effects11. lib 已经生成成功。

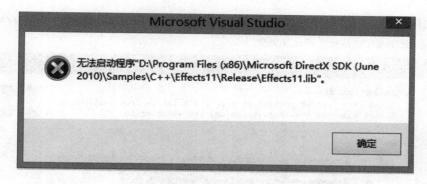

图 1.15　在 Release 状态下生成 Effects11.lib 时的错误框

图 1.16　在 Debug 状态下点击本地调试器

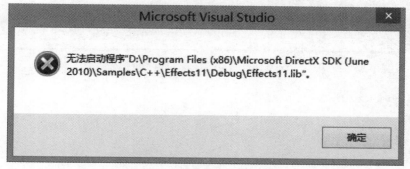

图 1.17　在 Debug 状态下生成 Effects11.lib 时的错误框

至此,D3DX11Effects.lib 文件已经创建成功。大家可以分别在 D:\Program Files (x86)\Microsoft DirectX SDK (June 2010)\Samples\C++\Effects11\Release 和 D:\Program Files (x86)\Microsoft DirectX SDK (June 2010)\Samples\C++\Effects11\Debug 文件夹中找到这个 Effects11.lib 库文件。

1.5　安装常见问题解决

在安装 DX SDK 过程中有可能会遇到 S1023 的错误,如图 1.18 所示。

(1)错误原因

错误原因在于计算机上安装过更新版的 Microsoft Visual C++ 2010 Redistributable。打开"控制面板"的"程序和功能",发现计算机里之前有安装"Microsoft Visual C++ 2010 x86 Redistributable-1010.0.40219",而 DXSDK_Jun 安装的是"Microsoft Visual C++ 2010 x86 Redistributable-1010.0.30319",版本低于本机已安装的版本,所以安装出现 s1023 错误。

(2)解决办法

在控制面板的"程序和功能"中卸载更高的版本"Microsoft Visual C++ 2010 x86 Redistributable-1010.0.40219",再重新安装 DX SDK 即可。如果实在需要"Microsoft Visual C++ 2010 x86 Redistributable-1010.0.40219",可在安装完 DXSDK_Jun10 之后再安装。下载页面地址是 http://www.microsoft.com/en-us/download/details.aspx?id=26999。

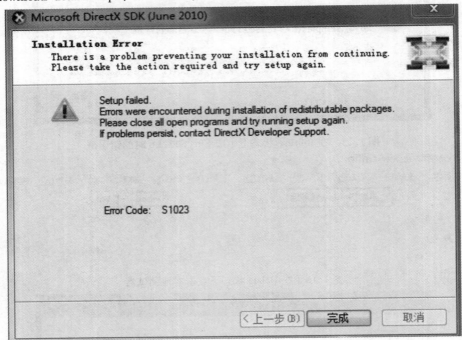

图 1.18　S1023 错误

第2章

第一个 Windows 程序

2.1 概 述

由于本书中的示例都是在窗口中实现,所以需要读者掌握基本的 Windows 编程基础。本章将通过一个最简单的 Windows 程序来介绍如何创建一个窗口和简单的事件响应。由于本书篇幅有限,所以无法将 Windows 编程的所有知识进行详细阐述,这里只对一些重要的概念进行简单解释。读者可以根据自己的需要去阅读相关书籍。

2.1.1 Windows 编程的主要概念

(1)句柄

一个句柄是指使用的一个唯一的整数值,即一个 4 字节(64 位程序中为 8 字节)长的数值,来标识应用程序中的不同对象和同类对象中的不同实例。例如在本章例子中创建一个窗口,这个窗口就会有一个窗口句柄来唯一标识它。应用程序能够通过句柄访问相应的对象的信息,但是句柄不是一个指针,程序不能利用句柄来直接阅读文件中的信息。

(2)事件与消息

在后面的示例中,往往需要实现可交互性,比如响应鼠标单击或者键盘敲击。所以就必须了解 Windows 编程中事件与消息的概念。事件(Event)是用户操作应用程序产生的动作或 Windows 系统自身所产生的动作。而消息(Message)就是告诉应用某个事件触发了,例如,单击鼠标、改变窗口尺寸、按下键盘上的一个键都会使 Windows 发送一个消息给应用程序。例如本章的例子中,会使窗口能够响应鼠标左键的单击,弹出一个消息框。

(3)消息队列和消息循环

当一个事件发生时,Windows 会为应用程序发送一条消息,并在该应用程序的消息队列中增加一条消息。该消息队列只是一个保存了应用程序所接收到的消息的优先队列(Priority Queue)。应用程序在一个消息循环中不断地检查消息队列,当收到一条消息时,便将其分派给接收该消息的特定窗口的窗口过程。图 2.1 展示了一个简单的消息队列和消息循环的流程。

(4)回调函数

在处理事件所产生的消息时,往往需要用到回调函数。回调函数就是一个通过函数指针调用的函数。如果把函数的指针(地址)作为参数传递给另一个函数,当这个指针被用来调用其所指向的函数时,我们就说这是回调函数。回调函数不是由该函数的实现方法直接调用,而是在特定的事件或条

13

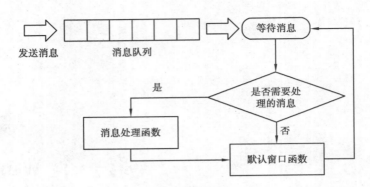

图 2.1　消息队列和消息循环

件发生时由另外一方调用的,用于对该事件或条件进行响应。

2.1.2　本章内容和目标

本章的主要任务是创建一个简单的窗口。在窗口区域内单击鼠标左键,弹出一个写有"Hello, World"的消息框。通过完成示例中的代码,掌握如下知识点:

①掌握窗口的创建过程;

②掌握事件的响应原理和实现方法;

③理解消息循环和回调函数的作用。

2.2　建立一个简单的 Windows 程序

2.2.1　创建一个 Win32 项目

由于这是本书的第一个例子,下面会从建立项目开始一步一步地进行阐述,便于初学者理解 VS 2012 的开发环境。由于篇幅有限,后面章节的例子中将不会再介绍项目的创建过程,如有不明白的地方可以参考本章。

①打开 VS 2012,选择"文件"→"新建"→"项目",如图 2.2 所示。

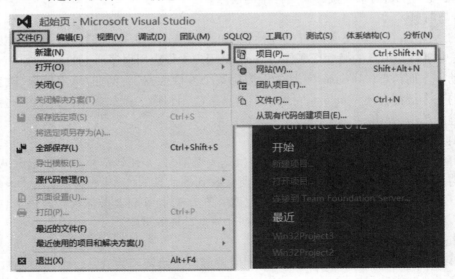

图 2.2　新建项目

②选择"Win32 项目",给项目命名为"HelloWorld",单击"确定"按钮,如图 2.3 所示。

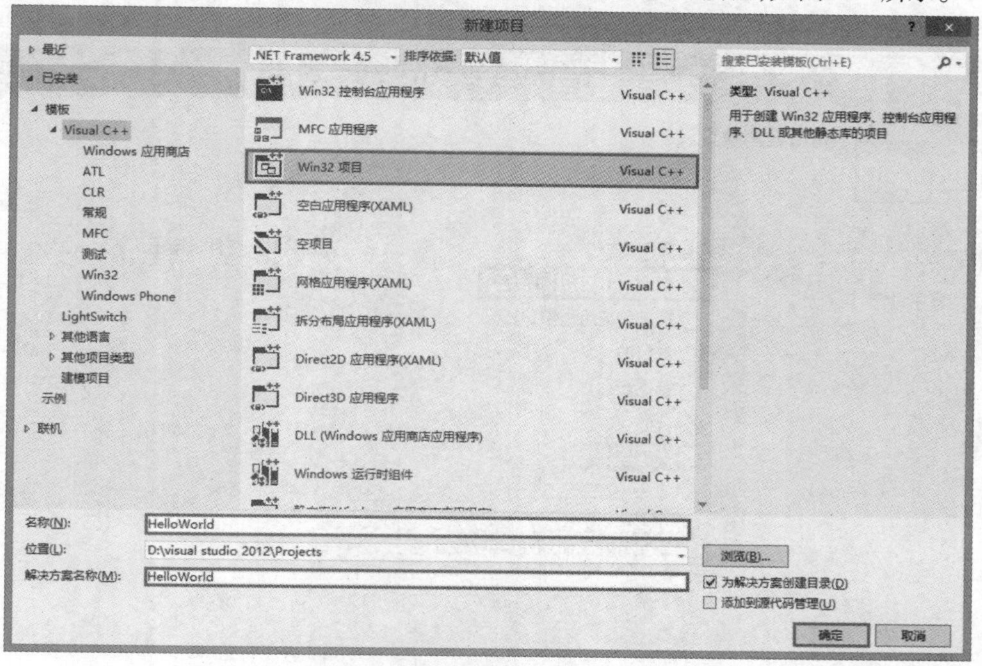

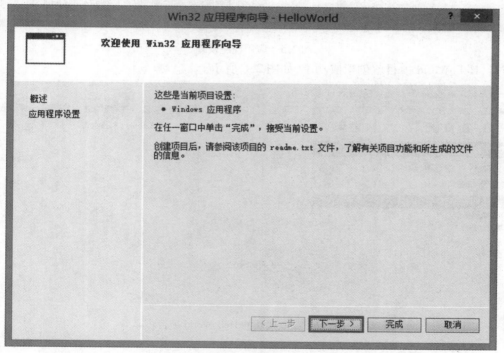

图 2.3　给项目命名

③直接单击"下一步"按钮,如图 2.4 所示。

图 2.4　进入项目设置

④选择"Windows 应用程序",勾选"空项目"和去掉勾选"安全开发生命周期(SDL)检查",单击"完成"按钮,如图 2.5 所示。

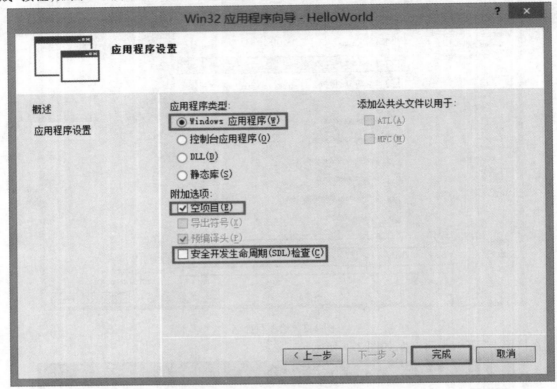

图 2.5 应用程序设置

完成后,HelloWorld 项目就创建成功了,如图 2.6 所示。

图 2.6 建立成功的 HelloWorld 项目

2.2.2 创建 cpp 文件

①在源文件处单击鼠标右键,选择"添加"→"新建项",如图 2.7 所示。

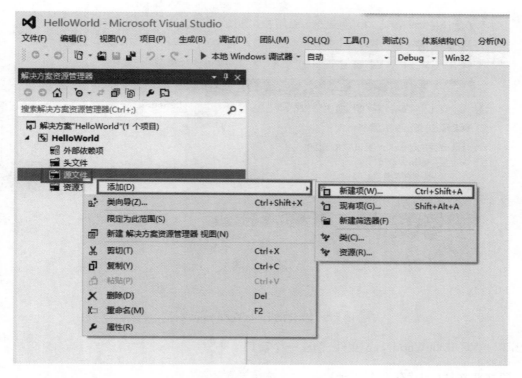

图 2.7 新建一个源文件

②选择"cpp 文件",给这个 cpp 文件命名为"HelloWorld.cpp",单击"添加"按钮,如图 2.8 所示。

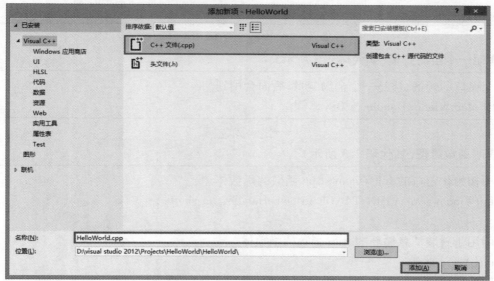

图 2.8 给 cpp 文件命名

建好的 cpp 文件如图 2.9 所示。

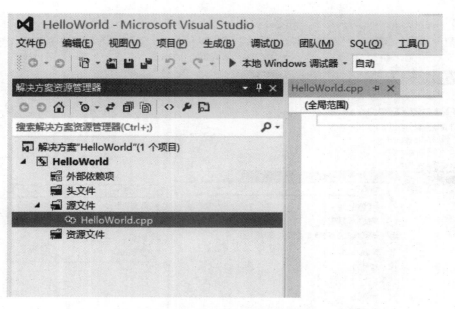

图 2.9   新建的 HelloWorld. cpp 文件

2.2.3   编写 HelloWorld. cpp 文件，创建一个窗口

（1）添加头文件（如代码 2.1 所示）

```
1   //这个头文件包含 Win32 API 的基本元素所需要的结构
2   #include  < windows. h >
```

代码 2.1

（2）声明一个全局变量（如代码 2.2 所示）

```
1   //一个窗口的句柄，这是一个全局变量，后面会用到
2   HWND MainWindowHandle = 0;
```

代码 2.2

（3）声明函数原型（如代码 2.3 所示）

```
1   //声明初始化窗口的 InitWindowsApp 函数的函数体
2   bool InitWindowsApp（HINSTANCE instanceHandle, int show）;
3
4   //声明用于封装消息循环的 Run 函数的函数体
5   int Run（）;
6   //声明回调函数 WndProc 的函数体
7   LRESULT CALLBACK WndProc（HWND hWnd,
8                             UINT msg,
9                             WPARAM wParam,
10                            LPARAM lParam）;
```

代码 2.3

（4）编写入口函数（如代码 2.4 所示）

```
1   //hInstance：是当前实例的句柄，所谓实例就是指应用程序本身
2   //hPrevInstance：不使用该参数，见"补充知识1"
3   //pCmdLine：用于运行程序的命令行参数字符串
4   //nShowCmd：指定窗口的显示方式
5   int WINAPI WinMain（HINSTANCE hInstance，
6                     HINSTANCE hPrevInstance，
7                     PSTR pCmdLine，
8                     int nShowCmd）{
9     //调用窗口初始化函数，如果调用成功则进入消息循环，否则弹出一个对话框
10    if(！InitWindowsApp(hInstance，nShowCmd)){
11        ：：MessageBox(0，L"Init－Failed"，L"Error"，MB_OK)；
12        return 0；
13    }
14
15    return Run()；
16  }
```

代码 2.4

（5）编写窗口初始化函数（如代码 2.5 所示）

```
1   bool InitWindowsApp(HINSTANCE instanceHandle，int show){
2   WNDCLASS wc；
3   wc. style       = CS_HREDRAW | CS_VREDRAW；
4                   //这就是一个窗口类 WNDCLASS 的对象定义窗口的样式，
5                   //这两个标记表明当窗口的水平或垂直尺寸发生变化时，
6                   //窗口将被重绘，"|"见"补充知识2"
7   wc. lpfnWndProc = WndProc；//＊注意＊：这里指定回调函数的指针，应于代码2.7 中回调函数同名.
8   wc. cbClsExtra  = 0；
9   wc. cbWndExtra  = 0；
10  wc. hInstance   = instanceHandle；//当前应用程序实例的句柄，由 WinMain 传入
11  wc. hIcon       = ：：LoadIcon(0，IDI_APPLICATION)；      //指定图标
12  wc. hCursor     = ：：LoadCursor(0，IDC_ARROW)；          //指定光标
13  wc. hbrBackground= static_cast＜HBRUSH＞(：：GetStockObject(WHITE_BRUSH))；
14  wc. lpszMenuName= 0；           //指定有无菜单，0 为无菜单
15  wc. lpszClassName = L"Hello"；      //＊注意＊：指向窗口名的指针
16
17  if(！：：RegisterClass(&wc)){
18      ：：MessageBox(0，L"RegisterClass－Failed"，0，0)；
19      return false；
20  }
21
```

```
22    // * 注意 * :这是第一次用到 MainWindowHandle,用户创建窗口
23    MainWindowHandle = ::CreateWindow(
24                      L"Hello",   // * 注意 * :第一个"Hello"必须和 wc.lpszClassName 相同
25                      L"Hello",   //第二个"Hello"是窗口的显示名称
26                      WS_OVERLAPPEDWINDOW,   //指定这个窗口是重叠式窗口
27                      CW_USEDEFAULT,   //表示窗口的横坐标为默认值
28                      CW_USEDEFAULT,   //表示窗口的纵坐标为默认值
29                      CW_USEDEFAULT,   //表示窗口的宽为默认值
30                      CW_USEDEFAULT,   //表示窗口的高为默认值
31                      0,
32                      0,
33                      instanceHandle,
34                      0);
35    //如果窗口创建失败 MainWindowHandle 将会为 0,则报错并返回
36    if(MainWindowHandle == 0){
37        ::MessageBox(0, L"CreateWindow - Failed", 0, 0);
38        return false;
39    }
40
41    //显示窗口,用窗口句柄 MainWindowHandle 来指定需要显示的窗口
42    ::ShowWindow(MainWindowHandle, show);
43    //更新窗口,用窗口句柄 MainWindowHandle 来指定需要更新的窗口
44    ::UpdateWindow(MainWindowHandle);
45
46    return true;
47    }
```

代码 2.5

(6)编写消息循环函数(如代码 2.6 所示)

```
1    int Run(){
2      MSG msg;
3      ::ZeroMemory(&msg, sizeof(MSG));   //ZeroMemory 的用法见"补充知识 3"
4
5    //GetMessage()不断地从消息队列中检索消息,然后填充到 MSG 结构的成员
6    while(::GetMessage(&msg, 0, 0, 0)){
7        ::TranslateMessage(&msg);   //将消息 msg 的虚拟键转换为字符信息
8        ::DispatchMessage(&msg);   //最终将消息传送到指定的窗口过程中,
9                                    //本程序中就是将消息传到回调函数 WndProc 中
```

```
10    }
11    return msg. wParam;
12}
```

代码 2.6

（7）编写回调函数（如代码 2.7 所示）

```
1    LRESULT CALLBACK WndProc(HWND windowHandle,
2                             UINT msg,
3                             WPARAM wParam,
4                             LPARAM lParam){
5    //根据参数 msg 的键值判断捕捉到的消息的类型
6    switch(msg){
7    //如果按下鼠标左键则弹出消息框,这里 WM_LBUTTONDOWN 是鼠标左键的键值
8    case WM_LBUTTONDOWN：
9        //L"Hello, World"是消息框中显示的内容
10       //L"Hello"为消息框名
11       //MB_OK 表示消息框显示"确定"按钮
12       ::MessageBox(0, L"Hello, World", L"Hello", MB_OK);
13       return 0;
14   //如果按下键盘任意一个键
15   case WM_KEYDOWN：
16       //如果是 ESC 键则关闭窗口
17       if(wParam == VK_ESCAPE)
18           ::DestroyWindow(MainWindowHandle);
19        return 0;
20   //如果是关闭窗口的消息,则用 PostQuitMessage()来退出消息循环
21   case WM_DESTROY：
22       ::PostQuitMessage(0);
23       return 0;
24   }
25
26   //用 DefWindowProc 处理一些默认的消息,比如窗口的最大化、最小化、调整尺寸等
27   return ::DefWindowProc(windowHandle,
28               msg,
29               wParam,
30               lParam);
31}
```

代码 2.7

（8）调试编写好的项目

完成编写后单击"本地 Windows 调试器",如图 2.10 所示。

图 2.10　调试编辑好的项目

生成的窗口如图 2.11 所示,单击左键会显示"Hello, World"的消息框。

图 2.11　运行成功的 Windows 程序

2.3* 补充知识

2.3.1　不使用 hPrevInstance 参数的原因

在 Win16 下,窗口类仅注册应用程序的第一个实例。因此,如果 hPrevInstance 不为 NULL,然后已经注册窗口类,则不会初始化应用程序。在 Win32 下,hPrevInstance 记录始终为 NULL,原因是每个应用程序在其自己的地址空间中运行,并可能具有与另一个应用程序相同的 ID。所以不使用入口函数中的 hPrevInstance 参数。

2.3.2　关于"|"操作符的说明

在程序中经常要用到一类变量,这个变量里的每一位(bit)都对应某一种特性。当该变量的某位为 1 时,表示有该位对应的那种特性。当该位为 0 时,即没有该位所对应的特性。当变量中的某几位同时为 1 时,就表示同时具有几种特性的组合。一个变量中的哪一位代表哪种意义,不容易记忆,所以我们经常根据英文拼写的大写去定义一些宏,该宏所对应的数值中仅有与该特征相对应的那一位(bit)为 1,其余位都为 0。

2.3.3　关于 ZeroMemory 简介

ZeroMemory 是美国微软公司的软件开发包 SDK 中的一个宏。其作用是用 0 来填充一块内存区域,使用结构前清零,而不让结构的成员数值具有不确定性,这是一个好的编程习惯。

（1）声明

void ZeroMemory（PVOID Destination，SIZE_T Length）；

（2）参数

Destination：指向一块准备用 0 来填充的内存区域的开始地址。

Length：准备用 0 来填充的内存区域的大小，按字节来计算。

（3）返回值

无。

第 **3** 章
XNA 数学库简介

3.1 概　述

在 3D 图形学中需要进行几种基础变换：平移、旋转和缩放。在 3D 图形学中用矩阵来实现这几种变换，一种变换对应一类矩阵，这些矩阵都具有不同的特点。在使用 XNA 数学库进行具体编程时，并不需要关心如何生成这些变换矩阵，只需要调用相应的函数接口即可。D3D 11 中的变换是利用 XNA 数学库来实现的。XNA 不是缩写，而是 D3D 11SDK 的一部分。DX 以前的版本，所支持的数学库叫做 D3DXMath。D3D 11 仍然支持这个库，但本书推荐使用 XNA 数学库。这里先对 XNA 数学库中的向量和矩阵进行简单说明。

3.1.1　XNA 数学库中的基本概念

（1）左手坐标系

在 D3D 中，三维空间的表示是采用笛卡儿坐标系。三维笛卡儿坐标系基于 3 条相互垂直的坐标轴：x 轴、y 轴和 z 轴，每个轴都有一个正方向。在 x 轴、y 轴确定的情况下，根据 z 轴正方向的不同有两种笛卡儿坐标系：左手坐标系和右手坐标系，如图 3.1 所示。在 D3D 中默认使用的是左手坐标系。

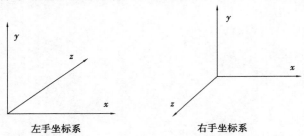

图 3.1　左手坐标系与右手坐标系

（2）向量

在 XNA 数学库中，向量是由类型 XMVECTOR 来定义。它代表一个由 4 个 float 值组成的向量。但是当使用 XMVECTOR 表示二维或者三维向量时，会有空间的浪费。所以 XNA 数学库还提供以下几种类型：

- XMFLOAT 2：二维向量；
- XMFLOAT 3：三维向量；
- XMFLOAT 4：四维向量。

这几种类型都可以和 XMVECTOR 相互转换。

（3）矩阵

在 XNA 数学库中，使用 XMMATRIX 表示一个 4×4 的矩阵，此矩阵包含 16 个按 16 字节对齐的浮点数。和向量类似，XNA 数学库中还定义了一些数据结构用来表示矩阵，它们是 XMFLOAT3X3，XM-FLOAT4X3，XMFLOAT4X3A，XMFLOAT4X4 以及 XMFLOAT4X4。从命名中可以容易地看出这些数据结构表示的矩阵类型，比如 XMFLOAT3X3 表示一个 3×3 的矩阵。而 A 表示对齐版本，比如 XM-FLOAT4X4A 表示按 16 字节对齐的 4×4 矩阵。

3.1.2　本章内容和目标

本章通过一个例子来阐述如何利用 XNA 数学库来实现矩阵变换。通过本章的学习，读者需要掌握以下几点：

①掌握 XNA 数学库的用法；

②掌握 XNA 数学库中向量、矩阵的声明和基本操作；

③掌握 XNA 数学库中的矩阵变换及组合变换。

3.2　一个矩阵变换的例子

有一个向量 $p = [5, 0, 0, 1]$，现将这个向量缩小为原来的 1/5，然后将其绕 Y 轴旋转 $\pi/4$，然后沿着 X 轴移动 1 个单位，在 Y 轴上移动 2 个单位，然后在 Z 轴上移动 -3 个单位。

首先从数学的角度来讨论如何进行相应的变换，本例中需要进行的变换包括：缩放、Y 轴上的旋转以及平移。

建立变换矩阵 S、R_y、T 来用于缩放、旋转和平移，这些矩阵如下所示：

$$S\left(\frac{1}{5}\quad\frac{1}{5}\quad\frac{1}{5}\right) = \begin{bmatrix} \frac{1}{5} & 0 & 0 & 0 \\ 0 & \frac{1}{5} & 0 & 0 \\ 0 & 0 & \frac{1}{5} & 0 \\ 0 & 0 & 0 & 1 \end{bmatrix}$$

$$R_y\left(\frac{\pi}{4}\right) = \begin{bmatrix} 0.707 & 0 & -0.707 & 0 \\ 0 & 1 & 0 & 0 \\ 0.707 & 0 & 0.707 & 0 \\ 0 & 0 & 0 & 1 \end{bmatrix}$$

$$T(1\quad 2\quad -3) = \begin{bmatrix} 1 & 0 & 0 & 0 \\ 0 & 1 & 0 & 0 \\ 0 & 0 & 1 & 0 \\ 1 & 2 & -3 & 1 \end{bmatrix}$$

这里有两种方式实现变换，第一种方法是依次将原向量同缩放矩阵、旋转矩阵和平移矩阵相乘得到最后的结果，如下所示：

$$pS = [1\quad 0\quad 0\quad 1] = p'$$
$$p'R_y = [0.707\quad 0\quad -0.707\quad 1] = p''$$
$$p''T = [1.707\quad 2\quad -3.707\quad 1]$$

第二种方法是借助矩阵的乘法将几种变换组合为一个变换矩阵。例如本例中,我们通过矩阵乘法将表示三种变换的矩阵 S,R_y,T 依次相乘,得到一个表示全部 3 种变换的矩阵 Q。注意,进行矩阵乘法的顺序必须是按照它们进行变换的顺序,如下所示:

$$SR_yT = \begin{bmatrix} \frac{1}{5} & 0 & 0 & 0 \\ 0 & \frac{1}{5} & 0 & 0 \\ 0 & 0 & \frac{1}{5} & 0 \\ 0 & 0 & 0 & 1 \end{bmatrix} \begin{bmatrix} 0.707 & 0 & -0.707 & 0 \\ 0 & 1 & 0 & 0 \\ 0.707 & 0 & 0.707 & 0 \\ 0 & 0 & 0 & 1 \end{bmatrix} \begin{bmatrix} 1 & 0 & 0 & 0 \\ 0 & 1 & 0 & 0 \\ 0 & 0 & 1 & 0 \\ 1 & 2 & -3 & 1 \end{bmatrix}$$

$$= \begin{bmatrix} 0.141\,4 & 0 & -0.141\,4 & 0 \\ 0 & 0.2 & 0 & 0 \\ 0.141\,4 & 0 & 0.141\,4 & 0 \\ 1 & 2 & -3 & 1 \end{bmatrix} = Q$$

最后对 p 和 Q 进行矩阵乘法,得到最终变换后的向量 $[1.707, 2, -3.707, 1]$。

从本例中可以看出利用矩阵进行变换的好处了。很明显,第二种方法较第一种方法效率更高。假设有 10 000 个向量需要进行变换,采用第一种方法就需要进行 30 000 次向量-矩阵乘法。而采用第二种方法就只需要 10 000 次向量-矩阵乘法外加两次矩阵乘法,计算量为前者的 1/3。本节从数学角度介绍了如何进行矩阵变换,在 3.3 节中将介绍如何运用 XNA 数学库实现这些变换。

3.3　利用 XNA 数学库实现例子中的矩阵变换

3.3.1　创建一个 Win32 控制台应用程序项目

由于本项目不需要窗口界面,所以只需要创建控制台应用程序即可。

①打开 VS 2012,选择"文件"→"新建"→"项目",如图 3.2 所示。

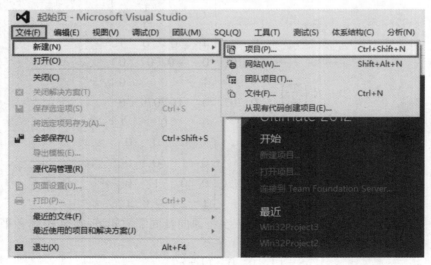

图 3.2　新建一个 Win32 控制台应用程序项目

②选择"Win32 控制台应用程序",给项目取名为"MatrixTrans",单击"确定"按钮,如图 3.3 所示。

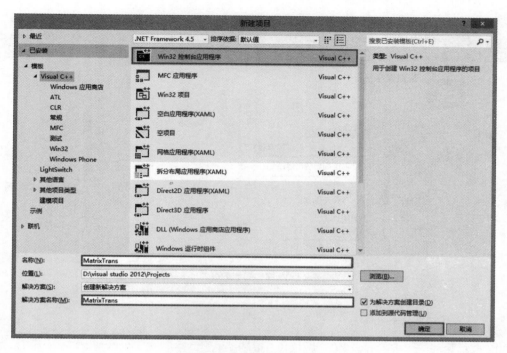

图 3.3   给项目命名为 MatrixTrans

③单击"下一步"按钮,进入项目设置,如图 3.4 所示。

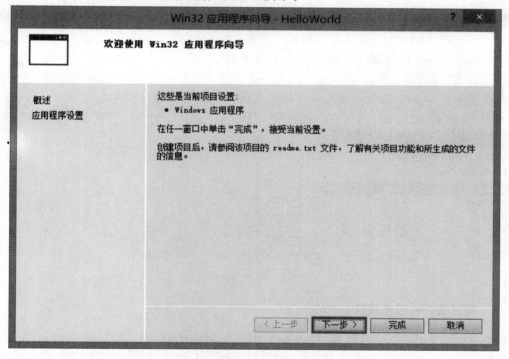

图 3.4   进入项目设置

④选择"控制台应用程序",勾选"空项目"和去掉勾选"安全开发生命周期(SDL)检查",单击"完成"按钮,如图 3.5 所示。

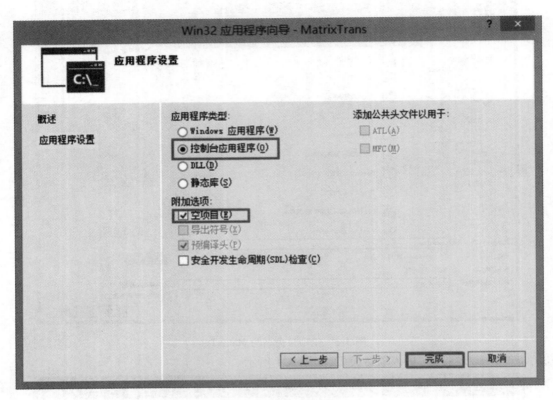

图 3.5　应用程序设置

完成后，MatrixTrans 项目就创建成功了，如图 3.6 所示。

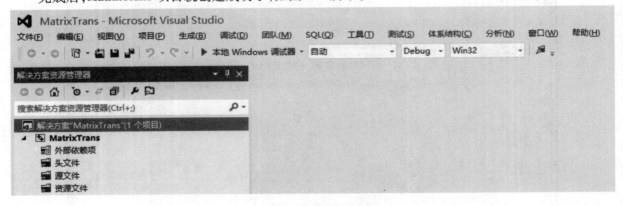

图 3.6　新建好的项目

3.3.2　配置项目的包含目录

由于本项目需要用 XNA 函数库，这就需要用到"d3dcompiler. h"和"xnamath. h"两个头文件。这两个头文件可以在我们之前安装的 DX SDK 中找到。本例中是将 DX SDK 安装在 D：\Program Files（x86）\Microsoft DirectX SDK（June 2010）目录下，那么可以在 D：\Program Files（x86）\Microsoft DirectX SDK（June 2010）\Include 目录下找到这两个头文件。现在就需要将这个目录配置到项目中。

①在项目名处单击鼠标右键，在弹出的菜单中选择"属性"，如图 3.7 所示。

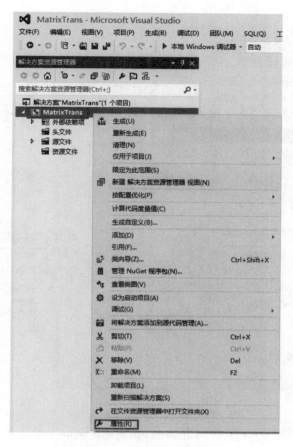

图 3.7　进入项目属性

②在弹出的窗口中选择"配置属性"→"VC++目录",然后将路径 D:\Program Files(x86)\Microsoft DirectX SDK(June 2010)\Include(大家根据自己的实际安装路径来修改)复制到包含目录最前面。再将路径 D:\Program File(x86)\Microsoft DirectX SDK(June 2010)\Lib 复制到库目录最前面。注意各个路径间需要用半角分号隔开。最后单击"确定"按钮,如图 3.8 所示。

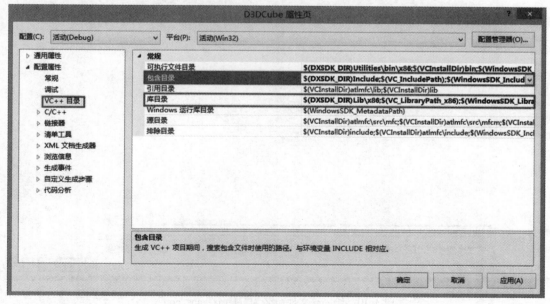

图 3.8　配置包含目录和库目录

3.3.3 新建 ccp 文件

①在"源文件"处单击鼠标右键,在弹出的菜单中选择"添加"→"新建项",如图 3.9 所示。

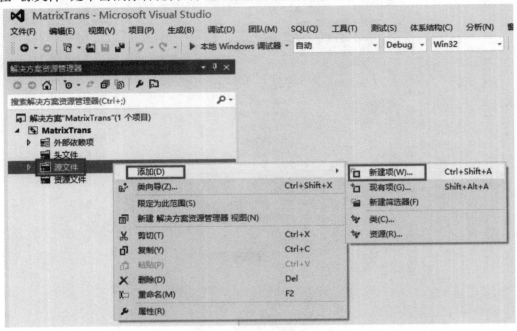

图 3.9 新建一个 cpp 文件

②在弹出的窗口中选择"C++文件",并命名为"MatrixTrans.cpp",单击"添加"按钮,如图 3.10 所示。

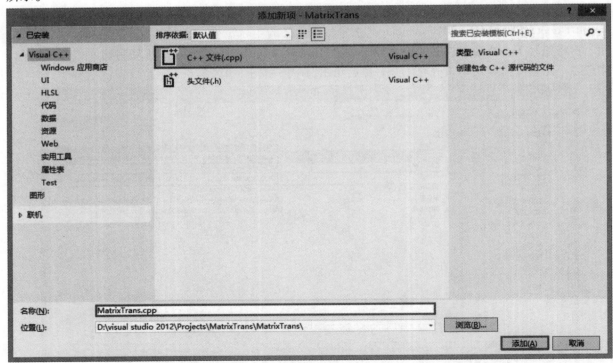

图 3.10 给 cpp 文件命名为"MatrixTrans.cpp"

添加好的 cpp 文件如图 3.11 所示。

图 3.11　新建好的 MatrixTrans. cpp

3.3.4　编写 MatrixTrans. cpp 文件

添加头文件和定义命名空间,如代码 3.1 所示。

```
1   //本例由于需要使用 XNA 函数库
2   //所以需要包含" d3dcompiler. h" 和" xnamath. h"
3   #include < iostream >
4   #include < d3dcompiler. h >
5   #include < xnamath. h >
6
7   using namespace std ;
```

代码 3.1

为了后面显示方便,我们重载" << "操作符,好让向量和矩阵可以直接用" cout << "的形式进行输出,如代码 3.2 所示。

```
1   //重载" << "操作符,让 XMVECTOR 的对象也可以使用" cout << "进行输出,
2   //向量会以(X, X, X)形式输出到屏幕上
3   ostream& operator << (ostream& os, XMVECTOR u)
4   {
5       //XMVectorGetX( ),XMVectorGetY( ),XMVectorGetZ( ), XMVectorGetW( )
6       //这 4 个函数用来获取 XMVECTOR 的 4 个分量
7       os << "(" << XMVectorGetX(u) << ","
8              << XMVectorGetY(u) << ","
9              << XMVectorGetZ(u) << ","
10             << XMVectorGetW(u) << ")"
11             << endl;
12      return os;
13  }
14
15  //重载" << "操作符,让 XMFLOAT4X4 的对象也可以使用" cout << "进行输出,
```

```
16    //矩阵会以行-列的形式输出到屏幕上
17    //注意:这里使用 XMFLOAT4X4 对象作为参数而不是 XMMATRIX 作为参数
18    //       这是由于因为系统(x64/x86)不同会存在对齐的问题,详细说明
19    //       参考补充知识。使用 XMMATRIX 会报以下错误
20    //       error C2719:"m":具有 __declspec(align('16')) 的形参将不被对齐
21    //       大家可以试一下,如果这里使用 XMMATRIX 作为参数会有什么结果
22    ostream& operator << (ostream& os, XMFLOAT4X4 m)
23    {
24      for(int i = 0; i < 4; i ++)
25      {
26        for(int j = 0; j < 4; j ++)
27        {
28          //通过 XMFLOAT4X4 的重载括号操作符引用矩阵元素
29          os << "\t" << m(i, j) << " ";
30        }
31        os << endl;
32      }
33      os << endl;
34      return os;
35    }
```

代码 3.2

然后开始编写主函数(即入口函数),首先定义三个 XMMATRIX 分别表示平移矩阵、旋转矩阵和缩放矩阵,如代码 3.3 所示。

```
1    int main()
2    {
3      //声明 3 个 XMMATRIX 对象,
4      //分别用来表示平移矩阵(mTrans),旋转矩阵(mRota),
5      //以及缩放矩阵(mScal)
6      XMMATRIX mTrans, mRota, mScal;
```

代码 3.3

生成缩放矩阵并显示出来,如代码 3.4 所示。

```
1    //第一步:生成缩放矩阵
2    //调用 XMMatrixScaling() 函数用以生成缩放矩阵,该函数 3 个参数分别表示
3    //在 X,Y,Z 轴上的缩放量。
4    //在 X, Y, Z 轴缩小到 1/5(即 0.2),然后将生成的缩放矩阵赋值给 mScal
5    mScal = XMMatrixScaling(0.2f, 0.2f, 0.2f);
6
7    //将生成的缩放矩阵打印到控制台上,这里只是方便我们查看生成的矩阵
```

```
8    cout << "缩放矩阵为:" << endl;
9    //由于重载的输出操作符 << 是针对 XMFLOAT4X4 对象,所以这里要将 XMMATRIX
10   //对象转换为 XMFLOAT4X4 对象
11   //首先声明一个 XMFLOAT4X4 对象
12   XMFLOAT4X4 mScalFL;
13   //利用 XMStoreFloat4x4 函数把 mScal 的内容存入 XMFLOAT4X4 对象 mScalFL 中
14   XMStoreFloat4x4(&mScalFL, mScal);
15   cout << mScalFL;
```

代码 3.4

生成旋转矩阵并显示出来,如代码 3.5 所示。

```
1    //第二步:生成旋转矩阵
2    //绕 Y 轴旋转 45 度,即 1/4PI
3    //调用 XMMatrixRotationY() 函数用以生成旋转矩阵,该函数的参数为旋转的弧度
4    //XM_PIDIV4 为 XNA 库定义的数据常量表示 1/4PI
5    mRota = XMMatrixRotationY(XM_PIDIV4);
6
7    //将生成的旋转矩阵打印到控制台上,方法同代码 3.4,这里不再赘述
8    cout << "旋转矩阵为:" << endl;
9    XMFLOAT4X4 mRotaFL;
10   XMStoreFloat4x4(&mRotaFL, mRota);
11   cout << mRotaFL;
```

代码 3.5

生成平移矩阵并显示出来,如代码 3.6 所示。

```
1    //第三步:生成平移矩阵
2    //在 X 轴平移 1 个单位,在 Y 轴平移 2 个单位,在 Z 轴平移 -3 个单位
3    //调用函数 XMMatrixTranslation 生成平移矩阵,
4    //该函数 3 个参数分别表示在 X,Y,Z 轴上的平移量
5    mTrans = XMMatrixTranslation(1.0f, 2.0f, -3.0f);
6
7    //将生成的旋转矩阵打印到控制台上,方法同代码 3.4,这里不再赘述
8    cout << "平移矩阵为:" << endl;
9    XMFLOAT4X4 mTransFL;
10   XMStoreFloat4x4(&mTransFL, mTrans);
11   cout << mTransFL;
```

代码 3.6

生成最终的组合变换矩阵并显示出来,如代码 3.7 所示。

```
1    第四步:将上面生成的 3 个变换矩阵组合成一个最终的变换矩阵
2    //首先声明一个 XMMATRIX 对象用来存放最终的变换矩阵
3    XMMATRIX mFinal;
4
5    //利用 XMMatrixMultiply 来完成矩阵的相乘,
6    //注意:由于矩阵相乘不具有交换性,所以做乘法时各个变换矩阵的顺序很重要
7    //教材的例子的变换顺序是缩小(mScal)->旋转(mRota)->平移(mTrans)
8
9    //所以这里首先将 mScal 和 mRota 相乘的中间结果放入 mFinal 中
10     mFinal  =  XMMatrixMultiply(mScal,mRota);
11    //再将中间结果与 mTrans 相乘,得到最终结果并覆盖先前的 mFinal
12     mFinal  =  XMMatrixMultiply(mFinal,mTrans);
13
14    //将生成的变换矩阵打印到控制台上
15     cout << "最终变换矩阵为:" << endl;
16    XMFLOAT4X4 mFinalFL;
17    XMStoreFloat4x4(&mFinalFL, mFinal);
18     cout << mFinalFL;
```

代码 3.7

定义向量并进行变换,如代码 3.8 所示。

```
1    //按照例子声明一个 XMVECTOR 对象
2    //例子中向量为 3 维向量,而 XMVectorSet 只能生成 4 维向量,
3    //最后一个分量如果是 1 表示这是一个点,如果是 0 表示这是一个向量
4    //这种向量称之为"齐次向量",详细说明见补充知识。
5    XMVECTOR vector = XMVectorSet(5.0f, 0.0f, 0.0f, 1.0f);
6
7    //利用重载的操作符 << 将声明的 XMVECTOR 对象打印到控制台上
8    cout << "变换前的向量为:" << endl;
9    cout << vector;
10
11    //将上面生成的最终变换矩阵应用到 XMVECTOR 对象上
12    //并将生成的新向量覆盖原来的向量
13    vector = XMVector4Transform(vector, mFinal);
14
15    //将最终的向量打印到控制台上
16    cout << "变换后的向量为:" << endl;
17    cout << vector;
18
19    system("PAUSE");  //让控制台不要闪退
20    return 0;
21    }
```

代码 3.8

生成的结果如图 3.12 所示,程序生成的矩阵和示例中的矩阵一致。

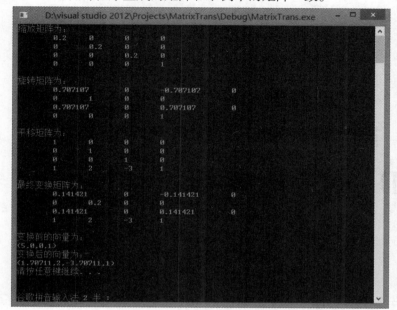

图 3.12　程序运行结果

3.4* 补充知识

3.4.1　为什么使用 4×4 矩阵和 1×4 向量?

使用 4×4 矩阵是因为这样的大小能表现我们需要的所有变换。3×3 矩阵虽然看似更适合 3D,然而有很多变换是不能用一个 3×3 的矩阵来表示的,比如平移、投影、反射。由于使用 1×3 的单行矩阵和 4×4 的矩阵相乘是不允许的,所以必须把 3D 点或向量增大为 4D 的单行矩阵。我们把这个 4D 向量的最后一位称为 w。当我们把一个点放置到一个 1×4 的行矩阵中时,因为允许对点进行适当的平移,所以设置 w 为 1。而向量和位置无关,所以向量的平移没有被定义,如果试图这样做会返回一个无意义的向量。为了防止对向量进行平移,当把一个向量放置到一个 1×4 行矩阵中时,我们把 w 设置为 0。

例如:把点 $p = (p_1, p_2, p_3)$ 放置到一个单行矩阵中 $[p_1, p_2, p_3, 1]$,同样把向量 $v = (v_1, v_2, v_3)$ 放置到一个单行矩阵中 $[v_1, v_2, v_3, 0]$。扩展后的 4D 向量称为齐次向量,因为齐次向量既可以表示点,又可以表示向量,所以,当提到齐次向量时,要区分是点还是向量。

3.4.2　为什么要用 XMFLOAT4X4 而不使用 XMMATRIX 作为函数的参数?

在编写程序时,最好是避免直接使用 XMMATRIX 作为类(或结构)的数据成员以及函数的参数,而是用 XMFLOAT * X * 这些类型来进行矩阵数据存储。因为对 XMMATRIX 类型动态分配内存(从堆中分配内存)时可能会出现问题。XMMATRIX 是 16 字节自动对齐的,而在 x86 系统中,堆只能按 8 字节对齐(但在 x64 系统中,所有堆都是按 16 字节对齐的)。另外在 x86 系统中,XMMATRIX 不能在 vector 中使用,因为 x86 系统按 8 字节对齐的特性决定了按 16 字节对齐的函数参数不能进行按值传递,这会引起编译器报告一个代码为"C2719"的错误。

35

第 2 部分
Direct3D 基础及应用

　　此部分是本书的核心部分，将会通过具体示例对 Direct3D 编程的相关知识进行详细介绍。首先介绍如何对 Direct3D 进行初始化，并对图形渲染管线进行简要说明，然后对相关主题进行讲解，包括光照、纹理、混合以及模板等。同时也会对主题中涉及的 HLSL 部分进行简单介绍。

第 **4** 章
初始化 Direct3D

4.1　概　述

D3D 是一种低层图形 API，它可以被看作应用程序和图形设备之间的中介。在 3D 图形编程中，D3D 最重要的作用就是使我们不用去管不同图形设备之间差别，只要该设备支持 D3D 11，那么编程方式就不会受到影响。由于 D3D 是和底层图形设备打交道，所以在正式开始 3D 编程之前，需要对 D3D 进行初始化。就好比在正式绘画之前，先要铺好画布一样。这里我们对初始化 D3D 所涉及的一些重要概念进行介绍。

4.1.1　D3D 相关概念

（1）渲染管线

渲染管线（Rendering Pipeline）也叫渲染流水线，是指通过一系列的过程将三维物体或三维场景的描述转化为一幅二维图像。具体的渲染过程会在后面的章节依次讲解。

（2）设备

设备用来创建资源和枚举一个显示适配器的性能，每个 D3D 程序必须至少有一个设备。这里需要说明的是，设备所支持的特性与显卡有关，不一样的显卡支持的特性也有所不同。对于 D3D 11 而言，只要是支持 D3D 的设备就一定支持 D3D 的全部特性。

（3）交换链

图形在绘制的过程中会保存前台缓存和后台缓存。其中，前台缓存用于存储显示在屏幕上的图像数据，而下一帧的图像则在后台缓存中绘制。当前台缓存的图像显示后，前台缓存与后台缓存相互交换，原来的后台缓存变成前台缓存用于显示屏幕上的图像，而原来的前台缓存变成后台缓存则用于绘制下一帧图像。两个缓存循环交替，其实就好像跑马灯一样，让图像以动画的形式呈现出来，这个过程就称作交换链。

（4）上下文

一个上下文包含一个设备使用环境和设置。进一步来说，上下文用来设置管线状态和生成用于使用属于该设备的资源的渲染命令。D3D 中实现了两种上下文，一种立即执行上下文，另一种是延迟执行上下文。立即执行上下文用于直接向驱动发送渲染命令，每个设备有且只有一个执行上下文。而延迟执行上下文把 GPU 指令记入一个命令列表，主要用于多线程程序。本书所有示例中采用的都是立即执行上下文。

4.1.2　本章主要内容和目标

本章的主要内容是创建一个窗口,并且初始化 Direct3D,同时构建一个用于 D3D 编程的简单框架。通过本章的学习需要达到以下目标:

①了解设备,交换链,上下文等基本概念;

②掌握初始化 D3D 的主要步骤和具体过程。

4.2　初始化 Direct3D

4.2.1　创建一个 Win32 项目

创建一个 Win32 项目(注意:不要创建成 Win32 控制台程序),命名为"InitD3D"。具体创建方法见章节 2.2.1。

4.2.2　创建两个 cpp 文件及一个 h 文件

创建一个 h 文件,命名为"d3dUtility. h"。再创建两个 cpp 文件,分别命名为"d3dUnit. cpp"和"d3dUtility. cpp",具体创建方法见章节 2.2.2,创建好后如图 4.1 所示。

图 4.1　初始化 D3D 项目的文件目录

4.2.3　配置项目包含目录和库目录

由于本项目需要用 D3D11 函数库,这就需要用到相关头文件和库文件。这些文件可以在之前安装的 DX SDK 中找到。本例中是将 DX SDK 安装在 D:\Program Files (x86)\Microsoft DirectX SDK (June 2010)目录下,那么可以在 D:\Program Files (x86)\Microsoft DirectX SDK (June 2010)\Include 目录下找到相应头文件,在 D:\Program Files (x86)\Microsoft DirectX SDK (June 2010)\Lib\x86(或者 D:\Program Files (x86)\Microsoft DirectX SDK (June 2010)\Lib\x64)目录中找到相应库文件。现在就需要将这些目录配置到项目中。

①在项目名称处单击鼠标右键,在菜单中选择"属性",如图 4.2 所示。

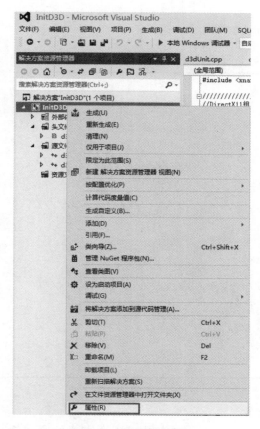

图 4.2 配置项目属性

②在"配置属性 -> VC ++ 目录"选项中,在把 D:\Program Files(x86)\Microsoft DirectX SDK(June 2010)\Include 添加到"包含目录",把 D:\Program Files(x86)\Microsoft DirectX SDK(June 2010)\Lib\x86 或 D:\Program Files(x86)\Microsoft DirectX SDK(June 2010)\Lib\x64 添加到"库目录"(注意:实际目录根据安装 SDK 的路径而定,所有目录用半角分号隔开),如图 4.3 所示。

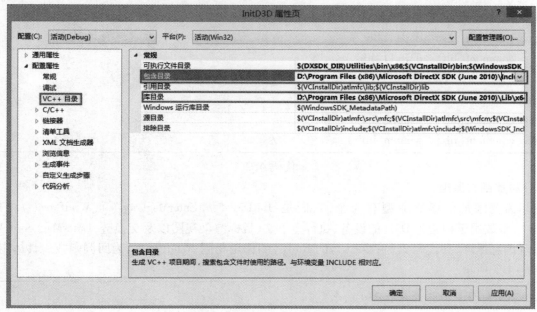

图 4.3 配置包含目录和库目录

4.2.4 编写 d3dUtility. h 头文件

(1)添加头文件(如代码4.1 所示)

```
1  #ifndef __d3dUtilityH__
2  #define __d3dUtilityH__
3
4  #include < Windows. h >
5  /////////////////////////////////////////////
6  //XNA 数学库相关头文件
7  /////////////////////////////////////////////
8  #include < d3dcompiler. h >
9  #include < xnamath. h >
10
11 /////////////////////////////////////////////
12 //DirectX11 相关头文件
13 /////////////////////////////////////////////
14 #include < d3d11. h >
15 #include < d3dx11. h >
```

代码4.1

(2)添加需要用到的库文件

需要特别说明的是,#pragma comment 语句用来引用需要的库文件,如代码4.2 所示。如果不在这里指定,也可以在项目的"属性"→"配置属性"→"链接器"→"输入"中添加这些库文件,也是用分号隔开。

```
/////////////////////////////////////////////
//DirectX11 相关库
/////////////////////////////////////////////
#pragma comment(lib, "d3d11. lib")
#pragma comment(lib, "d3dx11. lib")

#pragma comment(lib, "d3dcompiler. lib")
#pragma comment(lib, "dxguid. lib")
#pragma comment(lib, "winmm. lib")
```

代码4.2

(3)添加函数原型

这里需要添加的函数原型有 3 个,它们是:InitD3D( ),EnterMsgLoop( ),WndProc( )。其中,InitD3D( )函数用于初始化 D3D 的设备、执行上下文、目标渲染视图以及交换链;EnterMsgLoop( )主要用于处理消息循环,和代码2.3 中第 5 行的 Run( )的作用相同;WndProc( )为回调函数。具体定义方法如代码4.3 所示。

```
1  namespace d3d //定义一个 d3d 命名空间
2  {
```

```
3
4     //初始化 D3D
5     bool InitD3D(
6         HINSTANCE   hInstance,
7         int width, int height,
8         ID3D11RenderTargetView ** renderTargetView,//目标渲染视图接口
9         ID3D11DeviceContext ** immediateContext,    //执行上下文接口
10        IDXGISwapChain ** swapChain,                //交换链接口
11        ID3D11Device ** device);        //设备用接口,每个 D3D 程序至少有一个设备
12
13     //消息循环
14     int EnterMsgLoop( bool ( * ptr_display)(float timeDelta));
15
16     //回调函数
17     LRESULT CALLBACK WndProc(
18         HWND,
19         UINT msg,
20         WPARAM,
21         LPARAM lParam);
22 }
23 #endif
```

代码 4.3

4.2.5 编写 d3dUtility.cpp 源文件

(1)添加刚刚编写好的 d3dUtility.h 头文件(如代码 4.4 所示)

```
1 //这是我们自己创建的"d3dUtility.h"头文件
2 #include "d3dUtility.h"
```

代码 4.4

(2)编写 D3D 初始化函数

这个函数包括两个部分:创建窗口和初始化 D3D。创建窗口的部分同代码 2.5 中的函数功能相同。而初始化 D3D 的部分主要包括以下 4 个步骤:

①描述交换链,即填充 DXGI_SWAP_CHAIN_DESC 结构;

②使用 D3D11CreateDeviceAndSwapChain 创建 D3D 设备(ID3D11Device),执行上下文接口(ID3D11DeviceContext),交换链接口(IDXGISwapChain);

③创建目标渲染视图(ID3D11RenderTargetView);

④设置视口(View Port)。

具体函数的实现如代码 4.5 所示。

```
1 //D3D 初始化
2 //这个函数中包括两个部分:第一部分:创建一个窗口;第二部分:初始化 D3D
3 //函数参数包括:
```

```
4    //1. HINSTANCE      当前应用程序实例的句柄
5    //2. int width              窗口宽
6    //3. int height             窗口高
7    //4. ID3D11RenderTargetView ** renderTargetView 目标渲染视图指针
8    //5. ID3D11DeviceContext ** immediateContext      立即执行上下文指针
9    //6. IDXGISwapChain ** swapChain      交换链指针
10   //7. ID3D11Device ** device      设备用指针,每个 D3D 程序至少有一个设备
11
12   bool d3d::InitD3D(
13        HINSTANCE  hInstance,
14        int width,
15        int height,
16        ID3D11RenderTargetView ** renderTargetView,
17        ID3D11DeviceContext ** immediateContext,
18        IDXGISwapChain ** swapChain,
19        ID3D11Device ** device)
20   {
21        // ********** 第一部分:创建一个窗口开始 ***************
22        //这部分的代码和第 2 章中的创建窗口代码基本一致,
23        //具体参数的注释可以参考第 2 章
24        //创建窗口的 4 个步骤:1 设计一个窗口类;2 注册窗口类;
25        //3 创建窗口;4 窗口显示和更新
26        //1 设计一个窗口类
27        WNDCLASS wc;
28        wc.style            = CS_HREDRAW | CS_VREDRAW;
29        wc.lpfnWndProc      = (WNDPROC)d3d::WndProc;
30        wc.cbClsExtra       = 0;
31        wc.cbWndExtra       = 0;
32        wc.hInstance        = hInstance;
33        wc.hIcon            = LoadIcon(0, IDI_APPLICATION);
34        wc.hCursor          = LoadCursor(0, IDC_ARROW);
35        wc.hbrBackground    = (HBRUSH)GetStockObject(WHITE_BRUSH);
36        wc.lpszMenuName = 0;
37        wc.lpszClassName = L"Direct3D11App";
38
39        //2 注册窗口类
40        if( ! RegisterClass(&wc))
41        {
42             ::MessageBox(0, L"RegisterClass() - FAILED", 0, 0);
43             return false;
44        }
```

```
45
46    //3 创建窗口
47    HWND hwnd = 0;
48    hwnd = ::CreateWindow( L"Direct3D11App",
49                           L"D3D11",
50                           WS_OVERLAPPEDWINDOW,
51                           CW_USEDEFAULT,
52                           CW_USEDEFAULT,
53                           width,
54                           height,
55                           0,
56                           0,
57                           hInstance,
58                           0);
59
60    if( ! hwnd )
61    {
62        ::MessageBox( 0, L"CreateWindow() - FAILED", 0, 0);
63        return false;
64    }
65
66    //4 窗口显示和更新
67    ::ShowWindow( hwnd, SW_SHOW);
68    ::UpdateWindow( hwnd);
69    // ********** 第一部分:创建一个窗口结束 **************
70
71    // ********** 第二部分:初始化 D3D 开始 **************
72    //初始化 D3D 设备主要为以下步骤
73    //1. 描述交换链,即填充 DXGI_SWAP_CHAIN_DESC 结构
74    //2. 使用 D3D11CreateDeviceAndSwapChain 创建 D3D 设备(ID3D11Device)
75    //    执行上下文接口(ID3D11DeviceContext),交换链接口(IDXGISwapChain)
76    //3. 创建目标渲染视图(ID3D11RenderTargetView)
77    //4. 设置视口(View Port)
78
79    //第一步,描述交换链,即填充 DXGI_SWAP_CHAIN_DESC 结构
80    DXGI_SWAP_CHAIN_DESC sd;  //首先声明一个 DXGI_SWAP_CHAIN_DESC 的对象 sd
81    ZeroMemory( &sd, sizeof( sd ));              //用 ZeroMemory 对 sd 进行初始化
82    sd.BufferCount = 1;                    //交换链中后台缓存数量,通常为 1
83    sd.BufferDesc.Width = width;                        //缓存区中的窗口宽
84    sd.BufferDesc.Height = height;                       //缓存区中的窗口高
85    sd.BufferDesc.Format = DXGI_FORMAT_R8G8B8A8_UNORM;//表示红绿蓝 Alpha 各 8 位
```

```
86   sd. BufferDesc. RefreshRate. Numerator  = 60;            //刷新频率的分子为 60
87   sd. BufferDesc. RefreshRate. Denominator = 1;            //刷新频率的分母为 1,即
88                                                            //刷新频率为每秒 6 次
89   sd. BufferUsage = DXGI_USAGE_RENDER_TARGET_OUTPUT;  //用来描述后台缓存用法
90                                                            //控制 CPU 对后台缓存的访问
91   sd. OutputWindow = hwnd;                    //指向渲染目标窗口的句柄
92   sd. SampleDesc. Count = 1;                  //多重采样,本例中不采用多重采样
93   sd. SampleDesc. Quality = 0;                //所以 Count = 1 , Quality = 0
94   sd. Windowed = TRUE;                        //TRUE 为窗口模式,FALSE 为全屏模式
95
96   //第二步,创建设备,交换链以及立即执行上下文
97   //创建一个数组确定尝试创建 Featurelevel 的顺序
98   D3D_FEATURE_LEVEL featureLevels[ ]  =
99   {
100      D3D_FEATURE_LEVEL_11_0, //D3D11 所支持的特征,包括 shader model 5
101      D3D_FEATURE_LEVEL_10_1, //D3D10 所支持的特征,包括 shader model 4
102      D3D_FEATURE_LEVEL_10_0,
103  };
104
105  //获取 D3D_FEATURE_LEVEL 数组的元素个数
106  UINT numFeatureLevels = ARRAYSIZE( featureLevels );
107
108  //调用 D3D11CreateDeviceAndSwapChain 创建交换链、设备和执行上下文
109  //分别存入 swapChain,device,immediateContext
110  if( FAILED ( D3D11CreateDeviceAndSwapChain(
111          NULL,              //确定显示适配器,NULL 表示默认显示适配器
112          D3D_DRIVER_TYPE_HARDWARE, //驱动类型,这里表示使用三维硬件加速
113          NULL,    //只有上一个参数设置为
114                   //D3D_DRIVER_TYPE_SOFTWARE 时才使用该参数
115          0,       //也可以设置为 D3D11_CREATE_DEVICE_DEBUG 开启调试模式
116      featureLevels,         //前面定义的 D3D_FEATURE_LEVEL 数组
117      numFeatureLevels,      //D3D_FEATURE_LEVEL 的元素个数
118      D3D11_SDK_VERSION,     //SDK 的版本,这里为 D3D11
119      &sd,                   //前面定义的 DXGI_SWAP_CHAIN_DESC 对象
120      swapChain,   //返回创建好的交换链指针,InitD3D 函数传递的实参
121      device,      //返回创建好的设备用指针,InitD3D 函数传递的实参
122      NULL,   //返回当前设备支持的 featureLevels 数组中的第一个对象,
123              //一般设置为 NULL
124      immediateContext ) ) )     //返回创建好的执行上下文指针,
125                                 //InitD3D 函数传递的实参
126  {
```

```
127        ::MessageBox(0, L"CreateDevice - FAILED", 0, 0);
128        return false;
129    }
130
131    //第三步,创建并设置渲染目标视图
132    HRESULT hr = 0;        //COM 要求所有的方法都会返回一个 HRESULT 类型的错误号
133    ID3D11Texture2D * pBackBuffer = NULL; //ID3D11Texture2D 类型的,后台缓存指针
134    //调用 GetBuffer( )函数得到后台缓存对象,并存入 &pBackBuffer 中
135    hr = ( * swapChain) -> GetBuffer(0,            //缓存索引,一般设置为 0
136                                __uuidof( ID3D11Texture2D), //缓存类型
137                                ( LPVOID * )&pBackBuffer);   //缓存指针
138    //判断 GetBuffer 是否调用成功
139    if( FAILED( hr ) )
140    {
141        ::MessageBox(0, L"GetBuffer - FAILED", 0, 0);
142        return false;
143    }
144
145    //调用 CreateRenderTargetView 创建好渲染目标视图,
146    //创建后存入 renderTargetView 中
147    hr = ( * device) -> CreateRenderTargetView(
148                        pBackBuffer,     //上面创建好的后台缓存
149                        NULL,            //设置为 NULL 得到默认的渲染目标视图
150                        renderTargetView );  //返回创建好的渲染目标视图,
151                                             //InitD3D 函数传递的实参
152    pBackBuffer -> Release( );   //释放后台缓存
153    //判断 CreateRenderTargetView 是否调用成功
154    if( FAILED( hr ) )
155    {
156        ::MessageBox(0, L"CreateRender - FAILED", 0, 0);
157        return false;
158    }
159
160    //将渲染目标视图绑定到渲染管线
161    ( * immediateContext) -> OMSetRenderTargets(1,        //绑定的目标视图的个数
162                                    renderTargetView,     //渲染目标视图
163                                    NULL );               //不绑定深度模板
164
165    //第四步,设置视口大小,D3D11 默认不会设置视口,此步骤必须手动设置
166    D3D11_VIEWPORT vp;    //创建一个视口的对象
167    vp. Width = width;    //视口的宽
```

```
168    vp. Height = height;    //视口的高
169    vp. MinDepth = 0.0f;    //深度值的下限,由于深度值是[0,1]所以下限值是 0
170    vp. MaxDepth = 1.0f;    //深度值的上限,上限值是 1
171    vp. TopLeftX = 0;       //视口左上角的横坐标
172    vp. TopLeftY = 0;       //视口左上角的总坐标
173
174    //设置视口
175    (*immediateContext)->RSSetViewports(1,              //视口的个数
176                              &vp);                     //上面创建的视口对象
177
178    return true;
179    // ********** 第二部分:初始化 D3D 结束 **************
180    }
```

代码 4.5

(3) 编写消息循环函数

本例中消息循环函数主要为响应消息外界消息,并记录两次函数之间的时间差,如代码 4.6 所示。

```
1    //消息循环函数,和之前"Hello World"程序中 Run()起到同样的功能
2    //bool (*ptr_display)(float timeDelta)表示传递一个函数指针作为参数
3    //这个函数有一个 float 类型的参数,有一个 bool 类型的返回
4    int d3d::EnterMsgLoop( bool (*ptr_display)(float timeDelta))
5    {
6      MSG msg;
7      ::ZeroMemory(&msg, sizeof(MSG));                    //初始化内存
8
9      static float lastTime = (float)timeGetTime();       //第一次获取当前时间
10
11     while(msg. message != WM_QUIT)
12     {
13         if(::PeekMessage(&msg, 0, 0, 0, PM_REMOVE))
14         {
15             ::TranslateMessage(&msg);
16             ::DispatchMessage(&msg);
17         }
18         else
19         {
20             //第二次获取当前时间
21             float currTime  = (float)timeGetTime();
22             //获取两次时间之间的时间差
23             float timeDelta = (currTime - lastTime) * 0.001f;
24             //调用显示函数,这在后面实现图形的变化(如旋转)时会用到
```

```
25      ptr_display( timeDelta) ;
26    lastTime = currTime;
27      }
28  }
29  return msg.wParam;
30  }
```

代码 4.6

4.2.6 编写 d3dUnit. cpp 源文件

(1)添加头文件(如代码 4.7 所示)

```
1  //这是我们自己创建的" d3dUtility. h"头文件
2  #include " d3dUtility. h"
```

代码 4.7

(2)声明 4 个全局指针(如代码 4.8 所示)

```
1  ID3D11Device * device = NULL;                          //D3D11 设备指针
2  IDXGISwapChain * swapChain = NULL;                      //交换链指针
3  ID3D11DeviceContext * immediateContext = NULL;          //执行上下文指针
4  ID3D11RenderTargetView * renderTargetView = NULL;       //渲染目标视图指针
```

代码 4.8

(3)编写框架函数(如代码 4.9 所示)

这个框架包括 3 个函数,Setup( )函数用于初始化一些信息,Cleanup( )函数使用户清除一些资源,Display( )用于显示画面,具体实现如代码 4.9 所示。

```
1  // ************** 以下为框架函数 ******************
2  bool Setup( )
3  {
4    // 本例中 setup 函数没有内容,以后的实验中会往里面填写内容
5    return true;
6  }
7
8  void Cleanup( )
9  {
10   //释放指针
11   if( renderTargetView)    renderTargetView -> Release( );
12   if( immediateContext)    immediateContext -> Release( );
13   if( swapChain)           swapChain -> Release( );
14   if( device)              device -> Release( );
15  }
16
17  bool Display( float timeDelta)
```

```
18  {
19    if( device )
20    {
21      //声明一个数组存放颜色信息,4 个元素分别表示红,绿,蓝以及 alpha
22      float ClearColor[4] = { 0.0f, 0.125f, 0.3f, 1.0f };
23      //清除渲染目标视图
24      immediateContext -> ClearRenderTargetView( renderTargetView,
25                                                 ClearColor );
26      //显示渲染好的图像给用户
27      swapChain -> Present( 0,  //指定如何同步显示,设置 0 表示不同步显示
28                            0 );//可选项,设置 0 表示为从每个缓存中显示一帧
29    }
30    return true;
31  }
32  // ************* 框架函数编写结束 ******************
```

代码 4.9

(4)编写回调函数(如代码 4.10 所示)

```
1   ////////////////////////////////////////////
2   // 回调函数
3   ////////////////////////////////////////////
4   LRESULT CALLBACK d3d::WndProc( HWND hwnd, UINT msg,
5                                  WPARAM wParam, LPARAM lParam )
6   {
7     switch( msg )
8     {
9     case WM_DESTROY:
10      ::PostQuitMessage(0);
11      break;
12
13    case WM_KEYDOWN:
14      if( wParam == VK_ESCAPE )
15        ::DestroyWindow(hwnd);
16      break;
17    }
18    return ::DefWindowProc( hwnd, msg, wParam, lParam );
19  }
```

代码 4.10

(5)编写主函数

WinMain 函数展现出了 D3D 程序设计的主程序结构。

①调用 InitD3D 函数初始化;

②调用 Setup 函数建模；

③进入消息循环函数 EnterMsgLoop；

④释放资源 Cleanup。

这种结构的优点在于只要程序处于空闲状态，则会调用渲染函数，运行效率较高。具体实现如代码 4.11 所示。

```
1  /////////////////////////////////
2  // 主函数 WinMain
3  /////////////////////////////////
4  int WINAPI WinMain(HINSTANCE hinstance,
5                     HINSTANCE prevInstance,
6                     PSTR cmdLine,
7                     int showCmd)
8  {
9
10     //初始化
11     // ** 注意 ** 代码 4.8 声明的 4 个指针，在这里作为参数传给 InitD3D 函数
12     if(! d3d::InitD3D(hinstance,
13                       800,
14                       600,
15                       &renderTargetView,
16                       &immediateContext,
17                       &swapChain,
18                       &device))
19     {
20        ::MessageBox(0, L"InitD3D() - FAILED", 0, 0);
21        return 0;
22     }
23
24     if(! Setup())
25     {
26        ::MessageBox(0, L"Setup() - FAILED", 0, 0);
27        return 0;
28     }
29
30     //执行消息循环，将函数 Display 的指针作为参数传递
31     d3d::EnterMsgLoop(Display);
32
33     Cleanup();
34
35     return 0;
36  }
```

代码 4.11

4.2.7　编译程序

程序编译成功后,会显示图 4.4 所示的界面。

图 4.4　程序运行界面

第 **5** 章
第一个 D3D 程序

5.1 概　述

前面已经对 3D 图形程序的准备工作做了介绍。从本章开始,就正式开始介绍如何利用 D3D 11 绘制 3D 图形的方法。本章以最简单的 3D 图形——三角形为例,介绍如何进行 3D 图形编程。这个程序可以看作是 3D 图形程序中的"HelloWorld"程序。在进行示例讲解之前,仍然需要读者了解一些基本概念。

5.1.1　相关概念

(1)三维图元

三维图元是组成单个三维实体的顶点集合。在 D3D 中,一共有三种基本图元,分别是点、线和三角形。除了点和线之外,三角形是最基本的多边形图元。D3D 中的绝大多数多变形都是由多个三角形来表示或者近似表示。例如一个正方形可以由 2 个三角形来表示,一个立方体有 6 个面,每个面都是一个正方形,那么就可以用 12 个三角形来表示这个立方体。

(2)顶点结构

三角形由 3 个点所定义,在 D3D 中这些点被称为顶点(Vertex)。从数学的角度而言,这些顶点只需要包含空间信息就足够了。但是在 D3D 中还需要包含其他的附加信息,比如顶点的颜色,顶点所在平面的法向量,顶点对应的纹理坐标等。可以通过创建顶点结构的方式来指定我们所希望顶点应该包含的信息。

(3)输入布局

由于一个顶点可以拥有很多数据信息,如坐标、颜色、法线等。一个最简单的顶点可能只包含坐标信息;而一个复杂的顶点可能包含数十种不同的数据信息。顶点输入布局就是用来定义并描述一个顶点中具体包含了哪些信息,从而确定一个顶点及其所包含的信息在缓存中的大小和位置。

(4)顶点着色器

顶点着色器负责处理一系列顶点的操作,包括坐标变换、动画以及顶点光照等。顶点着色器的工作是处理一个独立的输入顶点并产生一个独立的输出顶点。顶点着色阶段在渲染管线中必须被激活,即使没有对顶点做任何处理,也必须提供一个不做任何处理的顶点着色器才能保证渲染管线的正常工作。

（5）像素着色器

像素着色器对像素进行一系列操作从而实现丰富的着色效果。像素着色器可以通过常量、贴图、插值以及其他数据来产生逐像素的输出值。对重叠的像素而言，除了会执行一次像素着色器的同时，也会对像素进行深度测试或者模板测试。通过测试的像素将被更新到像素着色器的输出颜色上。

（6）高级着色器语言

高阶着色器语言（High Level Shader Language，简称 HLSL）是由微软开发的一种语言。HLSL 独立地工作在 Windows 平台上，只能供微软的 Direct3D 使用。与 C++，Java 等语言不同，HLSL 不是进行 CPU 编程的程序语言，而是用于显卡的可编程渲染管线的专用语言。HLSL 是一门高级语言，可以使用变量、函数等。在后面章节的示例中，都会用到 HLSL，本章只对其简单的变量和函数声明做简单介绍。

5.1.2　本章主要内容和目标

在已经初始化的 D3D 窗口中绘制一个三角形，通过绘制三角形需要达到以下目标：
①掌握顶点着色器和像素着色器的创建方法；
②掌握顶点缓存的创建过程；
③了解简单的 HLSL 文件的创建方法。

5.2　绘 制 一 个 三 角 形

5.2.1　创建一个 Win32 项目

创建一个 Win32 项目（注意：不要创建成 Win32 控制台程序），命名为"D3DTriangle"。创建好项目后，将 DX SDK 的 include 和 lib 目录分别配置到项目的包含目录和库目录中，具体创建及配置方法见章节 4.2.3。

5.2.2　创建项目所需文件

（1）创建 h 文件和 cpp 文件

创建一个 h 文件命名为"d3dUtility.h"，再创建两个 cpp 文件命名为"d3dTriangle.cpp"和"d3dUtility.cpp"。

（2）创建 hlsl 文件

本例中 hlsl 文件用于描述顶点着色器和像素着色器，下面介绍创建方法。

①在"资源文件"处单击鼠标右键，选择"添加"→"新建项"，如图 5.1 所示。

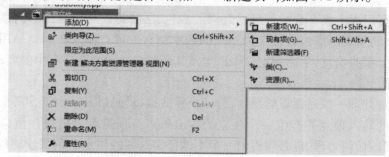

图 5.1　新建项创建一个 HLSL 文件

②在弹出的窗口选择"HLSL"→"顶点着色器文件",命名为"Triangle. hlsl",点击添加,如图 5.2 所示。注意:这里选择除"HLSL 标头文件"外其他着色器文件都可以,只是不同的着色器文件会添加不同的默认代码。另外需要说明的是,如果读者使用的是 VS 2010 或者更早的版本,新建文件时将不会有 HLSL 这个选项,可以任意选择一种文件类型,只是在命名时要将后缀名取作. hlsl。

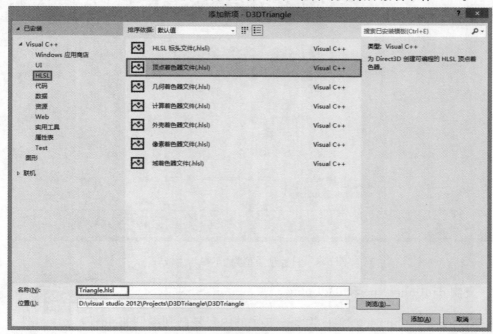

图 5.2 给 HLSL 文件取名为 Triangle. hlsl

创建好 Triangle. hlsl 文件,还需要进行一些设置。

首先在 Triangle. hlsl 文件处单击鼠标右键,选择"属性",如图 5.3 所示。

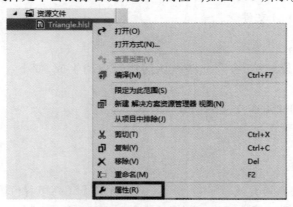

图 5.3 进入 Triangle. hlsl 属性设置

然后在"配置属性"→"常规"→"项类型"处选择"不参与生成",单击"确定"按钮即可,如图 5.4 所示。

需要特别说明的是,如果不把 HLSL 文件设置成"不参与生成",在编译时就会报错"FXC :error X3501:'main':entrypoint not found"。

所有文件新建成功后,如图 5.5 所示。

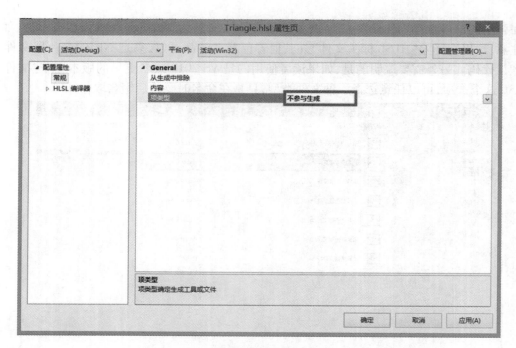

图 5.4　设置项类型为"不参与生成"

5.2.3　复制 d3dUtility.cpp 和 d3dUtility.h

将第 4 章中的 d3dUtility.cpp 和 d3dUtility.h 中的内容复制到本例的对应文件中,具体实现见章节 4.2.4 和章节 4.2.5。注意:这两个文件在以后的示例中都会用到,只是在此基础上做些许修改。所以在以后的示例中也是采用这种方式来复制这两个文件。

图 5.5　项目文件目录

5.2.4　编写 Triangle.hlsl 文件

(1)删除预生成的代码

Triangle.hlsl 文件创建好之后,会有一些默认的代码自动生成,如下所示:

```
float4 main( float4 pos : POSITION ) : SV_POSITION
{
    return pos;
}
```

注意:这些代码并不是 C 语言或者 C++ 语言,而是由 HLSL(高级着色语言)编写。对于第一次接触 HLSL 的读者,可通过本例对其进行简单理解。在熟悉 HLSL 后可以直接在这个代码上进行添加和修改,但是这里为了后面叙述方便先删掉这些预生成的代码。

(2)添加顶点着色器

实际上,这里添加的顶点着色器和预生成代码的顶点着色器基本一样,只是修改了函数名,如代码 5.1 所示。

```
1  // --------------------------------------------------------
2  // 顶点着色器( Vertex Shader)
```

```
3    // float4 为 HLSL 提供的关键字,表示一个 4 维向量,每个分量是一个浮点数
4    // VSMain 为顶点着色器的主函数名,名字可以任意取
5    // POSITION 为语义表示符,在创建输入布局时会用到
6    // SV_POSITION 为 HLSL 标识符,表示该函数返回的是一个坐标
7    // 注意这种函数的声明方法有别于 C/C++ 具体意义如下
8    //      返回类型        参数类型         参数语义        返回值语义
9    //         ↓             ↓              ↓              ↓
10   //      float4 VSMain( float4 Pos : POSITION ) : SV_POSITION
11   // -------------------------------------------------------------
12   float4 VSMain( float4 Pos : POSITION ) : SV_POSITION
13   {
14       return Pos;
15   }
```

代码 5.1

（3）添加像素着色器（如代码 5.2 所示）

```
1    // -------------------------------------------------------------
2    // 像素着色器(Pixel Shader)
3    // PSMain 为像素着色器的主函数名,名字可以任意取
4    // SV_TARGET 为 HLSL 标识符,表示该函数返回的是一个颜色
5    // -------------------------------------------------------------
6    float4 PSMain( float4 Pos : POSITION ) : SV_TARGET
7    {
8        // 返回一个 4 维向量,分别表示红绿蓝和 alpha,这里表示三角形是红色的
9        return float4( 1.0f, 0.0f, 0.0f, 1.0f );
10   }
```

代码 5.2

5.2.5　编写 d3dTriangle.cpp 源文件

本例中的 d3dTriangle.cpp 是在第 4 章中 d3dUnit.cpp 所定义的框架上编写的,所以首先需要把第 4 章中 d3dUnit.cpp 的内容全部复制到 d3dTriangle.cpp 中。

（1）添加两个全局指针——着色器

在代码 4.8 的基础上,添加顶点着色器和像素着色器,如代码 5.3 所示。其中 1～4 行代码为代码 4.8 的内容,5～7 行为本例新增的全局变量。

```
1    ID3D11Device * device = NULL;                          //D3D11 设备指针
2    IDXGISwapChain * swapChain = NULL;                     //交换链指针
3    ID3D11DeviceContext * immediateContext = NULL;         //执行上下文指针
4    ID3D11RenderTargetView * renderTargetView = NULL;      //渲染目标视图指针
5    //新增的两个全局变量
6    ID3D11VertexShader * vertexShader;     //顶点着色器
7    ID3D11PixelShader * pixelShader;       //像素着色器
```

代码 5.3

（2）定义一个顶点结构

在声明的顶点着色器和像素着色器下面定义顶点结构。顶点结构就是描述这个顶点所需要包含的信息，比如位置、颜色、纹理坐标等。本例中顶点只包含位置信息，所以声明方式如代码 5.4 所示。

```
1  //定义一个顶点结构，这个顶点只需要包含坐标信息
2  struct Vertex
3  {
4    XMFLOAT3 Pos;
5  };
```

代码 5.4

（3）编写 Setup( )函数

在代码 4.9 的 2~6 行中，该函数没有任何内容。该函数用于设置着色器及顶点缓存的信息，以后所有的示例都会编写这个函数。首先找到代码中的 Setup( )函数，如下所示

```
bool Setup( )
{
  return true;
}
```

然后开始编写 Setup( )函数，本例中的 Setup( )函数包含以下步骤：

第一步，创建顶点着色器；

第二步，创建像素着色器；

第三步，创建并设置输入布局；

第四步，创建顶点缓存。

具体实现如代码 5.5 所示。

```
1   bool Setup( )
2   {
3     //第一步，创建顶点着色器
4     //定义一个着色编译标识符
5     //D3DCOMPILE_ENABLE_STRICTNESS 表示强制严格编译，
6     //这样一些已经废弃的语法将不能编译
7     DWORD dwShaderFlag = D3DCOMPILE_ENABLE_STRICTNESS;
8     //ID3DBlob 接口用于表示任意长度的数据
9     //本例使用该接口声明一个对象来存放编译后的着色器
10    ID3DBlob * pVSBlob = NULL;
11    //从指定文件编译着色器
12    if ( FAILED ( D3DX11CompileFromFile(
13        L"Triangle.hlsl",    //这是我们创建的 hlsl 文件
14        NULL,    //可选项，指向一个宏定义数组的指针，一般为 NULL
15        NULL,    //用于处理着色器中的 include 文件，没有 include 文件则为 NULL
16        "VSMain",    //指定顶点着色器的入口函数
17        "vs_5_0",    //指定顶点着色器版本，这里是用 5.0 版本
18        dwShaderFlag,    //上面定义的着色编译标识符
```

```
19      0,              //Effect 编译标识符,如果不是编译 Effect 文件则设置为 0
20      NULL,           //指向 ID3DX11ThreadPump 的指针,
21                      //设置为 NULL 表示这个函数在完成之前不会返回
22      &pVSBlob,       //指向编译好的顶点着色器的所在内存的指针
23      NULL,           //指向存放在编译中产生错误和警告的指针
24      NULL)))         //一个指向返回值的指针,如果第八个参数为 NULL,
25                      //这里也设置为 NULL
26  {
27      //如果编译失败,弹出一个消息框
28      MessageBox(NULL, L"Fail to compile vertex shader", L"ERROR", MB_OK);
29      return S_FALSE;
30  }
31  //用 CreateVertexShader 创建顶点着色器
32  device -> CreateVertexShader(
33      pVSBlob -> GetBufferPointer(),//指向 pVSBlob 所在内存块的起始地址
34      pVSBlob -> GetBufferSize(),   //取得 pVSBlob 的大小
35      NULL,                //指向 ID3D11ClassLinkage 的指针,一般为空
36      &vertexShader); //将创建好的顶点着色器存放到 vertexShader 中
37
38  //第二步,创建像素着色器
39  //声明一个 ID3DBlob 对象来存放编译后的像素着色器
40  ID3DBlob * pPSBlob = NULL;
41  if (FAILED (D3DX11CompileFromFile(
42          L"Triangle.hlsl", //这是我们创建的 hlsl 文件
43          NULL, //可选项,指向一个宏定义数组的指针,一般为 NULL
44          NULL, //用于处理着色器中的 include 文件,没有 include 文件则为 NULL
45          "PSMain",       //指定像素着色器的入口函数
46          "ps_5_0",       //指定像素着色器版本,这里是用 5.0 版本
47          dwShaderFlag,   //上面定义的着色编译标识符
48          0,              //Effect 编译标识符,如果不是编译 Effect 文件则设置为 0
49          NULL,           //指向 ID3DX11ThreadPump 的指针,
50                          //设置为 NULL 表示这个函数在完成之前不会返回
51          &pPSBlob,       //指向编译好的像素着色器的所在内存的指针
52          NULL,           //指向存放在编译中产生错误和警告的指针
53          NULL)))         //一个指向返回值的指针,如果第八个参数为 NULL,
54                          //这里也设置为 NULL
55  {
56      MessageBox(NULL, L"Fail to compile pixel shader", L"ERROR", MB_OK);
57      return S_FALSE;
58  }
59
```

```
60   //用 CreatePixelShader 创建像素着色器
61   device -> CreatePixelShader(
62           pPSBlob -> GetBufferPointer( ),
63           pPSBlob -> GetBufferSize( ),
64           NULL,
65           &pixelShader);         //将创建好的顶点着色器存放到 pixelShader 中
66
67   //第三步,创建并设置输入布局
68   //所谓输入布局,就是指定顶点结构所包含信息的实际意义
69   //D3D11_INPUT_ELEMENT_DESC 用于描述顶点结构的意义
70   //以便让显卡识别所定义的顶点结构
71   //这里定义一个 D3D11_INPUT_ELEMENT_DESC 数组,
72   //由于定义的顶点结构只有位置坐标,所以这个数组里也只有一个元素
73   D3D11_INPUT_ELEMENT_DESC layout [ ] =
74   {
75     {"POSITION",  //语义标识符,必须和 hlsl 文件中 VSMain 所用的标识符一致
76     0,                //表示第 1 个元素,注意和数组一样都是从 0 开始计数,
77     DXGI_FORMAT_R32G32B32_FLOAT,  //96 位浮点像素,红绿蓝各 32 位
78     0,            //可以取值 0 - 15,0 表示绑定顶点缓存到第一个输入槽
79     0,            //可选项,定义了缓存的对齐方式,
80     D3D11_INPUT_PER_VERTEX_DATA,   //定义输入数据类型为顶点数据
81     0}                        //本例没有使用实例技术,所以这里为 0
82   };
83
84   //获取输入布局中元素个数
85   UINT numElements = ARRAYSIZE( layout);
86   //声明一个输入布局对象 pVertexLayout 用于存放创建好的布局
87   ID3D11InputLayout * pVertexLayout;
88   //调用 CreateInputLayout 创建输入布局
89   device -> CreateInputLayout(
90     layout,            //上面定义的 D3D11_INPUT_ELEMENT_DESC 数组
91     numElements,       //D3D11_INPUT_ELEMENT_DESC 数组的元素个数
92     pVSBlob -> GetBufferPointer( ),    //指向顶点着色器起始位置的指针
93     pVSBlob -> GetBufferSize( ),       //指向顶点着色器的所在内存大小
94     &pVertexLayout);                   //返回生成的输入布局对象
95   //设置生成的输入布局
96   immediateContext -> IASetInputLayout( pVertexLayout);
97
98   //第四步,创建顶点缓存
99   //用我们自己定义的 Vertex 结构创建三角形的三个顶点坐标
100   Vertex vertices[ ] =
```

```
101 {
102     XMFLOAT3(0.0f, 0.5f, 0.0f),
103     XMFLOAT3(0.5f, 0.0f, 0.0f),
104     XMFLOAT3( -0.5f, 0.0f, 0.0f),
105 };
106
107 //填充 D3D11_BUFFER_DESC 结构,这个结构是用来描述顶点缓存的属性
108 //首先声明一个 D3D11_BUFFER_DESC 的对象 bd
109 D3D11_BUFFER_DESC bd;
110 ZeroMemory( &bd, sizeof( bd) );              //进行清零操作
111 bd. Usage = D3D11_USAGE_DEFAULT;            //设置缓存的读写方式,一般用默认方式
112 bd. ByteWidth = sizeof( Vertex) * 3;        //设置缓存区域的大小,
113                                              //由于有三个顶点所以要乘以 3
114 bd. BindFlags = D3D11_BIND_VERTEX_BUFFER;    //将这个缓存区域绑定到顶点缓存
115 bd. CPUAccessFlags = 0;        //CPU 访问标识符,0 表示没有 CPU 访问
116 bd. MiscFlags = 0;            //其他项标识符,0 表示不使用该项
117 //声明一个数据用于初始化子资源
118 D3D11_SUBRESOURCE_DATA InitData;
119 ZeroMemory( &InitData, sizeof( InitData) );    //进行清零操作
120 InitData. pSysMem = vertices;    //设置需要初始化的数据,即顶点数组
121
122 //声明一个 ID3D11Buffer 对象作为顶点缓存
123 ID3D11Buffer * vertexBuffer;
124 //调用 CreateBuffer 创建顶点
125 device -> CreateBuffer( &bd, &InitData, &vertexBuffer);
126 UINT stride = sizeof( Vertex);              //获取 Vertex 的大小作为跨度
127 UINT offset = 0;                            //设置偏移量为 0
128 //设置顶点缓存
129 immediateContext -> IASetVertexBuffers (
130     0,                      //绑定到第一个输入槽
131     1,                      //顶点缓存的个数,这里为一个
132     &vertexBuffer,          //创建好的顶点缓存
133     &stride,                //跨度,即顶点结构的大小
134     &offset);               //缓存第一个元素到所用元素的偏移量
135 //指定图元类型,D3D11_PRIMITIVE_TOPOLOGY_TRIANGLELIST 表示图元为三角形
136 immediateContext -> IASetPrimitiveTopology(
137                 D3D11_PRIMITIVE_TOPOLOGY_TRIANGLELIST);
138 }
```

代码 5.5

（4）**编写 Cleanup( )函数**

在 Cleanup( )函数中释放 6 个全局指针，如代码 5.6 所示。

```
1   void Cleanup( )
2   {
3       //释放 6 个全局指针
4       if( renderTargetView ) renderTargetView -> Release( );
5       if( immediateContext ) immediateContext -> Release( );
6       if( swapChain ) swapChain -> Release( );
7       if( swapChain ) device -> Release( );
8       if( vertexShader ) vertexShader -> Release( );
9       if( pixelShader ) pixelShader -> Release( );
10  }
```

代码 5.6

（5）**编写 Display( )函数**

Display( )函数用于将定义好的顶点信息显示出来。在第 4 章中，Display( )已经加入了一些代码，用于显示一个蓝色背景。现在往 Display( )继续加入代码，如代码 5.7 所示。

```
1   bool Display( float timeDelta )
2   {
3       if( device )
4       {
5           //声明一个数组存放颜色信息,4 个元素分别表示红,绿,蓝以及 alpha
6           float ClearColor[4] = { 0.0f, 0.125f, 0.3f, 1.0f };
7           immediateContext -> ClearRenderTargetView( renderTargetView,
8                                                      ClearColor );
9
10          //把创建好的顶点着色器和像素着色器绑定到 immediateContext
11          immediateContext -> VSSetShader( vertexShader, NULL, 0 );
12          immediateContext -> PSSetShader( pixelShader, NULL, 0 );
13          //绘制三角形,第一个参数表示绘制 3 个点,
14          //第二个参数表示从第 0 个点开始绘制
15          immediateContext -> Draw( 3, 0 );
16
17          swapChain -> Present( 0, 0 );
18      }
19      return true;
20  }
```

代码 5.7

注意：这里回调函数和主函数的内容和第 4 章一样，其编写方法参考代码 4.10 和代码 4.11。

5.2.6 编译程序

程序编译成功后,会显示如图 5.6 所示界面图中为一个红色三角形。

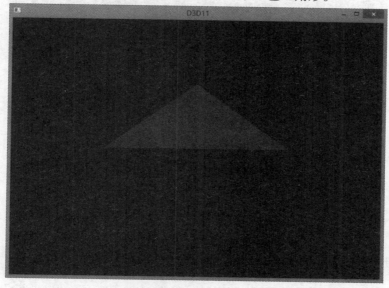

图 5.6 程序运行界面

5.3* 思考题

(1)改变三角形的颜色,让它变成绿色,如图 5.7 所示。(提示:可以修改 Triangle. hlsl 文件中的像素着色器的返回值来改变颜色)

图 5.7 绘制绿色三角形

(2)改变三角形的坐标,让它变成倒三角,如图 5.8 所示。

图 5.8　绘制倒三角形

（3）画一个菱形，如图 5.9 所示。

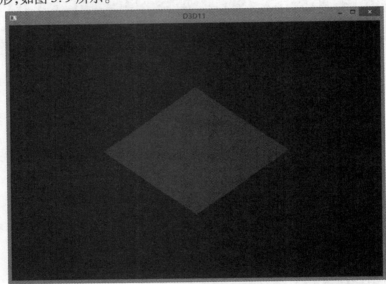

图 5.9　绘制菱形

5.4* 　常见问题及解决方法

5.4.1　为什么绘制的三角形不能正常显示？

如果确认代码与示例无误，那么可以考虑修改代码 4.5 的第 112 行。将 D3D_DRIVER_TYPE_
HARDWARE 改为 D3D_DRIVER_TYPE_REFERENCE 即可。如果修改后运行成功，就表示该显卡不
支持 D3D 11，那么就不能用硬件加速，而应该使用软件加速。这里将 D3D_DRIVER_TYPE_HARD-
WARE 改为 D3D_DRIVER_TYPE_REFERENCE 就表示使用软件加速。需要注意的是，用了软件加速
虽然可以正常显示本例中的三角形，但是由于软件加速效率很低，所以后面的例子会出现跳帧的

现象。

5.4.2 为什么更改了三角形顶点数组的元素顺序,就不能正常显示三角形了?

比如将代码 5.5 第 100 ~ 105 行的代码做如下修改后,三角形就不能显示了。

原代码

```
Vertex vertices[ ] =
{
    XMFLOAT3(0.0f, 0.5f, 0.0f),
    XMFLOAT3(0.5f,0.0f, 0.0f),
    XMFLOAT3( -0.5f, 0.0f, 0.0f),
};
```

修改后代码

```
Vertex vertices[ ] =
{
    XMFLOAT3(0.5f,0.0f, 0.0f),
    XMFLOAT3(0.0f, 0.5f, 0.0f),
    XMFLOAT3( -0.5f, 0.0f, 0.0f),
};
```

这里其实涉及一个重要概念。在绘制三角形的时候,D3D 会默认顶点绕序为顺时针的三角形为正面,而顶点绕序为逆时针的三角形为背面。默认情况下三角形的背面是无法显示的。示例中的三角形顶点绕序为顺时针,所以能正常显示;而修改后的三角形顶点绕序为逆时针,所以就无法显示了。

第**6**章
Effect 框架简介

6.1 概 述

本章将介绍 Effect 框架的使用,并且利用 Effect 框架实现旋转的立方体。第 1 章已经对 Effect 框架进行了概要性的介绍。在第 5 章绘制三角形的示例中,也介绍了一个简单的 Effect 文件,即 Triangle.hlsl 文件的使用,但是 Triangle.hlsl 文件仅仅包含了一个顶点着色器和一个像素着色器。本章将介绍一个较完整的 Effect 文件该包含哪些内容。

6.1.1 相关概念

(1) 三维空间及其变换

1) 模型空间(modeling space)

模型空间或局部空间(local space),是用于定义构成物体的三角形单元列表的坐标空间。构建物体的每一个顶点都是以局部坐标的形式表示的,所以不同模型的局部空间可能是不同的。图 6.1 是一个在局部空间中定义的立方体。

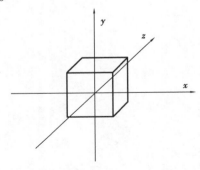

图 6.1 局部空间中的立方体

2) 世界空间(world space)

当模型建立好后,需要把这些物体组织在一起,构成世界空间中的场景。位于局部空间的物体通过世界变换(world transform)变换到世界空间。该变换包括第 3 章所介绍的平移、旋转以及缩放变换。图 6.2 展示了图 6.1 中的立方体在世界空间中的坐标。

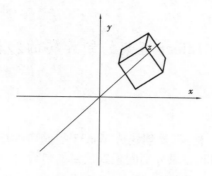

图 6.2　世界空间中的立方体

3）观察空间（view space）

在世界空间中假设一台虚拟摄像机来观察世界空间中的物体，摄像机的坐标也是世界空间中的坐标，通过摄像机看到的物体所在的空间称为观察空间。观察空间和世界空间不同的是观察空间的原点为虚拟摄像机的位置，虚拟摄像机的视点方向为 z 轴正方向，摄像机上方为 y 轴正方向。将世界空间中物体的坐标变换到观察空间中，这种变换称为观察变换（view transform）。

4）投影空间（projection space）

观察空间中，我们的任务是获取 3D 场景的 2D 表示。从 n 维变换为 $n-1$ 维的过程称为投影（projection），而投影后的坐标空间就称为投影空间。

（2）**着色**

在 D3D 中，通常使用 RGBA 来分别描述红（Red）、绿（Green）、蓝（Blue）以及 Alpha 值。其中，红绿蓝的颜色混合决定了像素最终的显示颜色，而 Alpha 值用来表示透明度，关于 Alpha 值的作用将会在第 9 章中介绍。要确定一个三维图形的颜色，就必须先确定顶点的颜色。可以通过在顶点结构中加入颜色的成员来指定顶点的颜色。D3D 的着色阶段发生在像素着色器中。如要要使一个图元显示为纯色，则将图元每个顶点设置为相同颜色即可。如果每个顶点颜色不同，那么图元表面颜色将由顶点间颜色的插值来确定，这被称为高洛德着色，也叫平滑着色。

（3）**索引**

在第 5 章中，我们是通过给三角形的所有顶点创建一个顶点缓存来进行绘制，但是这样直接利用顶点缓存存在一定的问题。在实际的图形绘制中，会有大量三角形具有重复边。比如绘制一个立方体，需要拆分成 12 个三角形（一个立方体有 6 个面，每个面由 2 个三角形组成），这样顶点缓存里就需要保存 36 个顶点。但是一个立方体只需要 8 个顶点即可描述，所以就浪费了顶点缓存的空间来存储这多余的 28 个顶点。虽然在本书的示例中，这样的影响可以忽略不计，但是在真实的 3D 编程中，这样的影响就十分巨大。所以 D3D 引入了索引缓存的概念。同样以立方体为例，在使用索引缓存后，顶点缓存里只需要立方体的 8 个顶点即可。通过索引缓存来确定每一个图元的顶点所对应顶点缓存中的顶点。需要注意的是索引缓存不需要包含顶点信息，只包含顶点缓存中对应顶点的索引，这样一来就可以节省存储空间。

6.1.2　本章主要内容和目标

本章主要内容是利用 Effect 框架绘制一个旋转的彩色立方体。通过本章的介绍，需要达到如下目标：

①了解基本的 HLSL 语法；
②掌握创建 .fx 文件的基本方法；
③掌握顶点索引的创建和设置方法以及利用索引缓存绘制图形；
④掌握如何利用坐标变换实现坐标变换。

6.2　利用 Effect 框架绘制旋转的彩色立方体

6.2.1　创建一个 Win32 项目

首先创建一个 Win32 项目(注意:不要创建成 Win32 控制台程序),命名为"D3DCube"。创建好项目后,将 DX SDK 的 include 和 lib 目录分别配置到项目的包含目录和库目录中,具体创建及配置方法见章节 4.2.3。

6.2.2　添加 Effect 框架所需的包含目录和库目录

在第 1.4 节中,已经介绍了 Effect 框架的配置方法。本节中需要将配置好的 Effect 框架添加到本项目中。

①将 D:\Program Files (x86)\Microsoft DirectX SDK (June 2010)\Samples\C++\Effects11\Debug 文件夹添加到库目录中,注意"配置(C)"处要选择"活动 Debug",如图 6.3 所示。

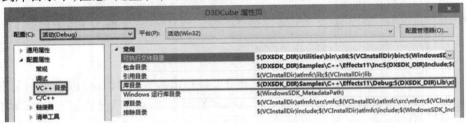

图 6.3　Debug 下配置 Effect 框架的库目录

②将 D:\Program Files (x86)\Microsoft DirectX SDK (June 2010)\Samples\C++\Effects11\Release 文件夹添加到库目录中,注意"配置(C)"处要选择"Release",如图 6.4 所示。

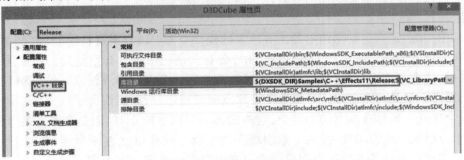

图 6.4　Release 下配置 Effect 框架的库目录

③分别在"配置(C)"为"活动 Debug"和"Release"状态下将 D:\Program Files (x86)\Microsoft DirectX SDK (June 2010)\Samples\C++\Effects11**Inc** 文件添加到包含目录中,如图 6.5 所示。

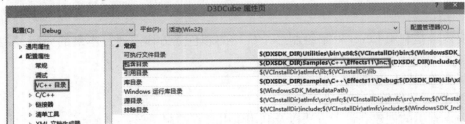

图 6.5　配置 Effect 框架的包含目录

6.2.3　创建项目所需文件

①创建一个 h 文件命名为"**d3dUtility. h**",再创建两个 cpp 文件命名为"**d3dCube. cpp**"和"**d3dUtility. cpp**"。

②创建一个.fx 文件。

首先新建一个筛选器,在项目名处单击右键,选择"添加"→"新建筛选器",取名为"Shader",如图 6.6 所示。

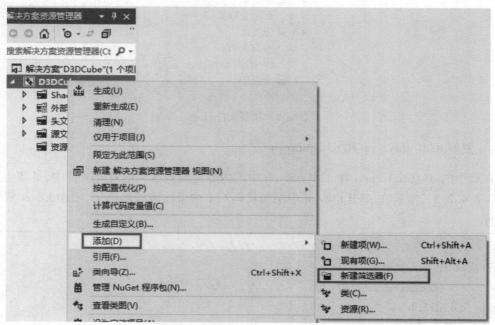

图 6.6　新建筛选器

在新建的 shader 筛选器处,单击鼠标右键,选择"添加"→"新建项",如图 6.7 所示。

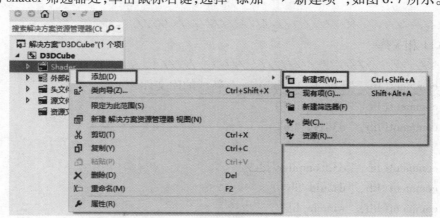

图 6.7　新建.fx 文件

在弹出框中任意选择一种文件类型即可,将其命名为 SimpleShader. fx。所有创建好的文件如图 6.8 所示。

图 6.8　项目文件目录

6.2.4　复制 d3dUtility. cpp 和 d3dUtility. h

将第 4 章中的 d3dUtility. cpp 和 d3dUtility. h 中的内容复制到本例的对应文件中,具体实现见章节 4.2.4 和章节 4.2.5。然后在 d3dUtility. h 中添加代码 6.1 中带波浪线的语句,添加 Effect 框架的头文件和库文件。

```
1    ////////////////////////////////////////////////
2    //DirectX11 相关头文件
3    ////////////////////////////////////////////////
4    #include  < d3d11. h >
5    #include  < d3dx11. h >
6    #include  < d3dx11effect. h >      //新增的头文件
7
8    ////////////////////////////////////////////////
9    //DirectX11 相关库
10   ////////////////////////////////////////////////
11   #pragma comment( lib, "Effects11. lib" )    //新增的库文件
12   #pragma comment( lib, "d3d11. lib" )
13   #pragma comment( lib, "d3dx11. lib" )
14
15   #pragma comment( lib, "d3dcompiler. lib" )
16   #pragma comment( lib, "dxguid. lib" )
17   #pragma comment( lib, "winmm. lib" )
```

代码 6.1

6.2.5　编写 SimpleShader. fx 文件

本例中 SimpleShader. fx 文件和第 5 章中的 Triangle. hlsl 作用相同,都是将一系列特定着色器集合到一个文件中。这种文件被称为 Effect 文件,它是 Effect 框架的重要组成部分。Effect 文件由以下不同的部分组成。

68

外部变量:存储从应用程序得到的数据的变量。

输入输出结构:能够在着色器之间传递的结构。例如顶点着色器输出的信息会被传递给像素着色器,作为像素着色器的输入。

顶点着色器:处理顶点的部分。

像素着色器:处理像素的部分。

Technique:定义 Effect 文件中使用的通道(Pass)。通道是定义 Effect 中所使用的着色器和一些状态。一个 Technique 可以有多个 Pass。下面就介绍如何编写 SimpleShader. fx 文件。

(1)定义外部变量(如代码6.2 所示)

```
1    //////////////////////////////////////////////////////////////////
2    // 外部变量:存储从应用程序中得到的数据的变量
3    // 外部变量一般存储在常量缓存中,常量缓存的声明方法近似于结构的声明
4    // 但关键字是 cbuffer
5    // register(b0)表示手动将着色器变量绑定到特定寄存器,其中 b 表示常量缓存
6    // 0 表示寄存器编号
7    //////////////////////////////////////////////////////////////////
8    cbuffer ConstantBuffer : register( b0 )
9    {
10       matrix World;            //世界变换矩阵,其中 matrix 表一个 4×4 的矩阵
11       matrix View;             //观察变换矩阵
12       matrix Projection;       //投影变换矩阵
13   }
```

代码 6.2

(2)定义顶点结构

注意:这里定义的顶点结构所包含的内容应该和程序中的顶点结构的内容保持一致,如代码6.3 所示。

```
1    //////////////////////////////////////////////////////////////////
2    //顶点输入结构
3    //这里顶点输入结构包含位置信息和颜色信息
4    //HLSL 语言中,变量的声明一般按照"类型   变量名 : 语义"的格式来声明
5    //////////////////////////////////////////////////////////////////
6    struct VS_INPUT
7    {
8        float4 Pos : SV_POSITION;    //float4 是类型,SV_POSITION 为语义表示位置
9        float4 Color : COLOR0;       //COLOR0 表示颜色,COLOR 后的数字为 0 到资源支持
10                                     //最大数之间的整数
11   };
```

代码 6.3

(3)定义顶点着色器

本例中的顶点着色器中包含顶点的世界变换、观察变换和投影变换,返回值为经过变换的顶点,如代码6.4 所示。

```
1  ////////////////////////////////////////////////////////////////////////
2  // 顶点着色器函数
3  // 这里顶点着色器不同于第 5 章,第 5 章的顶点信息只包含位置信息,其返回类型
4  // 为 float4,而本例中顶点信息包含位置和颜色,所以返回类型为我们自己定义的
5  // 顶点接结构 VS_INPUT
6  ////////////////////////////////////////////////////////////////////////
7  VS_INPUT VS( float4 Pos : POSITION, float4 Color : COLOR )
8  {
9     VS_INPUT input = ( VS_INPUT )0;    //定义一个顶点结构的对象
10    input. Pos = mul( Pos, World );      //世界坐标变换,mul 为矩阵乘法的函数
11    input. Pos = mul( input. Pos, View );//观察坐标变换,mul 第一个参数为向量
12    input. Pos = mul( input. Pos, Projection );   //投影坐标变换,mul 第二个
13                                           //参数为矩阵
14
15    input. Color = Color;                  //设置 VS_INPUT 对象的颜色
16
17    return input;                          //返回 VS_INPUT 的对象
18  }
```

代码 6.4

(4)定义像素着色器(如代码 6.5 所示)

```
1  ////////////////////////////////////////////////////////////////////////
2  // 像素着色器函数
3  // 和第 5 章的像素着色器的不同之处在于,参数为一个 VS_INPUT 的对象,
4  // 即顶点着色器的输出值
5  ////////////////////////////////////////////////////////////////////////
6  float4 PS( VS_INPUT input ) : SV_Target
7  {
8     return input. Color;
9  }
```

代码 6.5

(5)定义 Technique(如代码 6.6 所示)

```
1  ////////////////////////////////////////////////////////////////////////
2  // Technique 将不同着色器整合起来实现某种功能
3  // 定义 Technique 由 technique11 关键字进行
4  ////////////////////////////////////////////////////////////////////////
5  technique11 TexTech
6  {
7    //Technique 通过 Pass 来应用不同的效果,每个 Technique 可以有多个 Pass
8    //本例中只有一个 Pass
```

```
9      pass P0
10     {
11         //设置顶点着色器
12         //CompileShader 包含两个参数,一个是目标着色器版本,这里使用的是 SM5.0
13         //另一个参数为我们自己定义的着色器函数
14         SetVertexShader( CompileShader( vs_5_0, VS( ) ) );//设置顶点着色器
15         SetGeometryShader( NULL );    //本例中没有用几何着色器,所以设置为空
16         SetPixelShader( CompileShader( ps_5_0, PS( ) ) );//设置像素着色器
17     }
18  }
```

代码 6.6

注意:和第 5 章中的 Triangle.hlsl 一样,也需要将 SimpleShader.fx 设置为"不参与生成",详细方法见章节 5.2.2。

6.2.6　编写 d3dCube.cpp 源文件

首先把第 5 章中 d3dTriangle.cpp 的内容全部复制到 d3dCube.cpp 中,另外清空 Setup(),Cleanup()和 Display()三个函数的内容。

(1)添加全局变量

在代码 4.8 后面添加 6 个全局变量,如代码 6.7 所示。

```
1   //Effect 相关全局指针
2   ID3D11InputLayout * vertexLayout;
3   ID3DX11Effect * effect;
4   ID3DX11EffectTechnique * technique;
5
6   //声明三个坐标系矩阵
7   XMMATRIX world;          //用于世界变换的矩阵
8   XMMATRIX view;           //用于观察变换的矩阵
9   XMMATRIX projection;     //用于投影变换的矩阵
```

代码 6.7

(2)定义一个顶点结构

和第 5 章代码 5.4 相比,本例的顶点结构中添加了颜色信息,具体如代码 6.8 所示。

```
1   //定义一个顶点结构,这个顶点包含坐标和颜色信息
2   struct Vertex
3   {
4       XMFLOAT3 Pos;
5       XMFLOAT4 Color;    //新增的颜色信息
6   };
```

代码 6.8

（3）**编写 Setup( )函数**

首先清空 Setup( )函数,如下所示:

bool Setup( )

{

  return true;

}

然后再向函数里填写代码。这里要创建一个 Cube 主要包含 3 个主要步骤:

第一步,从 SimpleShader. fx 文件创建 ID3DEffect 对象;

第二步,创建顶点缓存以及顶点索引缓存;

第三步,设置变换坐标系。

下面依次介绍这三个步骤的实现。

第一步,从 SimpleShader. fx 文件创建 ID3DEffect 对象,如代码6.9所示。

```
1   // ************ 第一步从.fx 文件创建 ID3DEffect 对象 ********************
2   HRESULT hr = S_OK;               //声明 HRESULT 的对象用于记录函数调用是否成功
3   ID3DBlob * pTechBlob = NULL;     //声明 ID3DBlob 的对象用于存放从文件读取的信息
4   //从我们之前建立的 SimpleShader. fx 文件读取着色器相关信息,该函数的注释见代码5.5,
5   //这里仅仅是修改了读取文件的文件名
6   hr = D3DX11CompileFromFile( L"SimpleShader. fx", NULL, NULL, NULL, "fx_5_0",
7          D3DCOMPILE_ENABLE_STRICTNESS, 0, NULL, &pTechBlob, NULL, NULL );
8   if( FAILED( hr ) )
9   {
10      ::MessageBox( NULL, L"fx 文件载入失败", L"Error", MB_OK );
11      return hr;
12  }
13  //调用 D3DX11CreateEffectFromMemory 创建 ID3DEffect 对象
14  hr = D3DX11CreateEffectFromMemory(
15          pTechBlob -> GetBufferPointer( ),   //从. fx 文件读入信息所在内存的起始位置
16          pTechBlob -> GetBufferSize( ),      //从. fx 文件读入信息所在内存的大小
17          0,                                  //一般设置为0,表示无 Effect 标识
18          device,                             //设备指针
19          &effect );                          //返回创建好的 ID3DEffect 对象
20
21  if( FAILED( hr ) )
22  {
23      ::MessageBox( NULL, L"创建 Effect 失败", L"Error", MB_OK );
24      return hr;
25  }
26  //调用 GetTechniqueByIndex 获取 ID3DX11EffectTechnique 的对象
27  //参数为一个从 0 开始的索引
28  technique = effect -> GetTechniqueByIndex(0);
29
```

```
30   //D3DX11_PASS_DESC 结构用于描述一个 Effect Pass
31   D3DX11_PASS_DESC PassDesc;
32   //利用 GetPassByIndex 获取 Effect Pass
33   //再利用 GetDesc 获取 Effect Pass 的描述,并存入 PassDesc 对象中
34   technique -> GetPassByIndex(0) -> GetDesc(&PassDesc);
35
36   //创建并设置输入布局
37   //这里我们定义一个 D3D11_INPUT_ELEMENT_DESC 数组
38   //由于我们定义的顶点结构包括位置坐标和颜色,所以这个数组里有两个元素
39   //比第 5 章中的输入布局多了一个元素
40   D3D11_INPUT_ELEMENT_DESC layout [] =
41   {
42   {"POSITION", 0, DXGI_FORMAT_R32G32B32_FLOAT, 0, 0,
43    D3D11_INPUT_PER_VERTEX_DATA, 0},
44      {"COLOR", 0, DXGI_FORMAT_R32G32B32A32_FLOAT, 0,
45       D3D11_APPEND_ALIGNED_ELEMENT, D3D11_INPUT_PER_VERTEX_DATA, 0}
46   };
47   //layout 元素个数
48   UINT numElements = ARRAYSIZE(layout);
49   //调用 CreateInputLayout 创建输入布局
50   hr = device -> CreateInputLayout(
51           layout,            //上面定义的 D3D11_INPUT_ELEMENT_DESC 数组
52           numElements,       //D3D11_INPUT_ELEMENT_DESC 数组的元素个数
53           PassDesc. pIAInputSignature,      //Effect Pass 描述的输入标识
54           PassDesc. IAInputSignatureSize,   //Effect Pass 描述的输入标识的大小
55           &vertexLayout );                  //返回生成的输入布局对象
56   //设置生成的输入布局到执行上下文中
57   immediateContext -> IASetInputLayout( vertexLayout );
58   if( FAILED( hr ) )
59   {
60     ::MessageBox( NULL, L"创建 Input Layout 失败", L"Error", MB_OK );
61     return hr;
62   }
63   // ************* 第一步从.fx 文件创建 ID3DEffect 对象 ********************
```

代码 6.9

第二步,然后创建顶点缓存以及顶点索引缓存,如代码 6.10 所示。

```
1   // ************* 第二步创建顶点缓存以及顶点索引缓存 **********************
2   //和第 5 章一样,创建顶点数组,但是每个顶点包含了坐标和颜色
3   Vertex vertices[] =
4   {
```

```
5      { XMFLOAT3( -1.0f, 1.0f, -1.0f ), XMFLOAT4( 0.0f, 0.0f, 1.0f, 1.0f ) },
6      { XMFLOAT3( 1.0f, 1.0f, -1.0f ), XMFLOAT4( 0.0f, 1.0f, 0.0f, 1.0f ) },
7      { XMFLOAT3( 1.0f, 1.0f, 1.0f ), XMFLOAT4( 0.0f, 1.0f, 1.0f, 1.0f ) },
8      { XMFLOAT3( -1.0f, 1.0f, 1.0f ), XMFLOAT4( 1.0f, 0.0f, 0.0f, 1.0f ) },
9      { XMFLOAT3( -1.0f, -1.0f, -1.0f), XMFLOAT4( 1.0f, 0.0f, 1.0f, 1.0f ) },
10     { XMFLOAT3( 1.0f, -1.0f, -1.0f ), XMFLOAT4( 1.0f, 1.0f, 0.0f, 1.0f ) },
11     { XMFLOAT3( 1.0f, -1.0f, 1.0f ), XMFLOAT4( 1.0f, 1.0f, 1.0f, 1.0f ) },
12     { XMFLOAT3( -1.0f, -1.0f, 1.0f ), XMFLOAT4( 0.0f, 0.0f, 0.0f, 1.0f ) },
13   };
14   UINT vertexCount = ARRAYSIZE( vertices );
15   //创建顶点缓存,方法同第 5 章一样
16   //首先声明一个 D3D11_BUFFER_DESC 的对象 bd
17   D3D11_BUFFER_DESC bd;
18   ZeroMemory( &bd, sizeof(bd) );
19   bd.Usage = D3D11_USAGE_DEFAULT;
20   bd.ByteWidth = sizeof( Vertex ) * 8;//由于这里定义了 8 个顶点所以要乘以 8
21   bd.BindFlags = D3D11_BIND_VERTEX_BUFFER;//注意:这里表示创建的是顶点缓存
22   bd.CPUAccessFlags = 0;
23
24   //声明一个 D3D11_SUBRESOURCE_DATA 数据用于初始化子资源
25   D3D11_SUBRESOURCE_DATA InitData;
26   ZeroMemory( &InitData, sizeof(InitData) );
27   InitData.pSysMem = vertices;//设置需要初始化的数据,即顶点数组
28
29   //声明一个 ID3D11Buffer 对象作为顶点缓存
30   ID3D11Buffer * vertexBuffer;
31   //调用 CreateBuffer 创建顶点缓存
32   hr = device -> CreateBuffer( &bd, &InitData, &vertexBuffer );
33   if( FAILED( hr ) )
34   {
35     ::MessageBox( NULL, L"创建 VertexBuffer 失败", L"Error", MB_OK );
36     return hr;
37   }
38   //设置索引数组
39   //注意:数组里的每一个数字表示顶点数组的对应下标的顶点。
40   //      由于立方体由 12 个三角形组成,所以共需要 36 个顶点
41   //      这里每三个数字构成一个三角形
42   WORD indices[ ] =
43   {
44     3,1,0,   2,1,3,   0,5,4,   1,5,0,   3,4,7,   0,4,3,
45     1,6,5,   2,6,1,   2,7,6,   3,7,2,   6,4,5,   7,4,6,
```

```
46      };
47      UINT indexCount = ARRAYSIZE( indices );
48
49      //创建索引缓存
50      bd.Usage = D3D11_USAGE_DEFAULT;
51      bd.ByteWidth = sizeof( WORD ) * 36;        // 由于有 36 个顶点索引所以这里要乘以 36
52      bd.BindFlags = D3D11_BIND_INDEX_BUFFER;  // 注意:这里表示创建的是索引缓存
53      bd.CPUAccessFlags = 0;
54
55      InitData.pSysMem = indices;    //设置需要初始化的数据,即索引数组
56      ID3D11Buffer * indexBuffer;    //声明一个 ID3D11Buffer 对象作为索引缓存
57      //调用 CreateBuffer 创建索引缓存
58      hr = device->CreateBuffer( &bd, &InitData, &indexBuffer );
59      if( FAILED( hr ) )
60      {
61          ::MessageBox( NULL, L"创建 IndexBuffer 失败", L"Error", MB_OK );
62          return hr;
63      }
64      UINT stride = sizeof(Vertex);          //获取 Vertex 的大小作为跨度
65      UINT offset = 0;                       //设置偏移量为 0
66      //设置顶点缓存,参数的解释见代码 5.5
67      immediateContext->IASetVertexBuffers(0, 1, &vertexBuffer, &stride,
68                                  &offset );
69      //设置索引缓存
70      immediateContext->IASetIndexBuffer( indexBuffer,
71                                  DXGI_FORMAT_R16_UINT, 0 );
72      //指定图元类型,D3D11_PRIMITIVE_TOPOLOGY_TRIANGLELIST 表示图元为三角形
73      immediateContext->IASetPrimitiveTopology(
74                                  D3D11_PRIMITIVE_TOPOLOGY_TRIANGLELIST );
75
76      // ************ 第二步创建顶点缓存以及顶点索引缓存 *******************
```

代码 6.10

第三步,设置变换坐标系,如代码 6.11 所示。

```
1   // ************ 第三步设置变换坐标系 *******************
2   //初始化世界矩阵
3   world = XMMatrixIdentity( );
4
5   //初始化观察矩阵
6   XMVECTOR Eye = XMVectorSet( 3.0f, 5.0f, -5.0f, 0.0f );//相机位置
```

```
7   XMVECTOR At = XMVectorSet( 0.0f, 0.0f, 0.0f, 0.0f );   //目标位置
8   XMVECTOR Up = XMVectorSet( 0.0f, 1.0f, 0.0f, 0.0f );   //相机正上方的方向
9   view = XMMatrixLookAtLH( Eye, At, Up );       //设置观察坐标系
10
11  //设置投影矩阵
12  projection = XMMatrixPerspectiveFovLH(
13             XM_PIDIV2,                    //视野夹角
14             800.0f / 600.0f,             //宽高比
15             0.01f,                       //近裁剪面距离
16             100.0f );                    //远裁剪面距离
17  // *************第三步设置变换坐标系 *********************
```

代码 6.11

（4）编写 Cleanup( )函数（如代码 6.12 所示）

```
1   void Cleanup( )
2   {
3     //释放全局指针
4     if( renderTargetView ) renderTargetView -> Release( );
5     if( immediateContext ) immediateContext -> Release( );
6     if( swapChain ) swapChain -> Release( );
7     if( device ) device -> Release( );
8
9     if( vertexLayout ) vertexLayout -> Release( );
10     if( effect ) effect -> Release( );
11  }
```

代码 6.12

（5）编写 Display( )函数（代码 6.13 所示）

```
1   bool Display( float timeDelta )
2   {
3     if( device )
4     {
5       //声明一个数组存放颜色信息,4 个元素分别表示红、绿、蓝以及 alpha
6       float ClearColor[ 4 ] = { 0.0f, 0.125f, 0.3f, 1.0f };
7       immediateContext -> ClearRenderTargetView( renderTargetView,
8                                 ClearColor );
9       //每隔一段时间更新一次场景,以实现立方体的旋转
10      static float angle = 0.0f;       //声明一个静态变量用于记录角度
11      angle += timeDelta;              //将当前角度加上一个时间差,使角度逐渐增大
12      if( angle >= 6.28f )             //如果当前角度大于 2PI,则归零
13          angle = 0.0f;
```

```
14      world  = XMMatrixRotationY( angle )    //绕 Y 轴进行坐标旋转变换
15

16      //将几个坐标系变换矩阵设置到 Effect 框架中
17      //注意:这里的"World","View","Projection"是在 SimpleShader.fx 文件中定义的
18

19      //设置世界坐标系
20      effect  -> GetVariableByName("World") -> AsMatrix()
21            -> SetMatrix((float * )&world);
22

23      //设置观察坐标系
24      effect  -> GetVariableByName("View") -> AsMatrix()
25            -> SetMatrix((float * )&view);
26

27      //设置投影坐标系
28      effect  -> GetVariableByName("Projection") -> AsMatrix()
29            -> SetMatrix((float * )&projection);
30

31      //定义一个 D3DX11_TECHNIQUE_DESC 对象来描述 technique
32      D3DX11_TECHNIQUE_DESC techDesc;
33      technique -> GetDesc( &techDesc );        //获取 technique 的描述
34      //获取通道(PASS)把它设置到执行上下文中。
35      //这里由于只有一个通道所以其索引为 0
36      technique -> GetPassByIndex(0) -> Apply(0,immediateContext);
37

38      //绘制立方体,注意是这里调用的是 DrawIndexed!
39      //第一个参数 3 表示绘制 3 个点,
40      //第二个参数 0 表示从第 0 个索引开始绘制
41      //第三个参数表示从顶点缓存读出一个顶点时,给索引增加一个值,一般为 0
42      immediateContext -> DrawIndexed( 36,0,0 );
43

44      swapChain -> Present( 0,0 );
45    }
46    return true;
47  }
```

代码 6.13

注意:这里回调函数和主函数的内容和第 4 章一样,其编写方法参考代码 4.10 和代码 4.11。

6.2.7　编译程序

程序编译成功后,会显示如图 6.9 所示界面。这个立方体绕 Y 轴顺时针旋转。

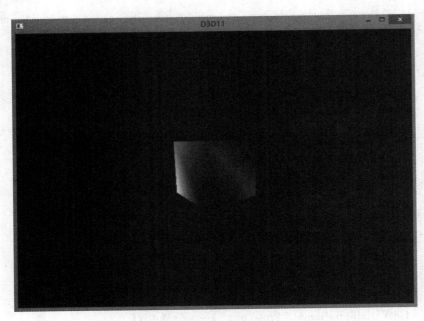

图 6.9　程序运行效果

6.3* 思考题

（1）改变立方体的旋转方向，让它绕 Y 轴逆时针旋转。

（2）改变摄像机的视角，让它从其他方向观察，如图 6.10 所示。

图 6.10　其他视角观察立方体

（3）改变立方体的旋转方式，让它在自转的同时绕着 Z 轴公转，如图 6.11 所示。

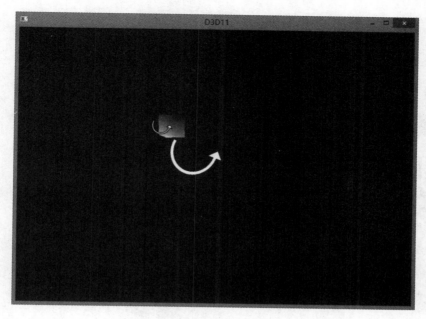

图6.11　旋转示意图

6.4* 常见问题及解决方法

如果在确定代码无误的情况下仍然无法创建 Effect,则可能是因为头文件或库文件有冲突。解决方法是在配置库目录和包含目录的时候,将 Effect 的库目录和头文件目录分别放在其他库目录或包含目录之前。如果问题仍然无法解决,并且读者使用的是 Windows 8 操作系统,则可以通过删除 C:\Program Files\Windows Kits\8.0\Lib\win8\um\x86 路径下的 d3dcompiler.lib 文件和 C:\Program Files\Windows Kits\8.0\Include\um 路径下的 effects.h 文件来解决。

第7章
光照效果

7.1 概　述

第6章中通过着色的方式使立方体具有颜色。而在现实世界中，物体所呈现的颜色是由物体本身的材质和光照的颜色所决定。比如，一个只反射红光的物体，如果被一束白光（包含所有颜色的光即为白光）照射，那么这个物体将呈现红色。同样，D3D也支持光照。而具体的光照效果，如颜色及明暗等，是由物体本身的材质和光源的属性来决定。在正式介绍本章的示例之前，我们首先对D3D中的光照模型进行简单介绍。

7.1.1 相关概念

（1）光照的组成
在D3D的光照模型中，光源发出的光由3种类型的光组成。

①环境光（Ambient Light）：这种类型的光经过其他表面反射达到物体表面，并照亮整个场景。

②漫射光（Diffuse Light）：这种类型的光沿着特定的方向传播，当它到达某一表面时，将沿着各个方向均匀反射。由于是均匀反射，无论在哪个方向上观察，表面亮度都相同，因此无须考虑观察者的位置。

③镜面光（Specular Light）：这种类型的光沿特定方向传播，当它到达一个表面时，将会沿另一个方向反射，因此只有在一定角度范围内才能观察到高亮度照射。

（2）材质
在D3D中通过物体的材质（materials）来模拟物体对环境光、漫射光和镜面光这3种类型的光的反射率。对每种类型的光还可以指定材质对红、绿、蓝3种颜色分量的反射比例。同时还可以指定镜面的高光点的锐度（sharpness），其值越大，高光点的锐度就越大。

（3）顶点法向量
在计算镜面光的反射方向时，需要用到平面的向量。平面法向量是垂直于该平面的向量，用于描述多边形所在平面的朝向。而顶点法向量是指构成多边形各个顶点的法向量。一般而言，顶点的法向量和所构成的多边形所在平面的法向量一致，如图7.1所示。需要注意的是，对于近似的球体多边形而言，顶点法向量和其所在三角形面片法向量并不一致。但是本书中示例只涉及立方体这样的简单图像，所以本书示例中的顶点法向量和其所在多边形的法向量是一致的。

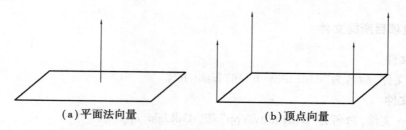

（a）平面法向量　　　　　　　　　（b）顶点向量

图7.1　平面法向量和顶点法向量

（4）光源类型

D3D中支持3种光源类型，如图7.2所示。

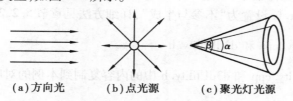

（a）方向光　　　　（b）点光源　　　　（c）聚光灯光源

图7.2　3种光源

①方向光（Directional lights）：这种光源没有位置信息，只有方向。主要用于模拟由无穷远处发射的光，如太阳光。同时这种光不会因为距离而衰减。

②点光源（Point lights）：这种光源在世界坐标系中有固定的位置，并向所有方向发射光线，因此它并没有具体的传播方向。同时其光照强度会随着距离而衰减。

③聚光灯光源（Spot lights）：这种光源与手电筒类似。它也具有位置信息，其发射的光线呈锥形沿特定方向传播。该锥形有两个角度：α 用于描述内锥面角度，β 用于描述外锥面角度。这种光源的光照强度也会随距离而衰减。

需要注意的是，这3种光源都包含了前面提到的环境光、散射光和镜面光3种光的分量。所以要定义一个光源，必须指定其包含的3种光的分量。

7.1.2　本章主要内容和目标

本章的示例是绘制一个具有光照效果的立方体，通过按下 F1、F2、F3 键来改变光源类型。通过完成本章示例，需要达到如下目标：

①了解3种不同光照类型的原理；

②了解3种不同光源类型的原理；

③掌握如何用 HLSL 语言实现3种光源的着色器；

④掌握3种光源特效的实现方法。

7.2　绘制具有光照效果的立方体

7.2.1　创建一个 Win32 项目

创建一个 Win32 项目，命名为"D3DLight"。创建好项目后，将 DX SDK 和 Effect 框架的 include 和 lib 目录分别配置到项目的包含目录和库目录中，具体创建及配置方法见章节 4.2.3 和 6.2.2。

7.2.2 创建项目所需文件

（1）创建头文件

创建两个 h 文件，命名为"d3dUtility. h"和"Light. h"。

（2）创建源文件

创建两个 cpp 文件，命名为"d3dUtility. cpp"和"d3dLight. cpp"。

（3）创建一个. fx 文件

首先新建一个筛选器，取名为"Shader"，详细方法见章节 6.2.3。

然后在新建的 Shader 筛选器下，新建一个"LightShader. fx"文件。注意：同第 5 章的 Triangle. hlsl 一样，也需要将 LightShader. fx 设置为"不参与生成"，详细方法见章节 5.2.2。

7.2.3 复制 d3dUtility. cpp 和 d3dUtility. h

将第 6 章中的 d3dUtility. cpp 和 d3dUtility. h 中的内容复制到本例的对应文件中。

7.2.4 编写 LightShader. fx 文件

本例中 LightShader. fx 文件和第 6 章中 SimpleShader. fx 文件相比更加复杂，包含了 3 种类型的光源着色器的定义。下面具体介绍该文件的编写方法。

（1）定义外部变量

本例中的外部变量包括：坐标变换矩阵的常量缓存、材质信息的常量缓存和光源的常量缓存，具体如代码 7.1 所示。

```
1    ///////////////////////////////////////////////////////////////////////
2    //定义常量缓存
3    ///////////////////////////////////////////////////////////////////////
4
5    //坐标变换矩阵的常量缓存
6    cbuffer MatrixBuffer
7    {
8        matrix World;              //世界坐标变换矩阵
9        matrix View;               //观察坐标变换矩阵
10       matrix Projection;         //投影坐标变换矩阵
11       float4 EyePosition;        //视点位置
12   };
13
14   //材质信息的常量缓存
15   cbuffer MaterialBuffer
16   {
17       float4 MatAmbient;         //材质对环境光的反射率
18       float4 MatDiffuse;         //材质对漫反射光的反射率
19       float4 MatSpecular;        //材质对镜面光的反射率
20       float  MatPower;           //材质的镜面光反射系数
21   };
```

```
22
23   //光源的常量缓存
24   cbuffer LightBuffer
25   {
26     int      type;            //光源类型
27     float4   LightPosition;    //光源位置
28     float4   LightDirection;   //光源方向
29     float4   LightAmbient;     //环境光强度
30     float4   LightDiffuse;     //漫反射光强度
31     float4   LightSpecular;    //镜面光强度
32     float    LightAtt0;        //常量衰减因子
33     float    LightAtt1;        //一次衰减因子
34     float    LightAtt2;        //二次衰减因子
35     float    LightAlpha;       //聚光灯内锥角度
36     float    LightBeta;        //聚光灯外锥角度
37     float    LightFallOff;     //聚光灯衰减系数
38   }
```

代码7.1

（2）定义顶点结构

这里的顶点结构有两个：一个是顶点着色器的输入结构，另一个是像素着色器的输入结构。而像素着色器的输入结构也可以看作顶点着色器的输出结构。具体定义方法如代码7.2所示。

```
1    /////////////////////////////////////////////////////////////////
2    // 定义输入结构
3    /////////////////////////////////////////////////////////////////
4
5    //顶点着色器的输入结构
6    struct VS_INPUT
7    {
8      float4 Pos: POSITION;        //顶点坐标
9      float3 Norm: NORMAL;         //法向量
10   };
11
12   //像素着色器的输入结构
13   struct PS_INPUT
14   {
15     float4 Pos: SV_POSITION;        //顶点坐标
16     float3 Norm: TEXCOORD0;         //法向量
17     float4 ViewDirection: TEXCOORD1;   //视点方向
18     float4 LightVector: TEXCOORD2;    //对点光源和聚光灯有效
19                                     //前3个分量记录"光照向量"
20                                     //最后一个分量记录光照距离
21   };
```

代码7.2

(3) 定义顶点着色器

本例中的顶点着色器,除了进行坐标变换之外,还获取了视点方向、光照方向(这里指的是从光源到着色像素点所在直线上的方向)以及光照距离,具体如代码 7.3 所示。

```
1    ///////////////////////////////////////////////////////////////////
2    // 定义各类着色器
3    ///////////////////////////////////////////////////////////////////
4
5    //顶点着色器
6    //这里以我们定义的 VS_INPUT 作为参数,以 PS_INPUT 作为返回值
7    //由于这里返回的是一个结构,所以不需要指定返回值的语义
8    //本例中有多次向量的减法运算,应该理解向量减法的几何意义
9    PS_INPUT VS( VS_INPUT input )
10   {
11       PS_INPUT output = ( PS_INPUT )0;            //声明一个 PS_INPUT 对象
12       output. Pos = mul( input. Pos, World );     //在 input 坐标上进行世界变换
13       output. Pos = mul( output. Pos, View );     //进行观察变换
14       output. Pos = mul( output. Pos, Projection );   //进行投影变换
15
16       output. Norm = mul( input. Norm, ( float3x3 )World );   //获得 output 的法向量
17       output. Norm = normalize( output. Norm );   //对法向量进行归一化
18
19       float4 worldPosition = mul( input. Pos, World );   //获取顶点的世界坐标
20       output. ViewDirection = EyePosition – worldPosition;   //获取视点方向
21       output. ViewDirection = normalize( output. ViewDirection );   //视点方向归一化
22
23       output. LightVector = LightPosition – worldPosition;   //获取光照方向
24       output. LightVector = normalize( output. LightVector );   //将光照方向归一化
25       output. LightVector. w = length( LightPosition – worldPosition );   //光照距离
26
27       return output;
28   }
```

代码 7.3

(4) 定义像素着色器

本例包括 4 个像素着色器,一个是无光照像素着色器,这个像素着色器不对光照进行处理。另外 3 个像素着色器分别对应 3 种光源,用于实现不同光源的光照特效。具体定义如代码 7.4 所示。

```
1    //无光照像素着色器
2    //由于本例中立方体的颜色是由光照和材质相互作用产生
3    //所以不对立方体进行着色
4    float4 PS( PS_INPUT input) : SV_Target
5    {
6        float4 finalColor = 0;   //由于不进行着色所以 finalColor 为 0
```

```
7        return finalColor;
8    }
9    //平行光源像素着色器
10   //这里以 PS_INPUT 的对象作为参数,返回一个 float4 的变量作为颜色
11   //注意:这里的颜色并不是着色产生,而是由光照和材质相互作用产生的颜色
12   float4 PSDirectionalLight( PS_INPUT input) : SV_Target
13   {
14       float4 finalColor;        //声明颜色向量,这个颜色是最终的颜色
15       //声明环境光、漫反射光、镜面光颜色
16       float4 ambientColor, diffuseColor, specularColor;
17
18       //光照方向和光线照射方向相反,可以用. xyz 的方式去 float4 对象的前 3 位向量
19       float3 lightVector = -LightDirection. xyz;
20       lightVector = normalize( lightVector);        //归一化光照向量
21       //用材质环境光反射率和环境光强度相乘得到环境光颜色
22       ambientColor = MatAmbient * LightAmbient;
23       //将顶点法向量和光照方向进行点乘得到漫反射光因子
24       float diffuseFactor = dot( lightVector, input. Norm);
25       if( diffuseFactor > 0.0f)   //漫反射光因子 >0 表示不是背光面
26       {
27           //用材质的漫反射光的反射率和漫反射光的光照强度
28           //以及漫反射光因子相乘得到漫反射光颜色
29           diffuseColor = MatDiffuse * LightDiffuse * diffuseFactor;
30
31           //根据光照方向和顶点法向量计算反射方向
32           float3 reflection = reflect( -lightVector, input. Norm);
33           //根据反射方向,视点方向以及材质的镜面光反射系数来计算镜面反射因子
34           //pow( b, n)返回 b 的 n 次方
35           float specularFactor = pow( max( dot( reflection,
36                           input. ViewDirection. xyz), 0.0f), MatPower);
37           //材质的镜面反射率、镜面光强度以及镜面反射因子相乘得到镜面光颜色
38           specularColor = MatSpecular * LightSpecular * specularFactor;
39       }
40       //最终颜色由环境光、漫反射光、镜面光颜色三者相加得到
41       //saturate 表示饱和处理,结果大于 1 就变成 1,
42       //小于 0 就变成 0,以保证结果为 0 ~ 1
43       finalColor = saturate( ambientColor + diffuseColor + specularColor);
44       return finalColor;
45   }
46
47   //点光源像素着色器
```

```
48    //计算方法和方向光不同,主要区别在于最终颜色的计算公式上
49    float4 PSPointLight( PS_INPUT input) : SV_Target
50    {
51        float4 finalColor;              //声明颜色向量,这个颜色是最终的颜色
52        //声明环境光、漫反射光、镜面光颜色
53        float4 ambientColor, diffuseColor, specularColor;
54
55        //光照向量等于顶点的光照向量
56        float3 lightVector = input. LightVector. xyz;
57        lightVector = normalize(lightVector);    //归一化
58        //用材质环境光反射率和环境光强度相乘得到环境光颜色
59        ambientColor = MatAmbient * LightAmbient;
60        //将顶点法向量和光照方向进行点乘得到漫反射光因子
61        float diffuseFactor = dot(lightVector, input. Norm);
62        if(diffuseFactor > 0.0f)    //漫反射光因子 >0 表示不是背光面
63        {
64            //用材质的漫反射光的反射率和漫反射光的光照强度以及
65            //漫反射光因子相乘得到漫反射光颜色
66            diffuseColor = MatDiffuse * LightDiffuse * diffuseFactor;
67            //根据光照方向和顶点法向量计算反射方向
68            float3 reflection = reflect( -lightVector, input. Norm);
69            //根据反射方向,视点方向以及材质的镜面光反射系数来计算镜面反射因子
70            float specularFactor = pow(max(dot(reflection,
71                            input. ViewDirection. xyz), 0.0f), MatPower);
72            //材质的镜面反射率、镜面光强度以及镜面反射因子相乘得到镜面光颜色
73            specularColor = MatSpecular * LightSpecular * specularFactor;
74        }
75
76        float d = input. LightVector. w;    //光照距离
77        //距离衰减因子
78        float att = LightAtt0 + LightAtt1 * d + LightAtt2 * d * d;
79        //最终颜色由环境光、漫反射光、镜面光颜色三者相加后再除以距离衰减因子得到
80        finalColor = saturate( ambientColor + diffuseColor + specularColor)/att;
81        return finalColor;
82    }
83
84    //聚光灯像素着色器
85    float4 PSSpotLight( PS_INPUT input) : SV_Target
86    {
87        float4 finalColor;              //声明颜色向量,这个颜色是最终的颜色
88        //声明环境光、漫反射光、镜面光颜色
```

```
89    float4 ambientColor, diffuseColor, specularColor;
90
91    //光照向量等于顶点的光照向量
92    float3 lightVector = input. LightVector. xyz;
93    lightVector = normalize(lightVector);    //归一化
94    float d = input. LightVector. w;        //光照距离
95    float3 lightDirection = LightDirection. xyz;    //光照方向
96    lightDirection = normalize(lightDirection);    //归一化
97
98    //判断光照区域
99    float cosTheta = dot(-lightVector, lightDirection);
100   //如果照射点位于圆锥体照射区域之外,则不产生光照
101   if(cosTheta < cos(LightBeta / 2))
102       return float4(0. 0f, 0. 0f, 0. 0f, 1. 0f);
103   //用材质环境光反射率和环境光强度相乘得到环境光颜色
104   ambientColor = MatAmbient * LightAmbient;
105   //将顶点法向量和光照方向进行点乘得到漫反射光因子
106   float diffuseFactor = dot(lightVector, input. Norm);
107   if(diffuseFactor > 0. 0f)        //漫反射光因子 >0 表示不是背光面
108   {
109       //用材质的漫反射光的反射率和漫反射光的光照强度
110       //以及漫反射光因子相乘得到漫反射光颜色
111       diffuseColor = MatDiffuse * LightDiffuse * diffuseFactor;
112       //根据光照方向和顶点法向量计算反射方向
113       float3 reflection = reflect(-lightVector, input. Norm);
114       //根据反射方向,视点方向以及材质的镜面光反射系数来计算镜面反射因子
115       float specularFactor = pow(max(dot(reflection,
116                   input. ViewDirection. xyz), 0. 0f), MatPower);
117       //材质的镜面反射率、镜面光强度以及镜面反射因子相乘得到镜面光颜色
118       specularColor = MatSpecular * LightSpecular * specularFactor;
119   }
120
121   //距离衰减因子
122   float att = LightAtt0 + LightAtt1 * d + LightAtt2 * d * d;
123   if(cosTheta > cos(LightAlpha / 2))    //当照射点位于内锥体内
124   {
125       finalColor = saturate(ambientColor + diffuseColor + specularColor)/att;
126   }
127   else if(cosTheta > = cos(LightBeta / 2) && cosTheta < = cos(LightAlpha / 2))
128   //当照射点位于内锥体和外锥体之间
129   {
```

```
130        //外锥体衰减因子
131        float spotFactor = pow((cosTheta − cos(LightBeta / 2)) /
132                              (cos(LightAlpha / 2) − cos(LightBeta / 2)), 1);
133        finalColor = spotFactor * saturate(ambientColor + diffuseColor +
134                    specularColor)/att;
135    }
136
137    return finalColor;
138 }
```

代码 7.4

（5）定义 Technique

和着色器相对应，本例中也定义了 4 个 Technique，具体如代码 7.5 所示。

```
1  ////////////////////////////////////////////////////////////////
2  //定义各类 Technique
3  //这些 Technique 的区别在于像素着色器不同
4  ////////////////////////////////////////////////////////////////
5  technique11 T0
6  {
7    pass P0
8    {
9      SetVertexShader( CompileShader( vs_5_0, VS() ) );
10     SetPixelShader( CompileShader( ps_5_0, PS() ) );
11   }
12 }
13
14 //方向光 Technique
15 technique11 T_DirLight
16 {
17   pass P0
18   {
19     SetVertexShader( CompileShader( vs_5_0, VS() ) );
20     SetPixelShader( CompileShader( ps_5_0, PSDirectionalLight() ) );
21   }
22 }
23
24 //点光源 Technique
25 technique11 T_PointLight
26 {
27   pass P0
28   {
29     SetVertexShader( CompileShader( vs_5_0, VS() ) );
```

```
30        SetPixelShader( CompileShader( ps_5_0, PSPointLight( ) ) );
31      }
32    }
33
34    //聚光灯光源 Technique
35    technique11 T_SpotLight
36    {
37      pass P0
38      {
39        SetVertexShader( CompileShader( vs_5_0, VS( ) ) );
40        SetPixelShader( CompileShader( ps_5_0, PSSpotLight( ) ) );
41      }
42    }
```

代码7.5

7.2.5　编写 Light.h 文件

这个头文件主要是定义材质和光源的结构,如代码7.6所示。

```
1    #ifndef LIGHT_H_H
2    #define LIGHT_H_H
3
4    #include <xnamath.h>
5
6    //这是材质对各种光的反射率
7    struct Material
8    {
9      XMFLOAT4 ambient;    //材质环境光反射率
10     XMFLOAT4 diffuse;    //材质漫反射光反射率
11     XMFLOAT4 specular;   //材质镜面光反射率
12     float    power;      //镜面光反射系数
13   };
14
15   //光源结构,这个结构包括了 3 种光源的所有属性
16   //但不是每种属性都会用到,比如方向光就不会用到
17   //光源位置以及衰减因子等
18   struct Light
19   {
20     int type;           //光源类型,方向光:0,点光源:1,聚光灯:2
21
22     XMFLOAT4 position;      //光源位置
23     XMFLOAT4 direction;     //方向向量
24
```

```
25    XMFLOAT4 ambient;           //环境光强度
26    XMFLOAT4 diffuse;           //漫反射光强度
27    XMFLOAT4 specular;          //镜面光强度
28
29    float attenuation0;         //常量衰减因子
30    float attenuation1;         //一次衰减因子
31    float attenuation2;         //二次衰减因子
32
33    float alpha;                //聚光灯内锥角度
34    float beta;                 //聚光灯外锥角度
35    float fallOff;              //聚光灯衰减系数,一般取值为1.0
36
37  };
38
39  #endif
```

代码7.6

7.2.6 编写 d3dLight.cpp 文件

首先把第 6 章中 d3dCube.cpp 的内容全部复制到 d3dLight.cpp 中,d3dCube.cpp 的编写可以参考章节 6.2.6。另外,清空 Setup(),Cleanup()和 Display()三个函数的内容。

(1)包含 Light.h 头文件(如代码 7.7 所示)

```
1   #include "d3dUtility.h"
2   #include "Light.h"        //新包含的头文件
```

代码7.7

(2)添加全局变量和声明函数原型
声明的全局变量中有波浪线的代码为本例新增的代码,如代码 7.8 所示。

```
1   //声明全局的指针
2   ID3D11Device * device = NULL;//D3D11 设备接口
3   IDXGISwapChain * swapChain = NULL;//交换链接口
4   ID3D11DeviceContext * immediateContext = NULL;
5   ID3D11RenderTargetView * renderTargetView = NULL;//渲染目标视图
6
7   //Effect 相关全局指针
8   ID3D11InputLayout * vertexLayout;
9   ID3DX11Effect * effect;
10  ID3DX11EffectTechnique * technique;
11
12  //声明 3 个坐标系矩阵
13  XMMATRIX world;             //用于世界变换的矩阵
14  XMMATRIX view;              //用于观察变换的矩阵
```

```
15    XMMATRIX  projection;                /用于投影变换的矩阵
16
17    //声明材质和光照的全局对象
18    Material    material;            //材质
19    Light    light[3];              //光源数组
20    int     lightType =0;           //光源类型
21
22    ID3D11DepthStencilView * depthStencilView;        //深度模板视图
23    XMVECTOR    eyePositin;                   //视点位置
24
25    void SetLightEffect(Light light);
```

代码7.8

（3）定义一个顶点结构

由于需要计算镜面光的入射角和反射角,需要在顶点结构中加入顶点法向量,如代码7.9所示。

```
1   //定义一个顶点结构,这个顶点包含坐标和法向量
2   struct Vertex
3   {
4     XMFLOAT3 Pos;
5     XMFLOAT3 Normal;
6   };
```

代码7.9

（4）编写 Setup( )函数

首先清空 Setup( )函数,然后再向函数里填写代码,主要包含4个步骤:

第一步,从.fx 文件创建 ID3DEffect 对象;

第二步,创建顶点缓存以及顶点索引缓存;

第三步,设置变换坐标系;

第四步,设置材质和光照。

下面我们依次介绍这4个步骤:

第一步,从.fx 文件创建 ID3DEffect 对象,如代码7.10所示。

```
1   // ************ 第一步从.fx 文件创建 ID3DEffect 对象 ******************
2   HRESULT hr = S_OK;                //声明 HRESULT 的对象用于记录函数调用是否成功
3   ID3DBlob * pTechBlob = NULL;       //声明 ID3DBlob 的对象用于存放从文件读取的信息
4   //从我们之前建立的.fx 文件读取着色器相关信息
5   hr = D3DX11CompileFromFile( L"lightShader.fx", NULL, NULL, NULL, "fx_5_0",
6       D3DCOMPILE_ENABLE_STRICTNESS, 0, NULL, &pTechBlob, NULL, NULL );
7   if( FAILED(hr) )
8   {
9     ::MessageBox( NULL, L"fx 文件载入失败", L"Error", MB_OK );
10     return hr;
11   }
```

```
12   //调用 D3DX11CreateEffectFromMemory 创建 ID3DEffect 对象
13   hr = D3DX11CreateEffectFromMemory( pTechBlob -> GetBufferPointer( ),
14            pTechBlob -> GetBufferSize( ), 0, device, &effect);
15
16   if( FAILED( hr) )
17   {
18       ::MessageBox( NULL, L"创建 Effect 失败", L"Error", MB_OK );
19       return hr;
20   }
21   //用 GetTechniqueByName 获取 ID3DX11EffectTechnique 的对象
22   //先设置无光照的 technique 到 Effect
23   technique = effect -> GetTechniqueByName( "T0" );   //无光照 Technique
24
25   //D3DX11_PASS_DESC 结构用于描述一个 Effect Pass
26   D3DX11_PASS_DESC PassDesc;
27   //利用 GetPassByIndex 获取 Effect Pass
28   //再利用 GetDesc 获取 Effect Pass 的描述,并存如 PassDesc 对象中
29   technique -> GetPassByIndex(0) -> GetDesc(&PassDesc);
30
31   //创建并设置输入布局
32   //这里我们定义一个 D3D11_INPUT_ELEMENT_DESC 数组,
33   //由于我们定义的顶点结构包括位置坐标和法向量,所以这个数组里有两个元素
34   D3D11_INPUT_ELEMENT_DESC layout [ ] =
35   {
36       {"POSITION", 0, DXGI_FORMAT_R32G32B32_FLOAT, 0, 0,
37        D3D11_INPUT_PER_VERTEX_DATA, 0},
38       {"NORMAL", 0, DXGI_FORMAT_R32G32B32_FLOAT, 0, 12,
39        D3D11_INPUT_PER_VERTEX_DATA, 0}
40   };
41   //layout 元素个数
42   UINT numElements = ARRAYSIZE(layout);
43   //调用 CreateInputLayout 创建输入布局
44   hr = device -> CreateInputLayout(layout, numElements,
45                PassDesc. pIAInputSignature,
46                PassDesc. IAInputSignatureSize, &vertexLayout );
47   //设置生成的输入布局到执行上下文中
48   immediateContext -> IASetInputLayout( vertexLayout );
49   if( FAILED( hr ) )
50   {
51       ::MessageBox( NULL, L"创建 Input Layout 失败", L"Error", MB_OK );
52       return hr;
```

```
53    }
54    // ************* 第一步从.fx文件创建ID3DEffect对象 *****************
```

代码 7.10

第二步，创建顶点缓存以及顶点索引缓存。和第 6 章相比，本例增加了顶点的法向量，如代码 7.11 所示。

```
1    // ************* 第二步创建顶点缓存以及顶点索引缓存 *****************
2    //创建顶点数组，每个顶点包含了坐标和法向量
3    //由于顶点的法向量不同，所以即使是同一个位置的3个顶点也必须单独定义
4    Vertex vertices[ ] =
5    {
6        { XMFLOAT3( -1.0f, 1.0f, -1.0f ), XMFLOAT3( 0.0f, 1.0f, 0.0f ) },
7        { XMFLOAT3( 1.0f, 1.0f, -1.0f ), XMFLOAT3( 0.0f, 1.0f, 0.0f ) },
8        { XMFLOAT3( 1.0f, 1.0f, 1.0f ), XMFLOAT3( 0.0f, 1.0f, 0.0f ) },
9        { XMFLOAT3( -1.0f, 1.0f, 1.0f ), XMFLOAT3( 0.0f, 1.0f, 0.0f ) },
10
11        { XMFLOAT3( -1.0f, -1.0f, -1.0f ), XMFLOAT3( 0.0f, -1.0f, 0.0f ) },
12        { XMFLOAT3( 1.0f, -1.0f, -1.0f ), XMFLOAT3( 0.0f, -1.0f, 0.0f ) },
13        { XMFLOAT3( 1.0f, -1.0f, 1.0f ), XMFLOAT3( 0.0f, -1.0f, 0.0f ) },
14        { XMFLOAT3( -1.0f, -1.0f, 1.0f ), XMFLOAT3( 0.0f, -1.0f, 0.0f ) },
15
16        { XMFLOAT3( -1.0f, -1.0f, 1.0f ), XMFLOAT3( -1.0f, 0.0f, 0.0f ) },
17        { XMFLOAT3( -1.0f, -1.0f, -1.0f ), XMFLOAT3( -1.0f, 0.0f, 0.0f ) },
18        { XMFLOAT3( -1.0f, 1.0f, -1.0f ), XMFLOAT3( -1.0f, 0.0f, 0.0f ) },
19        { XMFLOAT3( -1.0f, 1.0f, 1.0f ), XMFLOAT3( -1.0f, 0.0f, 0.0f ) },
20        { XMFLOAT3( 1.0f, -1.0f, 1.0f ), XMFLOAT3( 1.0f, 0.0f, 0.0f ) },
21        { XMFLOAT3( 1.0f, -1.0f, -1.0f ), XMFLOAT3( 1.0f, 0.0f, 0.0f ) },
22        { XMFLOAT3( 1.0f, 1.0f, -1.0f ), XMFLOAT3( 1.0f, 0.0f, 0.0f ) },
23        { XMFLOAT3( 1.0f, 1.0f, 1.0f ), XMFLOAT3( 1.0f, 0.0f, 0.0f ) },
24
25        { XMFLOAT3( -1.0f, -1.0f, -1.0f ), XMFLOAT3( 0.0f, 0.0f, -1.0f ) },
26        { XMFLOAT3( 1.0f, -1.0f, -1.0f ), XMFLOAT3( 0.0f, 0.0f, -1.0f ) },
27        { XMFLOAT3( 1.0f, 1.0f, -1.0f ), XMFLOAT3( 0.0f, 0.0f, -1.0f ) },
28        { XMFLOAT3( -1.0f, 1.0f, -1.0f ), XMFLOAT3( 0.0f, 0.0f, -1.0f ) },
29
30        { XMFLOAT3( -1.0f, -1.0f, 1.0f ), XMFLOAT3( 0.0f, 0.0f, 1.0f ) },
31        { XMFLOAT3( 1.0f, -1.0f, 1.0f ), XMFLOAT3( 0.0f, 0.0f, 1.0f ) },
32        { XMFLOAT3( 1.0f, 1.0f, 1.0f ), XMFLOAT3( 0.0f, 0.0f, 1.0f ) },
33        { XMFLOAT3( -1.0f, 1.0f, 1.0f ), XMFLOAT3( 0.0f, 0.0f, 1.0f ) },
34    };
35    UINT vertexCount = ARRAYSIZE( vertices );
36    //创建顶点缓存，方法同第5章一样
```

```
37    //首先声明一个 D3D11_BUFFER_DESC 的对象 bd
38    D3D11_BUFFER_DESC bd;
39    ZeroMemory( &bd, sizeof(bd) );
40    bd.Usage = D3D11_USAGE_DEFAULT;
41    bd.ByteWidth = sizeof( Vertex ) * 24;    //由于这里定义了 24 个顶点所以要乘以 24
42    bd.BindFlags = D3D11_BIND_VERTEX_BUFFER;   //注意:这里表示创建的是顶点缓存
43    bd.CPUAccessFlags = 0;
44
45    //声明一个 D3D11_SUBRESOURCE_DATA 数据用于初始化子资源
46    D3D11_SUBRESOURCE_DATA InitData;
47    ZeroMemory( &InitData, sizeof(InitData) );
48    InitData.pSysMem = vertices;   //设置需要初始化的数据,即顶点数组
49
50    //声明一个 ID3D11Buffer 对象作为顶点缓存
51    ID3D11Buffer * vertexBuffer;
52    //调用 CreateBuffer 创建顶点缓存
53    hr = device -> CreateBuffer( &bd, &InitData, &vertexBuffer );
54    if( FAILED( hr ) )
55    {
56        ::MessageBox( NULL, L"创建 VertexBuffer 失败", L"Error", MB_OK );
57        return hr;
58    }
59    //设置索引数组
60    //注意:数组里的每一个数字表示顶点数组的对应下标的顶点。
61    //      由于立方体由 12 个三角形组成,所以共需要 36 个顶点
62    //      这里每 3 个数字构成一个三角形
63    WORD indices[ ] =
64    {
65        3,1,0,    2,1,3,    6,4,5,    7,4,6,    11,9,8,    10,9,11,
66        14,12,13, 15,12,14, 19,17,16, 18,17,19, 22,20,21,  23,20,22
67    };
68    UINT indexCount = ARRAYSIZE(indices);
69
70    //创建索引缓存
71    bd.Usage = D3D11_USAGE_DEFAULT;
72    bd.ByteWidth = sizeof( WORD ) * 36;     //由于有 36 个顶点所以这里要乘以 36
73    bd.BindFlags = D3D11_BIND_INDEX_BUFFER;  //注意:这里表示创建的是索引缓存。
74    bd.CPUAccessFlags = 0;
75
76    InitData.pSysMem = indices;   //设置需要初始化的数据,这里的数据就是索引数组
77    ID3D11Buffer * indexBuffer;    //声明一个 ID3D11Buffer 对象作为索引缓存
```

```
78  //调用 CreateBuffer 创建索引缓存
79  hr = device -> CreateBuffer( &bd, &InitData, &indexBuffer );
80  if( FAILED( hr ) )
81  {
82    ::MessageBox( NULL, L"创建 IndexBuffer 失败", L"Error", MB_OK );
83    return hr;
84  }
85  UINT stride = sizeof( Vertex );              //获取 Vertex 的大小作为跨度
86  UINT offset = 0;                             //设置偏移量为 0
87  //设置顶点缓存,参数的解释见第 5 章
88  immediateContext -> IASetVertexBuffers( 0, 1, &vertexBuffer,
89                                          &stride, &offset );
90  //设置索引缓存
91  immediateContext -> IASetIndexBuffer( indexBuffer,
92                                        DXGI_FORMAT_R16_UINT, 0 );
93  //指定图元类型,D3D11_PRIMITIVE_TOPOLOGY_TRIANGLELIST 表示图元为三角形
94  immediateContext -> IASetPrimitiveTopology(
95                        D3D11_PRIMITIVE_TOPOLOGY_TRIANGLELIST );
96
97  // ************* 第二步创建顶点缓存以及顶点索引缓存 *********************
```

代码 7.11

第三步,设置变换坐标系,如代码 7.12 所示。

```
1   // ************* 第三步设置变换坐标系 *********************
2   //初始化世界矩阵
3   world = XMMatrixIdentity( );
4
5   //初始化观察矩阵
6   eye Position = XMVectorSet( 0.0f, 4.0f, -10.0f, 0.0f );//相机位置
7   XMVECTOR At = XMVectorSet( 0.0f, 0.0f, 0.0f, 0.0f );   //目标位置
8   XMVECTOR Up = XMVectorSet( 0.0f, 1.0f, 0.0f, 0.0f );   //相机正上方向
9   view = XMMatrixLookAtLH( eye Position, At, Up );       //设置观察坐标系
10
11  //设置投影矩阵
12  projection = XMMatrixPerspectiveFovLH( XM_PIDIV2, 800.0f / 600.0f,
13                                         0.01f, 100.0f );
14  // ************* 第三步设置变换坐标系 *********************
```

代码 7.12

第四步,设置材质和光照,如代码 7.13 所示。

```
1   // ************* 第四步设置材质和光照 *********************
2   //设置材质:3 中光照的反射率以及镜面光反射系数
3   //反射率中前三位表示红、绿、蓝光的反射率,1 表示完全反射,0 表示完全吸收
```

```
4   material. ambient = XMFLOAT4(1.0f, 1.0f, 1.0f, 1.0f);
5   material. diffuse = XMFLOAT4(1.0f, 1.0f, 1.0f, 1.0f);
6   material. specular = XMFLOAT4(1.0f, 1.0f, 1.0f, 1.0f);
7   material. power = 5.0f;
8
9   //设置光源
10  Light dirLight, pointLight, spotLight;
11  //方向光只需要设置:方向、3 种光照强度
12  dirLight. type = 0;
13  dirLight. direction = XMFLOAT4(1.0f, 0.0f, 1.0f, 1.0f);//光照方向
14  dirLight. ambient = XMFLOAT4(0.2f, 0.2f, 0.2f, 1.0f);//前三位为红、绿、蓝光强度
15  dirLight. diffuse = XMFLOAT4(1.0f, 0.0f, 0.0f, 1.0f);//同上
16  dirLight. specular = XMFLOAT4(1.0f, 1.0f, 1.0f, 1.0f);//同上
17
18  //点光源需要设置:位置、3 种光照强度、3 个衰减因子
19  pointLight. type = 1;
20  pointLight. position = XMFLOAT4(0.0f, 0.0f, -5.0f, 1.0f);//光源位置
21  pointLight. ambient = XMFLOAT4(0.2f, 0.2f, 0.2f, 1.0f);//前三位为红、绿、蓝光强度
22  pointLight. diffuse = XMFLOAT4(0.5f, 0.0f, 0.0f, 1.0f);//同上
23  pointLight. specular = XMFLOAT4(0.0f, 0.0f, 0.5f, 1.0f);//同上
24  pointLight. attenuation0 = 0;      //常量衰减因子
25  pointLight. attenuation1 = 0.1f;   //一次衰减因子
26  pointLight. attenuation2 = 0;      //二次衰减因子
27
28  //聚光灯需要设置 Light 结构中所有的成员
29  spotLight. type = 2;
30  spotLight. position = XMFLOAT4(0.0f, 0.0f, -3.0f, 1.0f);//光源位置
31  spotLight. direction = XMFLOAT4(0.0f, 0.0f, 1.0f, 1.0f);//光照方向
32  spotLight. ambient = XMFLOAT4(0.2f, 0.2f, 0.2f, 1.0f);//前三位为红、绿、蓝光强度
33  spotLight. diffuse = XMFLOAT4(0.5f, 0.0f, 0.0f, 1.0f);//同上
34  spotLight. specular = XMFLOAT4(0.0f, 0.0f, 0.5f, 1.0f);//同上
35  spotLight. attenuation0 = 0;      //常量衰减因子
36  spotLight. attenuation1 = 0.1f;   //一次衰减因子
37  spotLight. attenuation2 = 0;      //二次衰减因子
38  spotLight. alpha = XM_PI / 6;     //内锥角度
39  spotLight. beta = XM_PI / 3;      //外锥角度
40  spotLight. fallOff = 1.0f;        //衰减系数,一般为 1.0
41
42  light[0] = dirLight;
43  light[1] = pointLight;
44  light[2] = spotLight;
45  // ************* 第四步设置材质和光照 ********************
```

代码 7.13

（5）编写 Cleanup( )函数（如代码7.14 所示）

```
1   void Cleanup( )
2   {
3       //释放全局指针
4       if( renderTargetView) renderTargetView –> Release( );
5       if( immediateContext) immediateContext –> Release( );
6       if( swapChain) swapChain –> Release( );
7       if( device) device –> Release( );
8
9       if( vertexLayout) vertexLayout –> Release( );
10      if( effect) effect –> Release( );
11      if( depthStencilView) depthStencilView –> Release( );
12  }
```

代码7.14

（6）编写 Display( )函数（如代码7.15 所示）

```
1   bool Display( float timeDelta)
2   {
3       if( device )
4       {
5           //声明一个数组存放颜色信息,4 个元素分别表示红、绿、蓝以及 alpha
6           float ClearColor[4] = { 0.0f, 0.125f, 0.3f, 1.0f };
7           immediateContext –> ClearRenderTargetView( renderTargetView,
8                                                       ClearColor );
9           //清除当前绑定的深度模板视图
10          immediateContext –> ClearDepthStencilView( depthStencilView,
11                                          D3D11_CLEAR_DEPTH, 1.0f, 0);
12
13          //每隔一段时间更新一次场景,以实现立方体的旋转
14          static float angle = 0.0f;          //声明一个静态变量用于记录角度
15          angle += timeDelta;                 //将当前角度加上一个时间差
16          if( angle >= 6.28f)                 //如果当前角度大于2PI,则归零
17              angle = 0.0f;
18          world = XMMatrixRotationY( angle ); //绕 Y 轴旋转,设置世界坐标系
19
20          //将坐标变换矩阵的常量缓存中的矩阵和坐标设置到 Effect 对象中
21          //注意:这里的"World""View""Projection""EyePosition"
22          //是在.fx 文件中定义的
23
24          effect –> GetVariableByName( "World") –> AsMatrix( )
25                          –> SetMatrix( (float *)&world);  //设置世界坐标系
26          effect –> GetVariableByName( "View") –> AsMatrix( )
```

```
27                        ->SetMatrix((float*)&view);        //设置观察坐标系
28        effect->GetVariableByName("Projection")->AsMatrix()
29                        ->SetMatrix((float*)&projection);  //设置投影坐标系
30        effect->GetVariableByName("EyePosition")->AsMatrix()
31                        ->SetMatrix((float*)&eyePositin);  //设置视点
32
33        //将材质设置到 Effect 对象中
34        effect->GetVariableByName("MatAmbient")->AsVector()
35                      ->SetFloatVector((float*)&(material.ambient));
36        effect->GetVariableByName("MatDiffuse")->AsVector()
37                      ->SetFloatVector((float*)&(material.diffuse));
38        effect->GetVariableByName("MatSpecular")->AsVector()
39                      ->SetFloatVector((float*)&(material.specular));
40        effect->GetVariableByName("MatPower")->AsScalar()
41                      ->SetFloat(material.power);
42
43        //光源的常量缓存中的光源信息设置到 Effect 框架中
44        SetLightEffect(light[lightType]);
45
46        //定义一个 D3DX11_TECHNIQUE_DESC 对象来描述 technique
47        D3DX11_TECHNIQUE_DESC techDesc;
48        technique->GetDesc(&techDesc);        //获取 technique 的描述
49        //获取通道(PASS)把它设置到执行上下文中。
50        //这里由于只有一个通道所以其索引为 0
51        technique->GetPassByIndex(0)->Apply(0,immediateContext);
52        immediateContext->DrawIndexed(36,0,0);    //绘制立方体
53
54        swapChain->Present(0,0);
55     }
56     return true;
57  }
```

代码 7.15

（7）修改 d3d::WndProc( )回调函数,在回调函数中加入消息响应代码（如代码 7.16 所示）

```
1   // 回调函数
2
3   LRESULT CALLBACK d3d::WndProc(HWND hwnd, UINT msg, WPARAM wParam,
4                                 LPARAM lParam)
5   {
6     switch(msg)
7     {
8     case WM_DESTROY:
```

```
9        ::PostQuitMessage( 0 );
10       break;
11
12       case WM_KEYDOWN:
13         if( wParam == VK_ESCAPE )
14           ::DestroyWindow( hwnd );
15         if( wParam == VK_F1 )   //按 F1 键将光源类型改为方向光
16           lightType = 0;
17         if( wParam == VK_F2 )   //按 F2 键将光源类型改为点光源
18           lightType = 1;
19         if( wParam == VK_F3 )   //按 F3 键将光源类型改为聚光灯光源
20           lightType = 2;
21
22         break;
23     }
24     return ::DefWindowProc( hwnd, msg, wParam, lParam );
25 }
```

代码 7.16

（8）编写 SetLightEffect( ) 函数（如代码 7.17 所示）

```
1  //光源的常量缓存设置到 Effect 框架中
2  //由于光照设置比较复杂,所以以一个函数来进行设置
3  void SetLightEffect( Light light )
4  {
5    //首先将光照类型、环境光强度、漫射光强度、镜面光强度设置到 Effect 中
6    effect -> GetVariableByName( "type" ) -> AsScalar( ) -> SetInt( light. type );
7    effect -> GetVariableByName( "LightAmbient" ) -> AsVector( )
8                            -> SetFloatVector( ( float * )&( light. ambient ) );
9    effect -> GetVariableByName( "LightDiffuse" ) -> AsVector( )
10                           -> SetFloatVector( ( float * )&( light. diffuse ) );
11   effect -> GetVariableByName( "LightSpecular" ) -> AsVector( )
12                           -> SetFloatVector( ( float * )&( light. specular ) );
13
14   //下面根据光照类型的不同设置不同的属性
15   if( light. type == 0 )   //方向光
16   {
17     //方向光只需要"方向"这个属性即可
18
19     effect -> GetVariableByName( "LightDirection" ) -> AsVector( )
20                           -> SetFloatVector( ( float * )&( light. direction ) );
21     //将方向光的 Technique 设置到 Effect
22     technique = effect -> GetTechniqueByName( "T_DirLight" );
```

```
23      }
24      else if( light. type  == 1 )    //点光源
25      {
26          //点光源需要"位置""常量衰变因子""一次衰变因子"
27          //"二次衰变因子"
28          effect -> GetVariableByName( "LightPosition" ) -> AsVector( )
29                          -> SetFloatVector( ( float * ) & ( light. position ) ) ;
30          effect -> GetVariableByName ( "LightAtt0" ) -> AsScalar( )
31                              -> SetFloat( light. attenuation0 ) ;
32          effect -> GetVariableByName( "LightAtt1" ) -> AsScalar( )
33                              -> SetFloat( light. attenuation1 ) ;
34          effect -> GetVariableByName( "LightAtt2" ) -> AsScalar( )
35                              -> SetFloat( light. attenuation2 ) ;
36
37          //将点光源的 Technique 设置到 Effect
38          technique  = effect -> GetTechniqueByName( "T_PointLight" ) ;
39      }
40      else if( light. type  == 2 ) //聚光灯光源
41      {
42          //点光源需要"方向"常量衰变因子""一次衰变因子"
43          //"二次衰变因子""内锥角度""外锥角度""聚光灯衰减系数"
44          effect -> GetVariableByName( "LightPosition" ) -> AsVector( )
45                          -> SetFloatVector( ( float * ) & ( light. position ) ) ;
46          effect -> GetVariableByName( "LightDirection" ) -> AsVector( )
47                          -> SetFloatVector( ( float * ) & ( light. direction ) ) ;
48          effect -> GetVariableByName( "LightAtt0" ) -> AsScalar( )
49                              -> SetFloat( light. attenuation0 ) ;
50          effect -> GetVariableByName( "LightAtt1" ) -> AsScalar( )
51                              -> SetFloat( light. attenuation1 ) ;
52          effect -> GetVariableByName( "LightAtt2" ) -> AsScalar( )
53                              -> SetFloat( light. attenuation2 ) ;
54          effect -> GetVariableByName( "LightAlpha" ) -> AsScalar( )
55                              -> SetFloat( light. alpha ) ;
56          effect -> GetVariableByName( "LightBeta" ) -> AsScalar( )
57                              -> SetFloat( light. beta ) ;
58          effect -> GetVariableByName( "LightFallOff" ) -> AsScalar( )
59                              -> SetFloat( light. fallOff ) ;
60          //将聚光灯光源的 Technique 设置到 Effect
61          technique  = effect -> GetTechniqueByName( "T_SpotLight" ) ;
62      }
63  }
```

代码 7.17

注意:这里主函数的内容和第 4 章一样,其编写方法参考代码 4.11。

7.2.7 编译程序

程序编译成功后,会显示图 7.3。此时的光源类型是方向光。

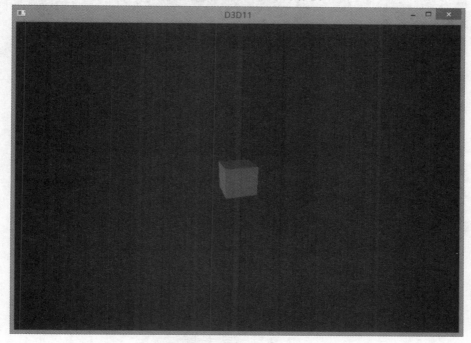

图 7.3 方向光下的立方体

按下 F2 键,光源类型会变为点光源,如图 7.4 所示。

图 7.4 点光源下的立方体

按下 F3 键,光源类型会变为聚光灯光源,如图 7.5 所示。

图 7.5　聚光灯下的立方体

按下 F1 键,光源类型会变回如图 7.3 所示的方向光。

7.3* 思考题

(1)如何改变立方体的颜色,让它变成绿色?(提示:立方体的颜色由光照和材料共同作用决定)

(2)改变 3 种光源的方向(或位置),让其从其他方向照射立方体,然后观察立方体的变化。

第 **8** 章 纹 理

8.1 概　述

纹理在计算机图形学中是把存储在内存里的位图包裹到 3D 渲染物体的表面。纹理贴图给物体提供了丰富的细节,用简单的方式模拟出了复杂的外观。一个图像(纹理)被贴(映射)到场景中的一个简单形体上,就像印花贴到一个平面上一样,如图 8.1 所示。

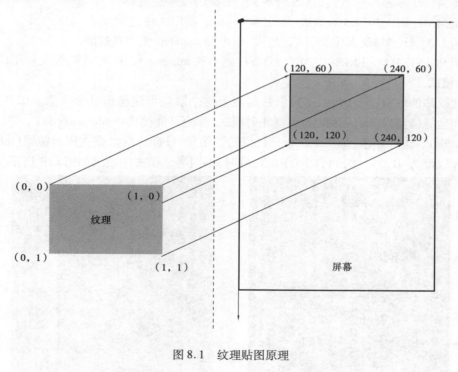

图 8.1　纹理贴图原理

8.1.1　相关概念

(1)纹理坐标

D3D 所使用的纹理坐标是由水平方向的 u 轴和垂直的 v 轴构成。为了能够处理不同尺寸的纹理,D3D 将纹理坐标进行了规范化处理,使之限定在[0,1]内,如图 8.2 所示。

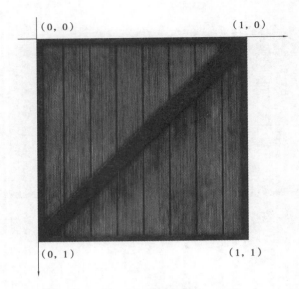

(0, 0)　　　　　　　　　　　　(1, 0)

(0, 1)　　　　　　　　　　　　(1, 1)

图 8.2　纹理坐标

(2)纹理过滤器

纹理被映射到屏幕空间时,通常情况下,纹理三角形与屏幕的大小并不一致。因此需要对纹理三角形进行缩小或者放大。但是在缩小、放大过程中,纹理会产生形变。为了从某种程度上克服这种形变,D3D 采用了纹理过滤器技术。所谓纹理过滤,就是通过插值的方式使形变变得较为平滑。根据插值方式的不同,有 30 多种过滤方式,这里列举 3 个常见的纹理过滤器:

- MIN_MAG_MIP_LINEAR:放大、缩小和 mipmap 使用线性过滤。
- MIN_LINEAR_MAG_MIP_POINT:放大、缩小和 mipmap 使用点过滤。
- MIN_POINT_MAG_LINEAR_MIP_POINT:缩小和 mipmap 使用点过滤,放大使用线性过滤。

(3)寻址模式

前面提到纹理的取值范围为[0,1],但是实际上这个取值可能超出这个范围。D3D 提供了 4 种用来处理纹理坐标值超出[0,1]区间的纹理映射模式,称为寻址模式(address mode)。它们分别是:重复(wrap)寻址模式、边界颜色(border color)寻址模式、箝位(clamp)寻址模式以及镜像(mirror)寻址模式。纹理坐标取值为(0,0),(0,3),(3,0),(3,3)时,不同寻址模式的效果如图 8.3 所示。

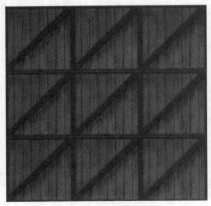

(a)重复寻址模式　　　　　　　　　　　　(b)边界颜色寻址模式

　　　　（c）箱位寻址模式　　　　　　　　　　　　　（d）镜像寻址模式

图 8.3　4 种寻址模式

8.1.2　本章主要内容和目标

本章示例是利用纹理绘制一个木箱子,通过方向键"↑↓←→"改变虚拟摄像机的位置。通过完成本章示例,需要达到如下目标:

①了解如何为图元指定纹理;

②了解过滤、采样及寻址的基本原理;

③掌握纹理贴图的具体过程;

④掌握简单虚拟摄像机变换方法。

8.2　利用纹理绘制木箱子

8.2.1　创建一个 Win32 项目

创建一个 Win32 项目,命名为"D3DTexture"。创建好项目后,将 DX SDK 和 Effect 框架的 include 和 lib 目录分别配置到项目的包含目录和库目录中,具体创建及配置方法见章节 4.2.3 和6.2.2。

8.2.2　创建项目所需文件

（1）创建头文件

创建一个 h 文件,命名为"d3dUtility. h"。

（2）创建源文件

创建两个 cpp 文件,分别命名为"d3dUtility. cpp"和"d3dTexture. cpp"。

（3）创建一个.fx 文件

首先新建一个筛选器,取名为"Shader"。

在新建的 Shader 筛选器下,新建一个"Shader. fx"文件。注意:同第 5 章的 Triangle. hlsl 一样,也需要将 Shader. fx 设置为"不参与生成",详细方法见章节 5.2.2。所有文件创建好了,如图 8.4 所示。

图 8.4 项目文件目录

从本书的资源网址上,将"BOX. BMP"文件复制到与本项目 cpp 文件相同的目录下。

8.2.3 复制 d3dUtility. cpp 和 d3dUtility. h

将第 6 章中的 d3dUtility. cpp 和 d3dUtility. h 中的内容复制到本例的对应文件中。

8.2.4 编写 Shader. fx 文件

本例中 Shader. fx 文件和第 6 章中 SimpleShader. fx 文件相似。由于要使用纹理贴图,所以在常量缓存中加入了纹理变量和采样器,下面具体介绍该文件的编写方法。

（1）定义外部变量

本例中的外部变量加入了纹理变量和采样器。采样器用于指定采用何种过滤器以及在 u 轴和 v 轴上的寻址模式,如代码 8.1 所示。

```
1  ////////////////////////////////////////////////////////////////////////
2  //定义常量缓存
3  ////////////////////////////////////////////////////////////////////////
4  //坐标变换矩阵的常量缓存
5  cbuffer MatrixBuffer
6  {
7    matrix World;              //世界坐标变换矩阵
8    matrix View;              //观察坐标变换矩阵
9    matrix Projection;          //投影坐标变换矩阵
10  };
11
12  Texture2D Texture;          //纹理变量
13
14  SamplerState Sampler        //定义采样器
15  {
16    Filter = MIN_MAG_MIP_LINEAR;  //采用线性过滤
17    AddressU = WRAP;            //寻址模式为 Wrap
18    AddressV = WRAP;            //寻址模式为 Wrap
19  };
```

代码 8.1

（2）定义顶点结构

本例中的顶点结构中增加了纹理坐标。由于纹理坐标是一个二维坐标，所以其类型是一个 float2 类型，表示二维浮点数，如代码 8.2 所示。

```
1   ////////////////////////////////////////////////////////////////
2   //定义输入结构
3   ////////////////////////////////////////////////////////////////
4   //顶点着色器的输入结构
5   struct VS_INPUT
6   {
7       float4 Pos：POSITION；        //位置
8       float2 Tex：TEXCOORD0；      //纹理坐标
9   }；
10
11  //顶点着色器的输出结构
12  struct VS_OUTPUT
13  {
14      float4 Pos：SV_POSITION；     //位置
15      float2 Tex：TEXCOORD0；       //纹理坐标
16  }；
```

代码 8.2

（3）定义顶点着色器（如代码 8.3 所示）

```
1   ////////////////////////////////////////////////////////////////
2   //顶点着色器
3   ////////////////////////////////////////////////////////////////
4   VS_OUTPUT VS（ VS_INPUT input ）
5   {
6       VS_OUTPUT output =（VS_OUTPUT)0；         //声明一个 VS_OUTPUT 对象
7       output.Pos = mul（ input.Pos，World ）；     //在 input 坐标上进行世界变换
8       output.Pos = mul（ output.Pos，View ）；     //进行观察变换
9       output.Pos = mul（ output.Pos，Projection ）；  //进行投影变换
10
11      output.Tex = input.Tex；         //纹理设置
12
13      return output；
14  }
```

代码 8.3

（4）定义像素着色器

与第 6 章的像素着色器不同的是，本例中的像素着色器返回的是纹理的颜色。这里需要调用纹理变量的 Sample 函数。这个函数有两个参数，第一个参数为代码 8.1 中定义的采样器，第二个参数为输出顶点格式的纹理坐标，如代码 8.4 所示。

```
1  ////////////////////////////////////////////////////////////////////
2  //像素着色器
3  ////////////////////////////////////////////////////////////////////
4  float4 PS( VS_OUTPUT input ) : SV_Target
5  {
6      return Texture. Sample( Sampler, input. Tex );      //返回纹理
7  }
```

代码 8.4

（5）定义 Technique（如代码 8.5 所示）

```
1   ////////////////////////////////////////////////////////////////////
2   //定义 Technique
3   ////////////////////////////////////////////////////////////////////
4   technique11 TexTech
5   {
6       pass P0
7       {
8           SetVertexShader( CompileShader( vs_5_0, VS( ) ) );
9           SetGeometryShader( NULL );
10          SetPixelShader( CompileShader( ps_5_0, PS( ) ) );
11      }
12  }
```

代码 8.5

8.2.5 编写 d3dLight. cpp 文件

首先把第 6 章中 d3dCube. cpp 的内容全部复制到 d3dLight. cpp 中，d3dCube. cpp 的编写可以参考章节 6.2.6。另外，清空 Setup( )，Cleanup( )和 Display( )三个函数的内容。

（1）添加头文件和全局变量（如代码 8.6 所示）

```
1   #include " d3dUtility. h"
2
3   //声明全局的指针
4   ID3D11Device * device = NULL;//D3D11 设备接口
5   IDXGISwapChain * swapChain = NULL;//交换链接口
6   ID3D11DeviceContext * immediateContext = NULL;
7   ID3D11RenderTargetView * renderTargetView = NULL;//渲染目标视图
8
9   //Effect 相关全局指针
10  ID3D11InputLayout * vertexLayout;
11  ID3DX11Effect * effect;
12  ID3DX11EffectTechnique * technique;
13
```

```
14  //声明 3 个坐标系矩阵
15  XMMATRIX world;          //用于世界变换的矩阵
16  XMMATRIX view;           //用于观察变换的矩阵
17  XMMATRIX projection;     //用于投影变换的矩阵
18
19  ID3D11ShaderResourceView * texture;     //新增的纹理变量
```

代码 8.6

（2）定义一个顶点结构

本例中的顶点结构加入了纹理坐标，如代码 8.7 所示。

```
1  //定义一个顶点结构,这个顶点包含坐标和纹理坐标
2  struct Vertex
3  {
4    XMFLOAT3 Pos;     //坐标
5    XMFLOAT2 Tex;     //纹理坐标
6  };
```

代码 8.7

（3）编写 Setup( ) 函数

首先清空 Setup( ) 函数，然后再向函数里填写代码，主要包含两个步骤：

第一步，从 Shader. fx 文件创建 ID3DEffect 对象，并定义顶点输入布局；

第二步，创建顶点缓存。

由于本例中需要让用户操作摄像头，所以将坐标变换的部分放到了 Display( ) 函数中。

下面将详细介绍该函数的实现方法。

第一步，从. fx 文件创建 ID3DEffect 对象，并定义顶点输入布局，如代码 8.8 所示。

```
1  // ************* 第一步从. fx 文件创建 ID3DEffect 对象 *************************
2  HRESULT hr = S_OK;          //声明 HRESULT 的对象用于记录函数调用是否成功
3  ID3DBlob * pTechBlob = NULL;  //声明 ID3DBlob 的对象用于存放从文件读取的信息
4  //从我们之前建立的 Shader. fx 文件读取着色器相关信息
5  hr = D3DX11CompileFromFile( L"Shader. fx", NULL, NULL, NULL, "fx_5_0",
6       D3DCOMPILE_ENABLE_STRICTNESS, 0, NULL, &pTechBlob, NULL, NULL );
7  if( FAILED(hr) )
8  {
9    ::MessageBox( NULL, L"fx 文件载入失败", L"Error", MB_OK );
10   return hr;
11  }
12  //调用 D3DX11CreateEffectFromMemory 创建 ID3DEffect 对象
13  hr = D3DX11CreateEffectFromMemory( pTechBlob -> GetBufferPointer( ),
14        pTechBlob -> GetBufferSize( ), 0, device, &effect);
15
16  if( FAILED(hr) )
17  {
```

```
18        ::MessageBox( NULL, L"创建 Effect 失败", L"Error", MB_OK );
19      return hr;
20  }
21  //调用 D3DX11CreateShaderResourceViewFromFile 从 BOX.BMP 文件创建纹理
22  D3DX11CreateShaderResourceViewFromFile(
23                  device,              //设备指针
24                  L"BOX.BMP",          //图片文件的文件名
25                  NULL,                //可选项,标识纹理特征,一般为空
26                  NULL,                //创建另一个线程来加载纹理,这里设置为空
27                  &texture,            //把创建好的纹理存放到 texture 指针中
28                  NULL);               //指向返回值的指针
29  //将纹理设置到"Texture"
30  effect -> GetVariableByName( "Texture" ) -> AsShaderResource( )
31                                          -> SetResource( texture );
32  //用 GetTechniqueByName 获取 ID3DX11EffectTechnique 的对象
33  //设置 technique 到 Effect
34  technique = effect -> GetTechniqueByName( "TexTech" );
35
36  //D3DX11_PASS_DESC 结构用于描述一个 Effect Pass
37  D3DX11_PASS_DESC PassDesc;
38  //利用 GetPassByIndex 获取 Effect Pass
39  //再利用 GetDesc 获取 Effect Pass 的描述,并存入 PassDesc 对象中
40  technique -> GetPassByIndex(0) -> GetDesc(&PassDesc);
41
42  //创建并设置输入布局
43  //这里我们定义一个 D3D11_INPUT_ELEMENT_DESC 数组,
44  //由于我们定义的顶点结构包括位置坐标和纹理坐标,所以这个数组里有两个元素
45  D3D11_INPUT_ELEMENT_DESC layout [ ] =
46  {
47    {"POSITION", 0, DXGI_FORMAT_R32G32B32_FLOAT, 0, 0,
48      D3D11_INPUT_PER_VERTEX_DATA, 0},
49    {"TEXCOORD", 0, DXGI_FORMAT_R32G32_FLOAT, 0,
50      D3D11_APPEND_ALIGNED_ELEMENT, D3D11_INPUT_PER_VERTEX_DATA, 0}
51  };
52  //layout 元素个数
53  UINT numElements = ARRAYSIZE( layout );
54  //调用 CreateInputLayout 创建输入布局
55  hr = device -> CreateInputLayout( layout, numElements,
56                          PassDesc.pIAInputSignature,
57                          PassDesc.IAInputSignatureSize,
58                          &vertexLayout );
```

```
59   //设置生成的输入布局到执行上下文中
60   immediateContext -> IASetInputLayout( vertexLayout );
61   if( FAILED( hr ) )
62   {
63       ::MessageBox( NULL, L"创建 Input Layout 失败", L"Error", MB_OK );
64       return hr;
65   }
66   // ************* 第一步从.fx 文件创建 ID3DEffect 对象 ********************
```

代码 8.8

第二步,创建顶点缓存,如代码 8.9 所示。

```
1    // ************* 第二步创建顶点缓存 ***************************
2    //创建顶点数组,每个顶点又包含了坐标和纹理坐标
3    //但是由于顶点的纹理不同,所以即使是同一个位置的 3 个顶点也必须单独定义
4    Vertex vertices[ ] =
5    {
6        { XMFLOAT3( -1.0f, 1.0f, -1.0f ), XMFLOAT2( 0.0f, 0.0f ) },
7        { XMFLOAT3( 1.0f, 1.0f, -1.0f ),  XMFLOAT2( 1.0f, 0.0f) },
8        { XMFLOAT3( -1.0f, -1.0f, -1.0f ), XMFLOAT2( 0.0f, 1.0f) },
9
10       { XMFLOAT3( -1.0f, -1.0f, -1.0f ), XMFLOAT2( 0.0f, 1.0f) },
11       { XMFLOAT3( 1.0f, 1.0f, -1.0f ),  XMFLOAT2( 1.0f, 0.0f) },
12       { XMFLOAT3( 1.0f, -1.0f, -1.0f ), XMFLOAT2( 1.0f, 1.0f ) },
13
14       { XMFLOAT3( 1.0f, 1.0f, -1.0f ), XMFLOAT2( 0.0f, 0.0f ) },
15       { XMFLOAT3( 1.0f, 1.0f, 1.0f ),   XMFLOAT2( 1.0f, 0.0f ) },
16       { XMFLOAT3( 1.0f, -1.0f, -1.0f ), XMFLOAT2( 0.0f, 1.0f ) },
17
18       { XMFLOAT3( 1.0f, -1.0f, -1.0f ), XMFLOAT2( 0.0f, 1.0f ) },
19       { XMFLOAT3( 1.0f, 1.0f, 1.0f ), XMFLOAT2( 1.0f, 0.0f ) },
20       { XMFLOAT3( 1.0f, -1.0f, 1.0f ), XMFLOAT2( 1.0f, 1.0f ) },
21
22       { XMFLOAT3( 1.0f, 1.0f, 1.0f ), XMFLOAT2( 0.0f, 0.0f ) },
23       { XMFLOAT3( -1.0f, 1.0f, 1.0f ), XMFLOAT2( 1.0f, 0.0f ) },
24       { XMFLOAT3( 1.0f, -1.0f, 1.0f ), XMFLOAT2( 0.0f, 1.0f ) },
25
26       { XMFLOAT3( 1.0f, -1.0f, 1.0f ), XMFLOAT2( 0.0f, 1.0f ) },
27       { XMFLOAT3( -1.0f, 1.0f, 1.0f ), XMFLOAT2( 1.0f, 0.0f ) },
28       { XMFLOAT3( -1.0f, -1.0f, 1.0f ), XMFLOAT2( 1.0f, 1.0f ) },
29
30       { XMFLOAT3( -1.0f, 1.0f, 1.0f ), XMFLOAT2( 0.0f, 0.0f ) },
31       { XMFLOAT3( -1.0f, 1.0f, -1.0f ), XMFLOAT2( 1.0f, 0.0f ) },
```

```
32      { XMFLOAT3( -1.0f, -1.0f, 1.0f ), XMFLOAT2( 0.0f, 1.0f ) },
33
34      { XMFLOAT3( -1.0f, -1.0f, 1.0f ), XMFLOAT2( 0.0f, 1.0f ) },
35      { XMFLOAT3( -1.0f, 1.0f, -1.0f ), XMFLOAT2( 1.0f, 0.0f ) },
36      { XMFLOAT3( -1.0f, -1.0f, -1.0f ), XMFLOAT2( 1.0f, 1.0f ) },
37
38      { XMFLOAT3( -1.0f, 1.0f, 1.0f ), XMFLOAT2( 0.0f, 0.0f ) },
39      { XMFLOAT3( 1.0f, 1.0f, 1.0f ), XMFLOAT2( 1.0f, 0.0f ) },
40      { XMFLOAT3( -1.0f, 1.0f, -1.0f ), XMFLOAT2( 0.0f, 1.0f ) },
41
42      { XMFLOAT3( -1.0f, 1.0f, -1.0f ), XMFLOAT2( 0.0f, 1.0f ) },
43      { XMFLOAT3( 1.0f, 1.0f, 1.0f ), XMFLOAT2( 1.0f, 0.0f ) },
44      { XMFLOAT3( 1.0f, 1.0f, -1.0f ), XMFLOAT2( 1.0f, 1.0f ) },
45
46      { XMFLOAT3( -1.0f, -1.0f, -1.0f ), XMFLOAT2( 0.0f, 0.0f ) },
47      { XMFLOAT3( 1.0f, -1.0f, -1.0f ), XMFLOAT2( 1.0f, 0.0f ) },
48      { XMFLOAT3( -1.0f, -1.0f, 1.0f ), XMFLOAT2( 0.0f, 1.0f ) },
49
50      { XMFLOAT3( -1.0f, -1.0f, 1.0f ), XMFLOAT2( 0.0f, 1.0f ) },
51      { XMFLOAT3( 1.0f, -1.0f, -1.0f ), XMFLOAT2( 1.0f, 0.0f ) },
52      { XMFLOAT3( 1.0f, -1.0f, 1.0f ), XMFLOAT2( 1.0f, 1.0f ) },
53      };
54      UINT vertexCount = ARRAYSIZE( vertices );
55      //创建顶点缓存,方法同第 5 章一样
56      //首先声明一个 D3D11_BUFFER_DESC 的对象 bd
57      D3D11_BUFFER_DESC bd;
58      ZeroMemory( &bd, sizeof(bd) );
59      bd. Usage = D3D11_USAGE_DEFAULT;
60      //指定缓存大小
61      bd. ByteWidth = sizeof( Vertex ) * vertexCount;
62      bd. BindFlags = D3D11_BIND_VERTEX_BUFFER;   //注意:这里表示创建的是顶点缓存
63      bd. CPUAccessFlags = 0;
64
65      //声明一个 D3D11_SUBRESOURCE_DATA 数据用于初始化子资源
66      D3D11_SUBRESOURCE_DATA InitData;
67      ZeroMemory( &InitData, sizeof(InitData) );
68      InitData. pSysMem = vertices;   //设置需要初始化的数据,这里的数据就是顶点数组
69
70      //声明一个 ID3D11Buffer 对象作为顶点缓存
71      ID3D11Buffer * vertexBuffer;
72      //调用 CreateBuffer 创建顶点缓存
```

```
73   hr = device -> CreateBuffer( &bd, &InitData, &vertexBuffer );
74   if( FAILED( hr ) )
75   {
76       ::MessageBox( NULL, L"创建 VertexBuffer 失败", L"Error", MB_OK );
77       return hr;
78   }
79
80   UINT stride = sizeof( Vertex );                //获取 Vertex 的大小作为跨度
81   UINT offset = 0;                               //设置偏移量为 0
82   //设置顶点缓存,参数的解释见第 5 章
83   immediateContext -> IASetVertexBuffers( 0, 1, &vertexBuffer,
84                                          &stride, &offset );
85   //指定图元类型,D3D11_PRIMITIVE_TOPOLOGY_TRIANGLELIST 表示图元为三角形
86   immediateContext -> IASetPrimitiveTopology(
87                       D3D11_PRIMITIVE_TOPOLOGY_TRIANGLELIST );
88   // ************ 第二步创建顶点缓存 **************************
```

代码 8.9

（4）编写 Cleanup( ) 函数（如代码 8.10 所示）

```
1    void Cleanup( )
2    {
3        //释放全局指针
4        if( renderTargetView ) renderTargetView -> Release( );
5        if( immediateContext ) immediateContext -> Release( );
6        if( swapChain ) swapChain -> Release( );
7        if( device ) device -> Release( );
8
9        if( vertexLayout ) vertexLayout -> Release( );
10       if( effect ) effect -> Release( );
11       if( texture ) texture -> Release( );
12   }
```

代码 8.10

（5）编写 Display( ) 函数

本例将世界坐标系、观察坐标系以及投影坐标系的变换矩阵声明发到了 Display( ) 函数中,如代码 8.11 所示。

```
1    bool Display( float timeDelta )
2    {
3        if( device )
4        {
5            //声明一个数组存放颜色信息,4 个元素分别表示红、绿、蓝以及 alpha
6            float ClearColor[4] = { 0.0f, 0.125f, 0.3f, 1.0f };
7            immediateContext -> ClearRenderTargetView( renderTargetView,
```

```
8                                                        ClearColor );
9
10      // 通过键盘的上下左右键来改变虚拟摄像头方向
11      static float angle = XM_PI;    //声明一个静态变量用于记录角度
12      static float height = 2.0f;
13
14      //这种按键响应方法见"补充知识"
15      if( ::GetAsyncKeyState( VK_LEFT ) & 0x8000f )//响应键盘左方向键
16         angle -= 2.0f * timeDelta;
17      if( ::GetAsyncKeyState( VK_RIGHT ) & 0x8000f )//响应键盘右方向键
18         angle += 2.0f * timeDelta;
19      if( ::GetAsyncKeyState( VK_UP ) & 0x8000f )      //响应键盘上方向键
20         height += 5.0f * timeDelta;
21      if( ::GetAsyncKeyState( VK_DOWN ) & 0x8000f )    //响应键盘下方向键
22         height -= 5.0f * timeDelta;
23
24      // ************ 设置各个坐标系 *********************
25      //初始化世界矩阵
26      world = XMMatrixIdentity( );
27      XMVECTOR Eye = XMVectorSet( cosf( angle ) * 3.0f, height, sinf( angle ) *
28                                  3.0f, 0.0f);//相机位置
29      XMVECTOR At = XMVectorSet( 0.0f, 0.0f, 0.0f, 0.0f );   //目标位置
30      XMVECTOR Up = XMVectorSet( 0.0f, 1.0f, 0.0f, 0.0f );   //相机正上向方
31      view = XMMatrixLookAtLH( Eye, At, Up );   //设置观察坐标系
32      //设置投影矩阵
33      projection = XMMatrixPerspectiveFovLH( XM_PIDIV2, 800.0f / 600.0f,
34                                             0.01f, 100.0f );
35      //将坐标变换矩阵的常量缓存中的矩阵和坐标设置到 Effect 框架中
36      // "World" "View" "Projection" "EyePosition"是在.fx 文件中定义的
37      effect -> GetVariableByName( "World" ) -> AsMatrix( )
38                     -> SetMatrix( ( float * )&world );   //设置世界坐标系
39      effect -> GetVariableByName( "View" ) -> AsMatrix( )
40                     -> SetMatrix( ( float * )&view );     //设置观察坐标系
41      effect -> GetVariableByName( "Projection" ) -> AsMatrix( )
42                     -> SetMatrix( ( float * )&projection );//设置投影坐标系
43
44      //定义一个 D3DX11_TECHNIQUE_DESC 对象来描述 technique
45      D3DX11_TECHNIQUE_DESC techDesc;
46      technique -> GetDesc( &techDesc );      //获取 technique 的描述
47      //获取通道( PASS )把它设置到执行上下文中。
48      //这里由于只有一个通道所以其索引为 0
```

```
49        technique –> GetPassByIndex( 0 ) –> Apply( 0 , immediateContext ) ;
50        immediateContext –> Draw( 36 , 0 ) ;    //绘制立方体
51
52        swapChain –> Present( 0 , 0 ) ;
53    }
54    return true ;
55  }
```

代码 8.11

注意:这里回调函数和主函数的内容和第 4 章一样,其编写方法参考代码 4.10 和代码 4.11。

8.2.6　编译程序

程序编译成功后,会显示如图 8.5 所示画面。

图 8.5　程序运行结果

按下方向键让虚拟摄像头改变位置,如图 8.6 所示。

图 8.6　改变虚拟摄像头的位置

8.3[*]　思考题

（1）实现图 8.7 中的效果。（提示：改变纹理坐标的取值，同时设置寻址模式为 WRAP）

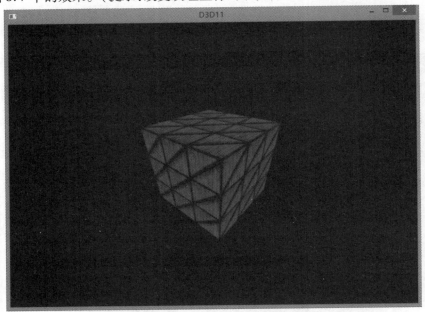

图 8.7　思考题①效果

（2）实现图 8.8 中的效果。（提示：改变纹理坐标的取值，同时设置寻址模式为 MIRROR）

图 8.8　思考题②效果

（3）实现图 8.9 中的效果。

图 8.9　思考题③效果

（4）尝试把第 7 章的光照效果加入到本例中，实现后的效果如图 8.10 所示。

（提示：参考第 7 章中的 LightShader. fx 文件，修改 Shader. fx 文件。在各个光源的像素着色器里最终返回的颜色为光照产生的颜色与纹理颜色之积）

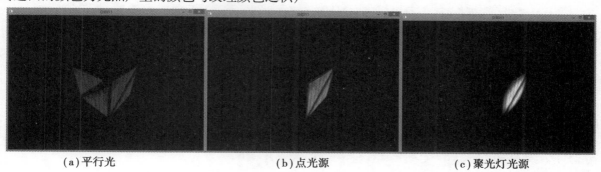

　　（a）平行光　　　　　　　　　　（b）点光源　　　　　　　　　　（c）聚光灯光源

图 8.10　加入光照后的木箱子

8.4* 补充知识

前面的示例中是通过回调函数来响应键盘事件，本例是使用 GetAsyncKeyState 来处理键盘事件。使用 GetAsyncKeyState 来响应键盘事件的方法一般为

if(∷GetAsyncKeyState(VK_LEFT) & 0x8000)

code...

这里包括几个概念：

（1）**按位与运算符"&"**

它是双目运算符，其功能是使参与运算的两数各对应的二进位相与。只有对应的两个二进位均为 1 时，结果位才为 1，否则为 0。参与运算的数以补码方式出现。例如：0x11 & 0x12（即 0001 0001 & 0001 0010）的结果是 0x10（0001 0000）；

117

（2）**虚拟键**

虚拟键是指非字母可以明确表示的键,比如上下左右键的虚拟键值为 VK_UP, VK_DOWN, VK_LEFT, VK_RIGHT。

（3）**为什么** GetAsyncKeyState **要"与"上** 0x8000 **这个常数**

这是为了获取按键状态,屏蔽掉其他的可能状态。

第 **9** 章

混 合

9.1 概 述

本章将介绍混合(blending)技术,有的文献也译作融合。该技术主要用于将当前需要进行光栅化的像素颜色与之前已经完成光栅化并处于同一位置的像素的颜色进行合成。利用该技术,可以实现很多效果,本章将介绍如何利用混合技术实现半透明效果。

9.1.1 相关概念

(1)混合公式

在 D3D 中是采用如下公式来计算混合后像素的颜色值:

$$OutputPixel = SourcePixel \otimes SourceBlendFactor + DestPixel \otimes DestBlendFactor$$

- OutputPixel:混合后得到的最终颜色。
- SourcePixel:当前计算得到的像素颜色值,用于与后台缓存中同位置像素颜色进行混合。
- SourceBlendFactor:源混合因子。指定了源像素的颜色值在混合所占比例,取值区间为[0,1]内。
- DestPixel:已经处于后台缓存中的像素颜色值。
- DestBlendFactor:目标混合因子。指定了目标像素的颜色值在融合中所占比例,取值区间为[0,1]内。

(2)混合因子

在混合公式中提到的源混合因子和目标混合因子,通过不同的取值可以实现不同的效果。这里介绍几个常用取值的意义。

- D3D11_BLEND_SRC_ALPHA:混合因子为颜色的 Alpha 值。
- D3D11_BLEND_INV_SRC_ALPHA:混合因子为(1-颜色的 Alpha 值)。
- D3D11_BLEND_ONE:混合因子为1。
- D3D11_BLEND_ZERO:混合因子为0。

(3)Alpha 值

在前面的章节,我们指定颜色以及光照强度时使用的是四维向量,前三位表示红、绿、蓝 3 种颜色,而第四位则表示 Alpha 值。Alpha 值主要用于指定像素的透明度,其取值区间为[0,1]。当像素的 Alpha 值为 0 时,该像素就是完全透明,Alpha 值为 1 时就是完全不透明。

9.1.2　本章主要内容和目标

利用混合技术绘制水池中的箱子,这里的水纹是一个静态的纹理贴图。运用混合技术实现水纹的半透明效果。通过方向键改变摄像头的方位,同时通过 F1—F3 键改变光照类型。通过完成本章示例,需要达到如下目标:

①掌握如何利用不同纹理绘制多个物体的方法;

②了解混合技术的基本原理;

③掌握利用混合技术绘制半透明物体的过程。

9.2　利用混合技术绘制水中的箱子

9.2.1　创建一个 Win32 项目

创建一个 Win32 项目,命名为"D3DBlend"。创建好项目后,将 DX SDK 和 Effect 框架的 include 和 lib 目录分别配置到项目的包含目录和库目录中,具体创建及配置方法见章节 4.2.3 和 6.2.2。

9.2.2　创建项目所需文件

(1)创建头文件

创建两个 h 文件命名为"d3dUtility. h"和"Light. h"。

(2)创建源文件

创建两个 cpp 文件命名为"d3dUtility. cpp"和"d3dTexture. cpp"。

(3)创建一个 fx 文件

首先新建一个筛选器,取名为"Shader"。

在新建的 Shader 筛选器下,新建一个"Shader. fx"文件。注意:同第 5 章的 Triangle. hlsl 一样,也需要将 Shader. fx 设置为"不参与生成",详细方法见章节 5.2.2。所有文件创建好了,如图 9.1 所示。

图 9.1　项目文件目录

从本书的资源网址上,将"BOX. BMP""checkboard. dds"和"water. dds"文件复制到与本项目 cpp 文件相同的目录下。

9.2.3　复制 d3dUtility. cpp,d3dUtility. h 和 Light. h

将第 6 章中的 d3dUtility. cpp,d3dUtility. h 和第 7 章中的 Light. h 中的内容复制到本例的对应文件中。

9.2.4 编写 Shader.fx 文件

（1）定义外部变量

这里的外部变量包含了光照所需要的材质和光源变量，也包括了纹理所需要的纹理变量和采样器，如代码9.1所示。

```
1  /////////////////////////////////////////////////////////////
2  //定义常量缓存
3  /////////////////////////////////////////////////////////////
4  //坐标变换矩阵的常量缓存
5  cbuffer MatrixBuffer
6  {
7    matrix World;            //世界坐标变换矩阵
8    matrix View;             //观察坐标变换矩阵
9    matrix Projection;       //投影坐标变换矩阵
10   float4 EyePosition;      //视点位置
11  };
12
13  //材质信息的常量缓存
14  cbuffer MaterialBuffer
15  {
16   float4 MatAmbient;       //材质对环境光的反射率
17   float4 MatDiffuse;       //材质对漫反射光的反射率
18   float4 MatSpecular;      //材质对镜面光的反射率
19   float  MatPower;         //材质的镜面光反射系数
20  }
21
22  //光源的常量缓存
23  cbuffer LightBuffer
24  {
25   int    type;             //光源类型
26   float4 LightPosition;    //光源位置
27   float4 LightDirection;   //光源方向
28   float4 LightAmbient;     //环境光强度
29   float4 LightDiffuse;     //漫反射光强度
30   float4 LightSpecular;    //镜面光强度
31   float  LightAtt0;        //常量衰减因子
32   float  LightAtt1;        //一次衰减因子
33   float  LightAtt2;        //二次衰减因子
34   float  LightAlpha;       //聚光灯内锥角度
35   float  LightBeta;        //聚光灯外锥角度
36   float  LightFallOff;     //聚光灯衰减系数
```

```
37  }
38
39  Texture2D Texture;          //纹理变量
40
41  SamplerState Sampler        //定义采样器
42  {
43     Filter = MIN_MAG_MIP_LINEAR;        //采用线性过滤
44     AddressU = WRAP;                    //寻址模式为 WRAP
45     AddressV = WRAP;                    //寻址模式为 WRAP
46  };
```

代码9.1

（2）定义顶点输入结构

由于要同时用到光照和向量，所以本例中的顶点输入结构包括了法向量和纹理坐标，输出结构里也包括了法向量、纹理坐标、视点以及光照的向量，如代码9.2所示。

```
1   //////////////////////////////////////////////////////////
2   //定义输入结构
3   //////////////////////////////////////////////////////////
4   //顶点着色器的输入结构
5   struct VS_INPUT
6   {
7      float4 Pos : POSITION;        //位置
8      float3 Norm : NORMAL;         //法向量
9      float2 Tex : TEXCOORD0;       //纹理坐标
10  };
11
12  //顶点着色器的输出结构
13  struct VS_OUTPUT
14  {
15     float4 Pos : SV_POSITION;         //位置
16     float2 Tex : TEXCOORD0;           //纹理坐标
17     float3 Norm : TEXCOORD1;          //法向量
18     float4 ViewDirection : TEXCOORD2; //视点方向
19     float4 LightVector : TEXCOORD3;   //对点光源和聚光灯有效
20                                       //前3个分量记录"光照向量"
21                                       //最后一个分量记录光照距离
22  };
```

代码9.2

（3）定义顶点着色器

本例中的顶点着色器包括光照的设置，也包括纹理的设置，如代码9.3所示。

```
1   ////////////////////////////////////////////////////////////
2   //顶点着色器
3   ////////////////////////////////////////////////////////////
4   VS_OUTPUT VS( VS_INPUT input )
5   {
6     VS_OUTPUT output = ( VS_OUTPUT)0;                      //声明一个 VS_OUTPUT 对象
7
8     output. Pos = mul( input. Pos, World );               //在 input 坐标上进行世界变换
9     output. Pos = mul( output. Pos, View );               //进行观察变换
10    output. Pos = mul( output. Pos, Projection );         //进行投影变换
11
12    output. Norm = mul( input. Norm, (float3x3)World );   //获得 output 的方向量
13    output. Norm = normalize( output. Norm);              //对法向量进行归一化
14
15    float4 worldPosition = mul( input. Pos, World);       //获取顶点的世界坐标
16    output. ViewDirection = EyePosition - worldPosition;  //获取视点方向
17    output. ViewDirection = normalize( output. ViewDirection);  //视点方向归一化
18
19    output. LightVector = LightPosition - worldPosition;  //获取光照方向
20    output. LightVector = normalize( output. LightVector);  //将光照方向归一化
21    output. LightVector. w = length( LightPosition - worldPosition);  //光照距离
22
23    output. Tex = input. Tex;                             //纹理设置
24
25    return output;
26  }
```

代码 9.3

(4) 定义像素着色器

本例包含了 4 个像素着色器,需要注意的是在计算最终颜色的时候,是由纹理颜色和光照颜色之积计算得到,如代码 9.4 所示。这部分代码和代码 7.4 相似,大部分代码可以从代码 7.4 复制过来,读者可以只重点关注带波浪线的代码。

```
1   ////////////////////////////////////////////////////////////
2   //像素着色器
3   ////////////////////////////////////////////////////////////
4   //无光照像素着色器
5   float4 PS( VS_OUTPUT input ) : SV_Target
6   {
7     return Texture. Sample( Sampler, input. Tex);        //返回纹理
8   }
9
10  //平行光源像素着色器
```

```
11   //这里以 PS_INPUT 的对象作为参数,返回一个 float4 的变量作为颜色
12   //注意:这里的颜色并不是着色产生,而是由光照和材质相互作用产生的颜色
13   float4 PSDirectionalLight( VS_OUTPUT input) : SV_Target
14   {
15       float4 finalColor;                //声明颜色向量,这个颜色是最终的颜色
16       //声明环境光、漫反射光、镜面光颜色
17       float4 ambientColor, diffuseColor, specularColor;
18
19       //光照方向和光线照射方向相反,可以用. xyz 的方式去 float4 对象的前 3 位向量
20       float3 lightVector = -LightDirection. xyz;
21       lightVector = normalize( lightVector);          //归一化光照向量
22       //用材质环境光反射率和环境光强度相乘得到环境光颜色
23       ambientColor = MatAmbient * LightAmbient;
24       //将顶点法向量和光照方向进行点乘得到漫反射光因子
25       float diffuseFactor = dot( lightVector, input. Norm);
26       if( diffuseFactor > 0.0f)   //漫反射光因子 >0 表示不是背光面
27       {
28           //用材质的漫反射光的反射率和漫反射光的光照强度以及反漫射光
29           //因子相乘得到漫反射光颜色
30           diffuseColor = MatDiffuse * LightDiffuse * diffuseFactor;
31
32           //根据光照方向和顶点法向量计算反射方向
33           float3 reflection = reflect( -lightVector, input. Norm);
34           //根据反射方向,视点方向以及材质的镜面光反射系数来计算镜面反射因子
35           //pow(b, n)返回 b 的 n 次方
36           float specularFactor = pow( max( dot( reflection,
37                       input. ViewDirection. xyz), 0.0f), MatPower);
38           //材质的镜面反射率,镜面光强度以及镜面反射因子相乘得到镜面光颜色
39           specularColor = MatSpecular * LightSpecular * specularFactor;
40       }
41       float4 texColor = float4( 1. f, 1. f, 1. f, 1. f);
42       texColor = Texture. Sample( Sampler, input. Tex);     //获取纹理颜色
43
44       //最终颜色由环境光、漫反射光、镜面光颜色三者相加得到
45       //saturate 为饱和处理,结果大于 1 就变成 1,小于 0 就变成 0,以保证结果在 0~1 内
46       //获取光照颜色
47       finalColor = saturate( ambientColor + diffuseColor + specularColor);
48       finalColor = texColor * finalColor; //纹理颜色与光照颜色相乘得到最后颜色
49       finalColor. a = texColor. a * MatDiffuse. a; //获取 alpha 值即透明度
50       return finalColor;
51   }
```

```
52
53   //点光源像素着色器
54   //计算方法和方向光不同,主要区别在于最终颜色的计算公式上
55   float4 PSPointLight( VS_OUTPUT input )：SV_Target
56   {
57       float4 finalColor;                //声明颜色向量,这个颜色是最终的颜色
58       //声明环境光、漫反射光、镜面光颜色
59       float4 ambientColor, diffuseColor, specularColor;
60
61       //光照向量等于顶点的光照向量
62       float3 lightVector = input. LightVector. xyz;
63       lightVector = normalize( lightVector )；    //归一化
64       //用材质环境光反射率和环境光强度相乘得到环境光颜色
65       ambientColor = MatAmbient * LightAmbient;
66       //将顶点法向量和光照方向进行点乘得到漫反射光因子
67       float diffuseFactor = dot( lightVector, input. Norm );
68       if( diffuseFactor > 0.0f )   //漫反射光因子 >0 表示不是背光面
69       {
70         //用材质的漫反射光的反射率和漫反射光的光照强度以及
71         //漫反射光因子相乘得到漫反射光颜色
72         diffuseColor = MatDiffuse * LightDiffuse * diffuseFactor;
73         //根据光照方向和顶点法向量计算反射方向
74         float3 reflection = reflect( -lightVector, input. Norm );
75         //根据反射方向、视点方向以及材质的镜面光反射系数来计算镜面反射因子
76         float specularFactor = pow( max( dot( reflection,
77                              input. ViewDirection. xyz ), 0.0f ), MatPower );
78         //材质的镜面反射率、镜面光强度以及镜面反射因子相乘得到镜面光颜色
79         specularColor = MatSpecular * LightSpecular * specularFactor;
80       }
81
82       float d = input. LightVector. w;    //光照距离
83       //距离衰减因子
84       float att = LightAtt0 + LightAtt1 * d + LightAtt2 * d * d;
85       //最终颜色由环境光、漫反射光、镜面光颜色三者相加后再除以距离衰减因子得到
86       //获取光照颜色
87       finalColor = saturate( ambientColor + diffuseColor + specularColor )/att;
88       float4 texColor = Texture. Sample( Sampler, input. Tex );//获取纹理颜色
89       finalColor = finalColor * texColor;//纹理颜色与光照颜色相乘得到最后颜色
90       finalColor. a = texColor. a * MatDiffuse. a;    //获取 alpha 值即透明度
91       return finalColor;
92   }
```

```
93
94   //聚光灯像素着色器
95   float4 PSSpotLight( VS_OUTPUT input) : SV_Target
96   {
97       float4 finalColor;              //声明颜色向量,这个颜色是最终的颜色
98       //声明环境光、漫反射光、镜面光颜色
99       float4 ambientColor, diffuseColor, specularColor;
100
101      //光照向量等于顶点的光照向量
102      float3 lightVector = input. LightVector. xyz;
103      lightVector = normalize( lightVector) ;   //归一化
104      float d = input. LightVector. w;          //光照距离
105      float3 lightDirection = LightDirection. xyz;    //光照方向
106      lightDirection = normalize( lightDirection) ;   //归一化
107
108      //判断光照区域
109      float cosTheta = dot( -lightVector, lightDirection) ;
110      //如果照射点位于圆锥体照射区域之外,则不产生光照
111      if( cosTheta < cos( LightBeta / 2) )
112          return float4( 0. 0f, 0. 0f, 0. 0f, 1. 0f) ;
113      //用材质环境光反射率和环境光强度相乘得到环境光颜色
114      ambientColor = MatAmbient * LightAmbient;
115      //将顶点法向量和光照方向进行点乘得到漫反射光因子
116      float diffuseFactor = dot( lightVector, input. Norm) ;
117       if( diffuseFactor > 0. 0f)        //漫反射光因子 >0 表示不是背光面
118       {
119      //用材质的漫反射光的反射率和漫反射光的光照强度以及
120      //漫反射光因子相乘得到漫反射光颜色
121      diffuseColor = MatDiffuse * LightDiffuse * diffuseFactor;
122      //根据光照方向和顶点法向量计算反射方向
123      float3 reflection = reflect( -lightVector, input. Norm) ;
124      //根据反射方向、视点方向以及材质的镜面光反射系数来计算镜面反射因子
125      float specularFactor = pow( max( dot( reflection,
126                           input. ViewDirection. xyz) , 0. 0f) , MatPower) ;
127      //材质的镜面反射率、镜面光强度以及镜面反射因子相乘得到镜面光颜色
128      specularColor = MatSpecular * LightSpecular * specularFactor;
129       }
130
131      //距离衰减因子
132      float att = LightAtt0 + LightAtt1 * d + LightAtt2 * d * d;
133      if( cosTheta > cos( LightAlpha / 2) ) //当照射点位于内锥体内
```

```
134    {
135        finalColor = saturate(ambientColor + diffuseColor + specularColor)/att;
136    }
137    //当照射点位于内锥体和外锥体之间
138    else if( cosTheta > = cos( LightBeta / 2) && cosTheta < = cos( LightAlpha / 2))
139    {
140        //外锥体衰减因子
141        float spotFactor = pow (( cosTheta - cos( LightBeta / 2)) /
142                        ( cos( LightAlpha / 2) - cos( LightBeta / 2)), 1);
143        finalColor = spotFactor * saturate( ambientColor + diffuseColor +
144                    specularColor)/att;
145    }
146    float4 texColor = Texture. Sample( Sampler, input. Tex);   //获取纹理颜色
147    finalColor = finalColor * texColor;//纹理颜色与光照颜色相乘得到最后颜色
148    finalColor. a = texColor. a * MatDiffuse. a;   //获取 alpha 值即透明度
149    return finalColor;
150 }
```

代码 9.4

（5）定义 Technique

这里代码 9.5 所定义的 Technique 和代码 7.5 一样，读者可以直接把代码 7.5 直接复制过来。

```
1  /////////////////////////////////////////////////////////////
2  //定义 Technique
3  /////////////////////////////////////////////////////////////
4  technique11 TexTech
5  {
6      pass P0
7      {
8          SetVertexShader( CompileShader( vs_5_0, VS( ) ) );
9          SetGeometryShader( NULL );
10         SetPixelShader( CompileShader( ps_5_0, PS( ) ) );
11     }
12 }
13
14 //方向光 Technique
15 technique11 T_DirLight
16 {
17     pass P0
18     {
19         SetVertexShader( CompileShader( vs_5_0, VS( ) ) );
20         SetPixelShader( CompileShader( ps_5_0, PSDirectionalLight( ) ) );
21     }
```

```
22  }
23
24  //点光源 Technique
25  technique11 T_PointLight
26  {
27    pass P0
28    {
29      SetVertexShader( CompileShader( vs_5_0, VS() ) );
30      SetPixelShader( CompileShader( ps_5_0, PSPointLight() ) );
31    }
32  }
33
34  //聚光灯光源 Technique
35  technique11 T_SpotLight
36  {
37    pass P0
38    {
39      SetVertexShader( CompileShader( vs_5_0, VS() ) );
40      SetPixelShader( CompileShader( ps_5_0, PSSpotLight() ) );
41    }
42  }
```

代码 9.5

9.2.5 编写 d3dBlend.cpp 文件

首先把第 7 章中 d3dLight.cpp 的内容全部复制到 d3dBlend.cpp 中,另外清空 Setup()、Cleanup() 和 Display() 三个函数的内容。

(1)包含头文件(如代码 9.6 所示)

```
1  #include "d3dUtility.h"
2  #include "Light.h"
```

代码 9.6

(2)声明全局变量和声明函数原型

代码 9.7 中带波浪线的代码为本例新增的变量。

```
1  //声明全局的指针
2  ID3D11Device * device = NULL;//D3D11 设备接口
3  IDXGISwapChain * swapChain = NULL;//交换链接口
4  ID3D11DeviceContext * immediateContext = NULL;
5  ID3D11RenderTargetView * renderTargetView = NULL;//渲染目标视图
6
7  //Effect 相关全局指针
8  ID3D11InputLayout * vertexLayout;
9  ID3DX11Effect * effect;
```

```
10    ID3DX11EffectTechnique * technique;
11
12    //声明 3 个坐标系矩阵
13    XMMATRIX world;              //用于世界变换的矩阵
14    XMMATRIX view;              //用于观察变换的矩阵
15    XMMATRIX projection;        //用于投影变换的矩阵
16
17    //声明材质和光照的全局对象
18    Material  boxMaterial;       //箱子材质
19    Material  floorMaterial;     //地板材质
20    Material  waterMaterial;     //水面材质
21    Light    light[3];          //光源数组
22    int      lightType =0;      //光源类型
23
24    ID3D11ShaderResourceView * textureBox;      //箱子纹理
25    ID3D11ShaderResourceView * textureFloor;    //地板纹理
26    ID3D11ShaderResourceView * textureWater;    //水面纹理
27
28    ID3D11BlendState * BlendStateAlpha;         //混合状态
29    ID3D11RasterizerState * noCullRS;           //背面消隐状态
30
31 void SetLightEffect(Light light);
```

代码9.7

（3）定义一个顶点结构

本例的顶点结构同时包含了顶点法向量和纹理坐标,如代码9.8所示。

```
1    //定义一个顶点结构,这个顶点包含坐标、法向量和纹理坐标
2    struct Vertex
3    {
4      XMFLOAT3 Pos;         //坐标
5      XMFLOAT3 Normal;      //法向量
6      XMFLOAT2 Tex;         //纹理坐标
7    };
```

代码9.8

（4）编写 Setup( )函数

首先清空 Setup( )函数,然后再向函数里填写代码:

从本例开始就是一个相对完整的绘制项目了,以后的例子都可以在本例的框架上进行扩充和修改。 主要内容包括5个步骤:

第一步,载入外部文件(包括 fx 文件及图像文件);

第二步,创建各种渲染状态;

第三步,创建输入布局;

第四步,创建顶点缓存;

第五步,设置材质和光照。

下面详细介绍代码的具体实现:

第一步,载入外部文件(包括 fx 文件及图像文件),如代码 9.9 所示。

```
1   // ************ 第一步载入外部文件(包括 fx 文件及图像文件) *****************
2   HRESULT hr = S_OK;          //声明 HRESULT 的对象用于记录函数调用是否成功
3   ID3DBlob * pTechBlob = NULL;        //声明 ID3DBlob 的对象用于存放从文件读取的信息
4   //从我们之前建立的 Shader.fx 文件读取着色器相关信息
5   hr = D3DX11CompileFromFile( L"Shader.fx", NULL, NULL, NULL, "fx_5_0",
6       D3DCOMPILE_ENABLE_STRICTNESS, 0, NULL, &pTechBlob, NULL, NULL );
7   if( FAILED(hr) )
8   {
9     ::MessageBox( NULL, L"fx 文件载入失败", L"Error", MB_OK );
10    return hr;
11  }
12  //调用 D3DX11CreateEffectFromMemory 创建 ID3DEffect 对象
13  hr = D3DX11CreateEffectFromMemory( pTechBlob -> GetBufferPointer(),
14      pTechBlob -> GetBufferSize(), 0, device, &effect);
15  if( FAILED(hr) )
16  {
17    ::MessageBox( NULL, L"创建 Effect 失败", L"Error", MB_OK );
18    return hr;
19  }
20  //从外部图像文件载入纹理
21  //箱子纹理
22  D3DX11CreateShaderResourceViewFromFile(device, L"BOX.BMP", NULL, NULL,
23                                          &textureBox, NULL);
24  //池子地板及墙的纹理
25  D3DX11CreateShaderResourceViewFromFile(device, L"checkboard.dds", NULL,
26                                          NULL, &textureFloor, NULL);
27  //水面纹理
28  D3DX11CreateShaderResourceViewFromFile(device, L"water.dds", NULL, NULL,
29                                          &textureWater, NULL);
30  // ************ 第一步载入外部文件(包括 fx 文件及图像文件) ***************
```

代码 9.9

第二步,创建各种渲染状态。

这部分代码是本例的重点,希望读者认真阅读注释并理解,如代码 9.10 所示。

```
1   // ************ 第二步创建各种渲染状态 ******************
2   //先创建一个混合状态的描述
3   D3D11_BLEND_DESC blendDesc;
4   ZeroMemory( &blendDesc, sizeof(blendDesc) ); //清零操作
5   blendDesc.AlphaToCoverageEnable = false; //关闭 AlphaToCoverage 多重采样技术
```

```
6    //关闭多个 RenderTarget 使用不同的混合状态
7    blendDesc.IndependentBlendEnable = false;
8    //只针对 RenderTarget[0]设置绘制混合状态,忽略 1~7
9    blendDesc.RenderTarget[0].BlendEnable = true;                        //开启混合
10   blendDesc.RenderTarget[0].SrcBlend = D3D11_BLEND_SRC_ALPHA;         //设置源因子
11   blendDesc.RenderTarget[0].DestBlend = D3D11_BLEND_INV_SRC_ALPHA;//目标因子
12   blendDesc.RenderTarget[0].BlendOp = D3D11_BLEND_OP_ADD;            //混合操作
13   blendDesc.RenderTarget[0].SrcBlendAlpha = D3D11_BLEND_ONE;//源混合百分比
14   //目标混合百分比因子
15   blendDesc.RenderTarget[0].DestBlendAlpha = D3D11_BLEND_ZERO;
16   //混合百分比的操作
17   blendDesc.RenderTarget[0].BlendOpAlpha = D3D11_BLEND_OP_ADD;
18   blendDesc.RenderTarget[0].RenderTargetWriteMask =
19                            D3D11_COLOR_WRITE_ENABLE_ALL;   //写掩码
20   //创建 ID3D11BlendState 接口
21   device -> CreateBlendState(&blendDesc, &blendStateAlpha);
22
23   //关闭背面消隐
24   D3D11_RASTERIZER_DESC ncDesc;
25   ZeroMemory(&ncDesc, sizeof(ncDesc));   //清零操作
26   ncDesc.CullMode = D3D11_CULL_NONE;//剔除特定三角形,这里不剔除任何三角形
27   ncDesc.FillMode = D3D11_FILL_SOLID;   //填充模式,这里为利用三角形填充
28   ncDesc.FrontCounterClockwise = false;//是否设置逆时针绕续的三角形为正面
29   ncDesc.DepthClipEnable = true;          //开启深度裁剪
30   //创建一个关闭背面消隐的状态,在需要用的时候才设置给执行上下文
31   if(FAILED(device -> CreateRasterizerState(&ncDesc, &noCullRS)))
32   {
33       MessageBox(NULL, L"Create 'NoCull' rasterizer state
34                  failed!", L"Error", MB_OK);
35   return false;
36   }
37   // ************* 第二步创建各种渲染状态 *********************
```

代码 9.10

第三步,创建输入布局,如代码 9.11 所示。

```
1    // ************* 第三步创建输入布局 *********************
2    //用 GetTechniqueByName 获取 ID3DX11EffectTechnique 的对象
3    //先设置无光照的 technique 到 Effect
4    technique = effect -> GetTechniqueByName("TexTech");   //无光照 Technique
5
6    //D3DX11_PASS_DESC 结构用于描述一个 Effect Pass
7    D3DX11_PASS_DESC PassDesc;
```

```
8    //利用 GetPassByIndex 获取 Effect Pass
9    //再利用 GetDesc 获取 Effect Pass 的描述,并存入 PassDesc 对象中
10   technique -> GetPassByIndex(0) -> GetDesc(&PassDesc);
11
12   //创建并设置输入布局
13   //这里我们定义一个 D3D11_INPUT_ELEMENT_DESC 数组,
14   //由于我们定义的顶点结构包括位置坐标、法向量和纹理坐标,所以这个数组里有三个元素
15   D3D11_INPUT_ELEMENT_DESC layout [] =
16   {
17     {"POSITION", 0, DXGI_FORMAT_R32G32B32_FLOAT, 0, 0,
18       D3D11_INPUT_PER_VERTEX_DATA, 0},
19     {"NORMAL",   0, DXGI_FORMAT_R32G32B32_FLOAT, 0, 12,
20       D3D11_INPUT_PER_VERTEX_DATA, 0},
21     {"TEXCOORD", 0, DXGI_FORMAT_R32G32_FLOAT, 0,
22       D3D11_APPEND_ALIGNED_ELEMENT, D3D11_INPUT_PER_VERTEX_DATA, 0}
23   };
24   //layout 元素个数
25   UINT numElements = ARRAYSIZE(layout);
26   //调用 CreateInputLayout 创建输入布局
27   hr = device -> CreateInputLayout(layout, numElements,
28                    PassDesc. pIAInputSignature,
29                    PassDesc. IAInputSignatureSize, &vertexLayout );
30   //设置生成的输入布局到执行上下文中
31   immediateContext -> IASetInputLayout( vertexLayout );
32   if( FAILED( hr ) )
33   {
34       ::MessageBox( NULL, L"创建 Input Layout 失败", L"Error", MB_OK );
35       return hr;
36   }
37   // ************* 第三步创建输入布局 *********************
```

代码 9.11

第四步,创建顶点缓存,如代码 9.12 所示。

```
1    // ************* 第四步创建顶点缓存 *************************
2    //这里需要定义箱子、池子以及水面的顶点
3    Vertex vertices[] =
4    {
5      //箱子的顶点 -----------------------------------------
6      { XMFLOAT3( -1.0f, 1.0f, -1.0f ), XMFLOAT3( 0.0f, 0.0f, -1.0f ),
7        XMFLOAT2( 0.0f, 0.0f ) },
8      { XMFLOAT3( 1.0f, 1.0f, -1.0f ), XMFLOAT3( 0.0f, 0.0f, -1.0f ),
9        XMFLOAT2( 1.0f, 0.0f) },
```

```
10    { XMFLOAT3( -1.0f, -1.0f, -1.0f ), XMFLOAT3( 0.0f, 0.0f, -1.0f ),
11      XMFLOAT2( 0.0f, 1.0f) },
12
13    { XMFLOAT3( -1.0f, -1.0f, -1.0f ), XMFLOAT3( 0.0f, 0.0f, -1.0f ),
14      XMFLOAT2( 0.0f, 1.0f) },
15    { XMFLOAT3( 1.0f, 1.0f, -1.0f ), XMFLOAT3( 0.0f, 0.0f, -1.0f ),
16      XMFLOAT2( 1.0f, 0.0f) },
17    { XMFLOAT3( 1.0f, -1.0f, -1.0f ), XMFLOAT3( 0.0f, 0.0f, -1.0f ),
18      XMFLOAT2( 1.0f, 1.0f ) },
19
20    { XMFLOAT3( 1.0f, 1.0f, -1.0f ), XMFLOAT3( 1.0f, 0.0f, 0.0f ),
21      XMFLOAT2( 0.0f, 0.0f ) },
22    { XMFLOAT3( 1.0f, 1.0f, 1.0f ), XMFLOAT3( 1.0f, 0.0f, 0.0f ),
23      XMFLOAT2( 1.0f, 0.0f ) },
24    { XMFLOAT3( 1.0f, -1.0f, -1.0f ), XMFLOAT3( 1.0f, 0.0f, 0.0f ),
25      XMFLOAT2( 0.0f, 1.0f ) },
26
27    { XMFLOAT3( 1.0f, -1.0f, -1.0f ), XMFLOAT3( 1.0f, 0.0f, 0.0f ),
28      XMFLOAT2( 0.0f, 1.0f ) },
29    { XMFLOAT3( 1.0f, 1.0f, 1.0f ), XMFLOAT3( 1.0f, 0.0f, 0.0f ),
30      XMFLOAT2( 1.0f, 0.0f ) },
31    { XMFLOAT3( 1.0f, -1.0f, 1.0f ), XMFLOAT3( 1.0f, 0.0f, 0.0f ),
32      XMFLOAT2( 1.0f, 1.0f ) },
33
34    { XMFLOAT3( 1.0f, 1.0f, 1.0f ), XMFLOAT3( 0.0f, 0.0f, 1.0f ),
35      XMFLOAT2( 0.0f, 0.0f ) },
36    { XMFLOAT3( -1.0f, 1.0f, 1.0f ), XMFLOAT3( 0.0f, 0.0f, 1.0f ),
37      XMFLOAT2( 1.0f, 0.0f ) },
38    { XMFLOAT3( 1.0f, -1.0f, 1.0f ), XMFLOAT3( 0.0f, 0.0f, 1.0f ),
39      XMFLOAT2( 0.0f, 1.0f ) },
40
41    { XMFLOAT3( 1.0f, -1.0f, 1.0f ), XMFLOAT3( 0.0f, 0.0f, 1.0f ),
42      XMFLOAT2( 0.0f, 1.0f ) },
43    { XMFLOAT3( -1.0f, 1.0f, 1.0f ), XMFLOAT3( 0.0f, 0.0f, 1.0f ),
44      XMFLOAT2( 1.0f, 0.0f ) },
45    { XMFLOAT3( -1.0f, -1.0f, 1.0f ), XMFLOAT3( 0.0f, 0.0f, 1.0f ),
46      XMFLOAT2( 1.0f, 1.0f ) },
47
48    { XMFLOAT3( -1.0f, 1.0f, 1.0f ), XMFLOAT3( -1.0f, 0.0f, 0.0f ),
49      XMFLOAT2( 0.0f, 0.0f ) },
50    { XMFLOAT3( -1.0f, 1.0f, -1.0f ), XMFLOAT3( -1.0f, 0.0f, 0.0f ),
```

```
51        XMFLOAT2( 1.0f, 0.0f ) },
52      { XMFLOAT3( -1.0f, -1.0f, 1.0f ), XMFLOAT3( -1.0f, 0.0f, 0.0f ),
53        XMFLOAT2( 0.0f, 1.0f ) },
54
55      { XMFLOAT3( -1.0f, -1.0f, 1.0f ), XMFLOAT3( -1.0f, 0.0f, 0.0f ),
56        XMFLOAT2( 0.0f, 1.0f ) },
57      { XMFLOAT3( -1.0f, 1.0f, -1.0f ), XMFLOAT3( -1.0f, 0.0f, 0.0f ),
58        XMFLOAT2( 1.0f, 0.0f ) },
59      { XMFLOAT3( -1.0f, -1.0f, -1.0f ), XMFLOAT3( -1.0f, 0.0f, 0.0f ),
60        XMFLOAT2( 1.0f, 1.0f ) },
61
62      { XMFLOAT3( -1.0f, 1.0f, 1.0f ), XMFLOAT3( 0.0f, 1.0f, 0.0f ),
63        XMFLOAT2( 0.0f, 0.0f ) },
64      { XMFLOAT3( 1.0f, 1.0f, 1.0f ), XMFLOAT3( 0.0f, 1.0f, 0.0f ),
65        XMFLOAT2( 1.0f, 0.0f ) },
66      { XMFLOAT3( -1.0f, 1.0f, -1.0f ), XMFLOAT3( 0.0f, 1.0f, 0.0f ),
67        XMFLOAT2( 0.0f, 1.0f ) },
68
69      { XMFLOAT3( -1.0f, 1.0f, -1.0f ), XMFLOAT3( 0.0f, 1.0f, 0.0f ),
70        XMFLOAT2( 0.0f, 1.0f ) },
71      { XMFLOAT3( 1.0f, 1.0f, 1.0f ), XMFLOAT3( 0.0f, 1.0f, 0.0f ),
72        XMFLOAT2( 1.0f, 0.0f ) },
73      { XMFLOAT3( 1.0f, 1.0f, -1.0f ), XMFLOAT3( 0.0f, 1.0f, 0.0f ),
74        XMFLOAT2( 1.0f, 1.0f ) },
75
76      { XMFLOAT3( -1.0f, -1.0f, -1.0f ), XMFLOAT3( 0.0f, -1.0f, 0.0f ),
77        XMFLOAT2( 0.0f, 0.0f ) },
78      { XMFLOAT3( 1.0f, -1.0f, -1.0f ), XMFLOAT3( 0.0f, -1.0f, 0.0f ),
79        XMFLOAT2( 1.0f, 0.0f ) },
80      { XMFLOAT3( -1.0f, -1.0f, 1.0f ), XMFLOAT3( 0.0f, -1.0f, 0.0f ),
81        XMFLOAT2( 0.0f, 1.0f ) },
82
83      { XMFLOAT3( -1.0f, -1.0f, 1.0f ), XMFLOAT3( 0.0f, -1.0f, 0.0f ),
84        XMFLOAT2( 0.0f, 1.0f ) },
85      { XMFLOAT3( 1.0f, -1.0f, -1.0f ), XMFLOAT3( 0.0f, -1.0f, 0.0f ),
86        XMFLOAT2( 1.0f, 0.0f ) },
87      { XMFLOAT3( 1.0f, -1.0f, 1.0f ), XMFLOAT3( 0.0f, -1.0f, 0.0f ),
88        XMFLOAT2( 1.0f, 1.0f ) },
89      //水池的顶点 ------------------------------------------------------
90      //地板
91      { XMFLOAT3( -10.0f, -1.0f, 10.0f ), XMFLOAT3( 0.0f, 1.0f, 0.0f ),
```

```
92      XMFLOAT2( 0.0f, 0.0f ) },
93    { XMFLOAT3( 10.0f, -1.0f, 10.0f ), XMFLOAT3( 0.0f, 1.0f, 0.0f ),
94      XMFLOAT2( 10.0f, 0.0f ) },
95    { XMFLOAT3( -10.0f, -1.0f, -10.0f ), XMFLOAT3( 0.0f, 1.0f, 0.0f ),
96      XMFLOAT2( 0.0f, 10.0f ) },
97
98    { XMFLOAT3( -10.0f, -1.0f, -10.0f ), XMFLOAT3( 0.0f, 1.0f, 0.0f ),
99      XMFLOAT2( 0.0f, 10.0f ) },
100   { XMFLOAT3( 10.0f, -1.0f, 10.0f ), XMFLOAT3( 0.0f, 1.0f, 0.0f ),
101     XMFLOAT2( 10.0f, 0.0f ) },
102   { XMFLOAT3( 10.0f, -1.0f, -10.0f ), XMFLOAT3( 0.0f, 1.0f, 0.0f ),
103     XMFLOAT2( 10.0f, 10.0f ) },
104
105   //前面墙
106   { XMFLOAT3( -10.0f, 1.0f, -10.0f ), XMFLOAT3( 0.0f, 0.0f, 1.0f ),
107     XMFLOAT2( 0.0f, 0.0f ) },
108   { XMFLOAT3( -10.0f, -1.0f, -10.0f ), XMFLOAT3( 0.0f, 0.0f, 1.0f ),
109     XMFLOAT2( 2.0f, 0.0f ) },
110   { XMFLOAT3( 10.0f, 1.0f, -10.0f ), XMFLOAT3( 0.0f, 0.0f, 1.0f),
111     XMFLOAT2( 0.0f, 10.0f ) },
112
113   { XMFLOAT3( -10.0f, -1.0f, -10.0f ), XMFLOAT3( 0.0f, 0.0f, 1.0f ),
114     XMFLOAT2( 2.0f, 0.0f ) },
115   { XMFLOAT3( 10.0f, -1.0f, -10.0f ), XMFLOAT3( 0.0f, 0.0f, 1.0f ),
116     XMFLOAT2( 2.0f, 10.0f ) },
117   { XMFLOAT3( 10.0f, 1.0f, -10.0f ), XMFLOAT3( 0.0f, 0.0f, 1.0f ),
118     XMFLOAT2( 0.0f, 10.0f ) },
119
120   //后面墙
121   { XMFLOAT3( -10.0f, 1.0f, 10.0f ), XMFLOAT3( 0.0f, 0.0f, -1.0f ),
122     XMFLOAT2( 0.0f, 0.0f ) },
123   { XMFLOAT3( 10.0f, 1.0f, 10.0f ), XMFLOAT3( 0.0f, 0.0f, -1.0f),
124     XMFLOAT2( 0.0f, 10.0f ) },
125   { XMFLOAT3( -10.0f, -1.0f, 10.0f ), XMFLOAT3( 0.0f, 0.0f, -1.0f ),
126     XMFLOAT2( 2.0f, 0.0f ) },
127
128   { XMFLOAT3( -10.0f, -1.0f, 10.0f ), XMFLOAT3( 0.0f, 0.0f, -1.0f ),
129     XMFLOAT2( 2.0f, 0.0f ) },
130   { XMFLOAT3( 10.0f, 1.0f, 10.0f ), XMFLOAT3( 0.0f, 0.0f, -1.0f ),
131     XMFLOAT2( 0.0f, 10.0f ) },
132   { XMFLOAT3( 10.0f, -1.0f, 10.0f ), XMFLOAT3( 0.0f, 0.0f, -1.0f ),
```

```
133         XMFLOAT2( 2.0f, 10.0f ) },
134
135     //左侧面墙
136     { XMFLOAT3( -10.0f, 1.0f, -10.0f ), XMFLOAT3( 1.0f, 0.0f, 0.0f ),
137         XMFLOAT2( 0.0f, 0.0f ) },
138     { XMFLOAT3( -10.0f, -1.0f, 10.0f ), XMFLOAT3( 1.0f, 0.0f, 0.0f),
139         XMFLOAT2( 2.0f, 10.0f ) },
140     { XMFLOAT3( -10.0f, -1.0f, -10.0f ), XMFLOAT3( 1.0f, 0.0f, 0.0f ),
141         XMFLOAT2( 2.0f, 0.0f ) },
142
143     { XMFLOAT3( -10.0f, 1.0f, -10.0f ), XMFLOAT3( 1.0f, 0.0f, 0.0f ),
144         XMFLOAT2( 0.0f, 0.0f ) },
145     { XMFLOAT3( -10.0f, 1.0f, 10.0f ), XMFLOAT3( 1.0f, 0.0f, 0.0f ),
146         XMFLOAT2( 0.0f, 10.0f ) },
147     { XMFLOAT3( -10.0f, -1.0f, 10.0f ), XMFLOAT3( 1.0f, 0.0f, 0.0f ),
148         XMFLOAT2( 2.0f, 10.0f ) },
149
150     //右侧面墙
151     { XMFLOAT3( 10.0f, 1.0f, -10.0f ), XMFLOAT3( -1.0f, 0.0f, 0.0f ),
152         XMFLOAT2( 0.0f, 0.0f ) },
153     { XMFLOAT3( 10.0f, -1.0f, -10.0f ), XMFLOAT3( -1.0f, 0.0f, 0.0f ),
154         XMFLOAT2( 2.0f, 0.0f ) },
155     { XMFLOAT3( 10.0f, -1.0f, 10.0f ), XMFLOAT3( -1.0f, 0.0f, 0.0f),
156         XMFLOAT2( 2.0f, 10.0f ) },
157
158     { XMFLOAT3( 10.0f, 1.0f, -10.0f ), XMFLOAT3( -1.0f, 0.0f, 0.0f ),
159         XMFLOAT2( 0.0f, 0.0f ) },
160     { XMFLOAT3( 10.0f, -1.0f, 10.0f ), XMFLOAT3( -1.0f, 0.0f, 0.0f ),
161         XMFLOAT2( 2.0f, 10.0f ) },
162     { XMFLOAT3( 10.0f, 1.0f, 10.0f ), XMFLOAT3( -1.0f, 0.0f, 0.0f ),
163         XMFLOAT2( 0.0f, 10.0f ) },
164
165     //水面的顶点 --------------------------------------------------
166     { XMFLOAT3( -10.0f, 1.0f, 10.0f ), XMFLOAT3( 0.0f, 1.0f, 0.0f ),
167         XMFLOAT2( 0.0f, 0.0f ) },
168     { XMFLOAT3( 10.0f, 1.0f, 10.0f ), XMFLOAT3( 0.0f, 1.0f, 0.0f ),
169         XMFLOAT2( 10.0f, 0.0f ) },
170     { XMFLOAT3( -10.0f, 1.0f, -10.0f ), XMFLOAT3( 0.0f, 1.0f, 0.0f ),
171         XMFLOAT2( 0.0f, 10.0f ) },
172
173     { XMFLOAT3( -10.0f, 1.0f, -10.0f ), XMFLOAT3( 0.0f, 1.0f, 0.0f ),
```

```
174         XMFLOAT2( 0.0f, 10.0f ) },
175       { XMFLOAT3( 10.0f, 1.0f, 10.0f ), XMFLOAT3( 0.0f, 1.0f, 0.0f ),
176         XMFLOAT2( 10.0f, 0.0f ) },
177       { XMFLOAT3( 10.0f, 1.0f, -10.0f ), XMFLOAT3( 0.0f, 1.0f, 0.0f ),
178         XMFLOAT2( 10.0f, 10.0f ) },
179     };
180     UINT vertexCount = ARRAYSIZE( vertices );
181     //创建顶点缓存
182     //首先声明一个 D3D11_BUFFER_DESC 的对象 bd
183     D3D11_BUFFER_DESC bd;
184     ZeroMemory( &bd, sizeof(bd) );
185     bd. Usage = D3D11_USAGE_DEFAULT;
186     bd. ByteWidth = sizeof( Vertex ) * vertexCount;
187     bd. BindFlags = D3D11_BIND_VERTEX_BUFFER;    //这里表示创建的是顶点缓存
188     bd. CPUAccessFlags = 0;
189
190     //声明一个 D3D11_SUBRESOURCE_DATA 数据用于初始化子资源
191     D3D11_SUBRESOURCE_DATA InitData;
192     ZeroMemory( &InitData, sizeof(InitData) );
193     InitData. pSysMem = vertices; //设置需要初始化的数据,即顶点数组
194     InitData. SysMemPitch = 0;
195     InitData. SysMemSlicePitch = 0;
196
197     //声明一个 ID3D11Buffer 对象作为顶点缓存
198     ID3D11Buffer * vertexBuffer;
199     //调用 CreateBuffer 创建顶点缓存
200     hr = device -> CreateBuffer( &bd, &InitData, &vertexBuffer );
201     if( FAILED( hr ) )
202     {
203         ::MessageBox( NULL, L"创建 VertexBuffer 失败", L"Error", MB_OK );
204         return hr;
205     }
206
207     UINT stride = sizeof( Vertex );    //获取 Vertex 的大小作为跨度
208     UINT offset = 0;             //设置偏移量为 0
209     //设置顶点缓存,参数的解释见第 5 章
210     immediateContext -> IASetVertexBuffers( 0, 1, &vertexBuffer,
211                                             &stride, &offset );
212     //指定图元类型,D3D11_PRIMITIVE_TOPOLOGY_TRIANGLELIST 表示图元为三角形
213     immediateContext -> IASetPrimitiveTopology(
214                         D3D11_PRIMITIVE_TOPOLOGY_TRIANGLELIST );
215     // ************ 第四步创建顶点缓存 ****************
```

代码 9.12

第五步,设置材质和光照,如代码 9.13 所示。

```
1  // ************ 第五步设置材质和光照 ****************************
2  //池子地板及墙的材质
3  floorMaterial. ambient  = XMFLOAT4(0.5f, 0.5f, 0.5f, 1.0f);
4  floorMaterial. diffuse  = XMFLOAT4(1.f, 1.f, 1.f, 1.0f);
5  floorMaterial. specular = XMFLOAT4(0.3f, 0.3f, 0.3f, 16.0f);
6  floorMaterial. power = 5.0f;
7  //箱子材质
8  boxMaterial. ambient  = XMFLOAT4(0.5f, 0.5f, 0.5f, 1.0f);
9  boxMaterial. diffuse  = XMFLOAT4(1.f, 1.f, 1.f, 1.0f);
10 boxMaterial. specular = XMFLOAT4(0.3f, 0.3f, 0.3f, 16.0f);
11 boxMaterial. power = 5.0f;
12 //水面材质
13 waterMaterial. ambient  = XMFLOAT4(0.5f, 0.5f, 0.5f, 1.0f);
14 //水面的 alpha 值为 0.6,即其透明度为 40%
15 waterMaterial. diffuse  = XMFLOAT4(1.0f, 1.0f, 1.0f, 0.6f);
16 waterMaterial. specular = XMFLOAT4(0.8f, 0.8f, 0.8f, 32.0f);
17 waterMaterial. power = 5.0f;
18
19 //设置光源
20 Light dirLight, pointLight, spotLight;
21 //方向光只需要设置:方向、3 种光照强度
22 dirLight. type = 0;
23 dirLight. direction = XMFLOAT4(0.0f, -1.0f, 0.0f, 1.0f);
24 dirLight. ambient = XMFLOAT4(0.5f, 0.5f, 0.5f, 1.0f); //Alpha 值为 1
25 dirLight. diffuse = XMFLOAT4(0.5f, 0.5f, 0.5f, 1.0f);    //同上
26 dirLight. specular = XMFLOAT4(0.5f, 0.5f, 0.5f, 1.0f);   //同上
27
28 //点光源需要设置:位置、3 种光照强度、3 个衰减因子
29 pointLight. type = 1;
30 pointLight. position = XMFLOAT4(0.0f, 5.0f, 0.0f, 1.0f); //光源位置
31 pointLight. ambient = XMFLOAT4(0.5f, 0.5f, 0.5f, 1.0f);  //Alpha 值为 1
32 pointLight. diffuse = XMFLOAT4(0.5f, 0.5f, 0.5f, 1.0f);  //同上
33 pointLight. specular = XMFLOAT4(0.5f, 0.5f, 0.5f, 1.0f); //同上
34 pointLight. attenuation0 = 0;      //常量衰减因子
35 pointLight. attenuation1 = 0.1f;   //一次衰减因子
36 pointLight. attenuation2 = 0;      //二次衰减因子
37
38 //聚光灯需要设置 Light 结构中所有的成员
39 spotLight. type = 2;
40 spotLight. position = XMFLOAT4(0.0f, 10.0f, 0.0f, 1.0f); //光源位置
```

```
41    spotLight. direction = XMFLOAT4(0.0f, -1.0f, 0.0f, 1.0f); //光照方向
42    spotLight. ambient = XMFLOAT4(0.5f, 0.5f, 0.5f, 1.0f);    //Alpha 值为 1
43    spotLight. diffuse = XMFLOAT4(0.5f, 0.5f, 0.5f, 1.0f);    //同上
44    spotLight. specular = XMFLOAT4(0.5f, 0.5f, 0.5f, 1.0f);   //同上
45    spotLight. attenuation0 = 0;        //常量衰减因子
46    spotLight. attenuation1 = 0.1f;     //一次衰减因子
47    spotLight. attenuation2 = 0;        //二次衰减因子
48    spotLight. alpha = XM_PI / 6;       //内锥角度
49    spotLight. beta = XM_PI / 3;        //外锥角度
50    spotLight. fallOff = 1.0f;          //衰减系数,一般为 1.0
51
52    light[0] = dirLight;
53    light[1] = pointLight;
54    light[2] = spotLight;
55    // ************* 第五步设置材质和光照 *****************************
```

代码 9.13

（5）编写 Cleanup( ) 函数（如代码 9.14 所示）

```
1     void Cleanup()
2     {
3        //释放全局指针
4        if(renderTargetView) renderTargetView -> Release();
5        if(immediateContext) immediateContext -> Release();
6        if(swapChain) swapChain -> Release();
7        if(device) device -> Release();
8
9        if(vertexLayout) vertexLayout -> Release();
10       if(effect) effect -> Release();
11
12       if(textureBox) textureBox -> Release();
13       if(textureFloor) textureFloor -> Release();
14       if(textureWater) textureWater -> Release();
15
16       if(blendStateAlpha) blendStateAlpha -> Release();
17       if(noCullRS) noCullRS -> Release();
18
19    }
```

代码 9.14

（6）编写 Display( ) 函数

从本例开始,我们也可以大致把 Display( ) 函数分为两个部分:

第一部分设置 3 个坐标系及光照的外部变量;

第二部分绘制各个物体。

需要注意的是,在绘制各个物体时,必须先绘制不透明的物体,后绘制透明物体,如代码 9.15 所示。

```
1   bool Display( float timeDelta)
2   {
3     if( device )
4     {
5       //声明一个数组存放颜色信息,4 个元素分别表示红、绿、蓝以及 alpha
6       float ClearColor[4] = { 0.0f, 0.125f, 0.3f, 1.0f };
7       immediateContext -> ClearRenderTargetView( renderTargetView,
8                                                  ClearColor );
9       //指定混合因子,一般不用它,除非在上面混合因子指定为使用 blend factor
10      float BlendFactor[] = {0,0,0,0};
11
12      // *********** 第一部分:设置 3 个坐标系及光照的外部变量 ***********
13      //通过键盘的上下左右键来改变虚拟摄像头方向
14      static float angle = XM_PI;     //声明一个静态变量用于记录角度
15      static float height = 2.0f;
16
17      if( ::GetAsyncKeyState(VK_LEFT) & 0x8000f ) //响应键盘左方向键
18        angle - = 2.0f * timeDelta;
19      if( ::GetAsyncKeyState(VK_RIGHT) & 0x8000f ) //响应键盘右方向键
20        angle + = 2.0f * timeDelta;
21      if( ::GetAsyncKeyState(VK_UP) & 0x8000f )       //响应键盘上方向键
22        height + = 5.0f * timeDelta;
23      if( ::GetAsyncKeyState(VK_DOWN) & 0x8000f )   //响应键盘下方向键
24        height - = 5.0f * timeDelta;
25
26      if( height < -5.0f) height = -5.f;   //限制镜头最远距离
27      if( height > 5.0f) height =5.f;       //限制镜头最近距离
28
29      //初始化世界矩阵
30      world = XMMatrixIdentity( );
31      XMVECTOR Eye = XMVectorSet(cosf(angle) * height, 3.0f, sinf(angle) *
32                     height, 0.0f);//相机位置
33      XMVECTOR At = XMVectorSet( 0.0f, 0.0f, 0.0f, 0.0f );       //目标位置
34      XMVECTOR Up = XMVectorSet( 0.0f, 1.0f, 0.0f, 0.0f );       //相机正上方向
35      view = XMMatrixLookAtLH( Eye, At, Up );       //设置观察坐标系
36      //设置投影矩阵
37      projection = XMMatrixPerspectiveFovLH( XM_PIDIV2, 800.0f / 600.0f,
38                                             0.01f, 100.0f );
39      //将坐标变换矩阵的常量缓存中的矩阵和坐标设置到 Effect 框架中——
40
```

```
41    effect -> GetVariableByName("World") -> AsMatrix()
42                        -> SetMatrix((float *)&world);   //设置世界坐标系
43
44    effect -> GetVariableByName("View") -> AsMatrix()
45                        -> SetMatrix((float *)&view); //设置观察坐标系
46    effect -> GetVariableByName("Projection") -> AsMatrix()
47                        -> SetMatrix((float *)&projection); //设置投影坐标系
48    effect -> GetVariableByName("EyePosition") -> AsMatrix()
49                        -> SetMatrix((float *)&Eye);   //设置视点
50
51    //光源的常量缓存中的光源信息设置到 Effect 框架中
52    SetLightEffect(light[lightType]);
53
54    // ********** 第一部分:设置 3 个坐标系及光照的外部变量 ***********
55
56    // ********** 第二部分:绘制各个物体 ************
57    // ** 注意 ** :绘制多个物体的时候必须先绘制不透明的物体,再绘制透明的物
58    //            体,因为后绘制的物体会挡住先绘制的物体,本例中必须按照池
59    //            子—箱子—水面的顺序绘制
60
61    D3DX11_TECHNIQUE_DESC techDesc;
62       technique -> GetDesc( &techDesc );        //获取 technique 的描述
63
64    //绘制池子
65    //设置池子的材质信息
66
67    effect -> GetVariableByName("MatAmbient") -> AsVector()
68                      -> SetFloatVector((float *)&(floorMaterial. ambient));
69    effect -> GetVariableByName("MatDiffuse") -> AsVector()
70                      -> SetFloatVector((float *)&(floorMaterial. diffuse));
71    effect -> GetVariableByName("MatSpecular") -> AsVector()
72                      -> SetFloatVector((float *)&(floorMaterial. specular));
73    effect -> GetVariableByName("MatPower") -> AsScalar()
74                    -> SetFloat(floorMaterial. power);
75    //设置池子的纹理
76    effect -> GetVariableByName("Texture") -> AsShaderResource()
77                    -> SetResource(textureFloor);
78    technique -> GetPassByIndex(0) -> Apply(0,immediateContext);
79    //第二参数表示从顶点数组第 36 个(从 0 开始计算)顶点开始绘制
80    immediateContext -> Draw(30,36);
81
82    //绘制箱子
83    //设置箱子的材质信息
```

```
84    effect -> GetVariableByName("MatAmbient") -> AsVector()
85                  -> SetFloatVector((float *)&(boxMaterial. ambient));
86    effect -> GetVariableByName("MatDiffuse") -> AsVector()
87                  -> SetFloatVector((float *)&(boxMaterial. diffuse));
88    effect -> GetVariableByName("MatSpecular") -> AsVector()
89                  -> SetFloatVector((float *)&(boxMaterial. specular));
90    effect -> GetVariableByName("MatPower") -> AsScalar()
91                  -> SetFloat(boxMaterial. power);
92    //设置箱子的纹理
93    effect -> GetVariableByName("Texture") -> AsShaderResource()
94                  -> SetResource(textureBox);
95    technique -> GetPassByIndex(0) -> Apply(0, immediateContext);
96    immediateContext -> Draw(36, 0);     //绘制箱子
97
98    //绘制水面
99    immediateContext -> OMSetBlendState(blendStateAlpha,
100                  BlendFactor, 0xffffffff);        //开启混合
101   immediateContext -> RSSetState(noCullRS);  //关闭背面消隐
102
103   //设置水面的材质信息
104   effect -> GetVariableByName("MatAmbient") -> AsVector()
105                  -> SetFloatVector((float *)&(waterMaterial. ambient));
106   effect -> GetVariableByName("MatDiffuse") -> AsVector()
107                  -> SetFloatVector((float *)&(waterMaterial. diffuse));
108   effect -> GetVariableByName("MatSpecular") -> AsVector()
109                  -> SetFloatVector((float *)&(waterMaterial. specular));
110   effect -> GetVariableByName("MatPower") -> AsScalar()
111                  -> SetFloat(waterMaterial. power);
112   //设置水面的纹理
113   effect -> GetVariableByName("Texture") -> AsShaderResource()
114                  -> SetResource(textureWater);
115   technique -> GetPassByIndex(0) -> Apply(0, immediateContext);
116   immediateContext -> Draw(6, 66);     //绘制水面
117   //关闭混合,由于混合的计算开销很大,在最后必须关闭混合
118   immediateContext -> OMSetBlendState(0, 0, 0xffffffff);
119   immediateContext -> RSSetState(0);                    //恢复背面消隐
120   // ************* 第二部分:绘制各个物体 ***********************
121
122    swapChain -> Present(0, 0);
123   }
124   return true;
125 }
```

代码9.15

9.2.6　编写 d3d∷WndProc( )回调函数

该函数代码同代码 7.16 完全一致,这里不再赘述。

9.2.7　编写 SetLightEffect( )函数

该函数代码同代码 7.17 完全一致,这里不再赘述。

9.2.8　编写主函数

主函数的内容和第 4 章一样,其编写方法参考代码 4.11。

9.2.9　编译程序

程序编译成功后,会显示如图 9.2 所示的画面。

图 9.2　程序运行效果

按方向键让虚拟摄像头改变方向,如图 9.3 所示。

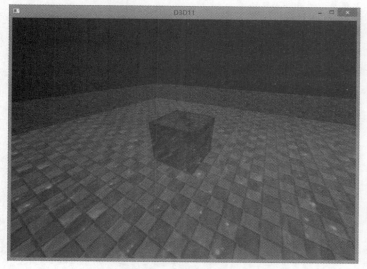

图 9.3　改变摄像头方向

按下 F1—F3 键,可以改变光照,如图 9.4 所示。

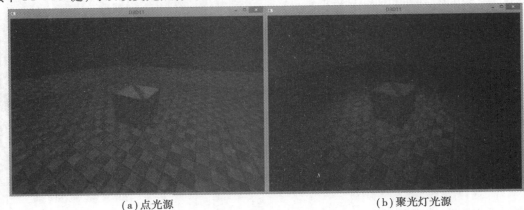

(a) 点光源   (b) 聚光灯光源

图 9.4　改变光源类型

9.3* 思考题

(1) 如果不使用混合技术,本例的结果会是什么样子? 尝试修改代码,关闭混合状态,看看关闭后的效果。

(2) 修改代码让池子中的水更清澈(即透明度更高),以及让水变得更浑浊(即透明度更低)。

(3) 仿照本实验中按键响应方式,实现按住"A"键使水的透明度更高,按住"D"键使水的透明度更低。

第**10**章
模　板

10.1　概　述

本章将介绍模板缓存(stencil buffer)。模板缓存的分辨率与后台缓存和深度缓存的分辨率完全相同。但在 D3D 中并没有一个独立的模板缓存,而是将深度缓存和模板缓存共用一个深度/模板缓存。模板缓存的功能是允许我们动态地决定是否将某个像素写入后台缓存中。例如要实现镜面反射效果,我们只需要在镜子所在区域绘制某个特定物体的镜像,而不是单纯在镜子后面把物体再画一遍,如图 10.1 所示。

(a)镜子中的箱子和地板　　　　　　　　　(b)镜子后面没有箱子和地板

图 10.1　镜面效果的实现

在图 10.1 中可以发现,箱子和地板的镜像只出现在镜子区域,在墙壁区域没有出现。另外,将摄像头转到镜子背面,也没有出现箱子和地板。本章就通过该镜子中的箱子作为示例讲解模板的使用方法。

10.1.1　相关概念

(1)深度缓存

深度缓存(Depth buffer)是一个指定特定像素深度信息而不含图像数据的缓存。深度缓存保存着每个像素的深度值,也叫做 z 值,在绘制场景时进行深度测试。深度值越小,表示该像素点离观察者越近,较近物体的像素一定会挡住位于其后的较远物体的像素。所以最后绘制到屏幕上的像素的深

145

度值一定是这一位置上所有像素最小的。这样就实现了物体相互遮挡的视觉效果,这种遮挡关系和物体绘制的先后没有关系,只和物体的深度值相关。

(2)模板测试

模板测试是指用我们指定的参考值和模板缓存中的模板值进行比较测试。如果通过测试,则表示成功,否则为失败。常用的比较运算包括以下几种:

- D3D11_COMPARISON_LESS:参考值小于模板值时,测试成功;
- D3D11_COMPARISON_EQUAL:参考值等于模板值时,测试成功;
- D3D11_COMPARISON_LESS_EQUAL:参考值小于等于模板值时,测试成功;
- D3D11_COMPARISON_GREATER:参考值大于模板值时,测试成功;
- D3D11_COMPARISON_NOT_EQUAL:参考值不等于模板值时,测试成功;
- D3D11_COMPARISON_GREATER_EQUAL:参考值大于等于模板值时,测试成功;
- D3D11_COMPARISON_ALWAYS:总是测试成功。

我们可以根据测试结果来确定接下来的操作。

(3)模板缓存更新

完成测试后,我们可以对模板缓存中的模板值进行更新。常见的更新的模板缓存的方法如下:

- D3D11_STENCIL_OP_KEEP:保持当前模板值不变;
- D3D11_STENCIL_OP_ZERO:将模板值设置为0;
- D3D11_STENCIL_OP_REPLACE:用参考值代替模板值;
- D3D11_STENCIL_OP_INCR_SAT:增加模板缓存的模板值,如果大于最大值,取最大值;
- D3D11_STENCIL_OP_DECR_SAT:减小模板缓存的模板值,如果小于最小值,取最小值;
- D3D11_STENCIL_OP_INVERT:模板缓存中对应值按位取反;
- D3D11_STENCIL_OP_INCR:增加模板缓存中的模板值,如果超过最大值,则取0;
- D3D11_STENCIL_OP_DECR:减小模板缓存中的模板值,如果小于0,则取最大值。

10.1.2 本章主要内容和目标

本章通过绘制镜子中的物体来介绍模板缓存的具体用法。本章的示例可以看成是前面章节示例的综合体现,通过完成本章示例,需要达到如下目标:

①了解模板的概念;
②掌握深度模板视图的创建方式;
③掌握模板测试的方法;
④掌握利用模板技术绘制镜中箱子的过程。

10.2 利用模板绘制镜子中的物体

10.2.1 创建一个 Win32 项目

创建一个 Win32 项目,命名为"D3DStencil"。创建好项目后,将 DX SDK 和 Effect 框架的 include 和 lib 目录分别配置到项目的包含目录和库目录中,具体创建及配置方法见章节 4.2.3 和 6.2.2。

10.2.2 创建项目所需文件

（1）创建头文件

创建一个 h 文件命名为"d3dUtility.h"。

（2）创建源文件

创建两个 cpp 文件命名为"d3dUtility.cpp"和"d3dStencil.cpp"。

（3）创建一个 fx 文件

首先新建一个筛选器，取名为"Shader"。在新建的 shader 筛选器下，新建一个"Shader.fx"文件。注意：同第 5 章的 Triangle.hlsl 一样，也需要将 Shader.fx 设置为"不参与生成"，详细方法见章节 5.2.2。所有文件创建好了，如图 10.2 所示。

图 10.2 项目文件目录

从本书的资源网址上，将"BOX.BMP""checkboard.dds""checkboard.dds"和"ice.dds"文件复制到与本项目 cpp 文件相同的目录下。

10.2.3 复制并修改 d3dUtility.cpp,d3dUtility.h 文件

将第 6 章中的 d3dUtility.cpp 和 d3dUtility.h 中的内容复制到本例的对应文件中。由于本例中要用到深度模板缓存，而之前初始化 D3D 的时候，并没有将深度模板缓存绑定到执行上下文中，所以要修改这两个文件。

（1）修改 d3dUtility.h 文件

本实验中，我们要修改 InitD3D( )的函数原型，主要是要增加两个参数：深度模板缓冲区和深度模板视图，将代码 4.3 的 5~11 行修改后的函数原型如代码 10.1 所示，其中带波浪线的代码为新增代码。

```
1   //初始化 D3D
2   bool InitD3D(
3       HINSTANCE hInstance,
4       int width, int height,
5       ID3D11RenderTargetView ** renderTargetView,//目标渲染视图接口
6       ID3D11DeviceContext ** immediateContext,    //执行上下文接口
7       IDXGISwapChain ** swapChain,          //交换链接口，用于描述交换链的特性
8       ID3D11Device ** device,              //设备用接口，每个 D3D 程序至少有一个设备
9       ID3D11Texture2D ** depthStencilBuffer,//深度/模板缓冲区
10      ID3D11DepthStencilView ** depthStencilView);    //深度/模板视图
```

代码 10.1

(2) 修改 d3dUtility. cpp 文件

由于修改了头文件中的函数原型，所以 cpp 文件中的对应函数也要进行相应的修改。首先要修改代码 4.5 的 12 ~ 19 行中函数的参数列表，如代码 10.2 所示。

```
1    bool d3d::InitD3D(
2        HINSTANCE hInstance,
3        int width,
4        int height,
5        ID3D11RenderTargetView ** renderTargetView,
6        ID3D11DeviceContext ** immediateContext,
7        IDXGISwapChain ** swapChain,
8        ID3D11Device ** device,
9        ID3D11Texture2D ** depthStencilBuffer,
10       ID3D11DepthStencilView ** depthStencilView)
```

代码 10.2

找到代码 4.5 中 161 ~ 163 行，如下所示：

```
(*immediateContext)->OMSetRenderTargets(1,        //绑定的目标视图的个数
                        renderTargetView,          //渲染目标视图,InitD3D 函数传递的实参
                        NULL );                    //设置为 NULL 表示不绑定深度模板
```

这里在把渲染目标试图绑定到执行上下文的时候，没有绑定深度模板视图。现在我们就需要将深度模板视图绑定到执行上下文中。首先要删除代码 4.5 中的 161 ~ 163 行，并增加代码 10.3 所示内容。

```
1   // ********************* 增加的步骤 *********************
2   D3D11_TEXTURE2D_DESC dsDesc;
3   //这里表示 24 位用于深度缓存,8 位用于模板缓存
4   dsDesc.Format = DXGI_FORMAT_D24_UNORM_S8_UINT;
5   dsDesc.Width = 800;                                    //深度模板缓存的宽度
6   dsDesc.Height = 600;                                   //深度模板缓存的高度
7   dsDesc.BindFlags = D3D11_BIND_DEPTH_STENCIL;           //绑定标识符
8   dsDesc.MipLevels = 1;
9   dsDesc.ArraySize = 1;
10  dsDesc.CPUAccessFlags = 0;                //CPU 访问标识符,0 为默认值
11  dsDesc.SampleDesc.Count = 1;   //多重采样的属性,本例中不采用多重采样即,
12  dsDesc.SampleDesc.Quality = 0;   //所以 Count = 1,Quality = 0
13  dsDesc.MiscFlags = 0;
14  dsDesc.Usage = D3D11_USAGE_DEFAULT;
15
16  //创建深度模板缓存
17  hr = (*device)->CreateTexture2D(&dsDesc,0,depthStencilBuffer);
18  if(FAILED(hr))
```

```
19   {
20       MessageBox( NULL, L" Create depth stencil buffer failed!", L" ERROR", MB_OK);
21       return false;
22   }
23   //创建深度模板缓存视图
24   hr = ( * device) -> CreateDepthStencilView( * depthStencilBuffer,
25                                               0, depthStencilView);
26   if( FAILED( hr) )
27   {
28       MessageBox( NULL, L" Create depth stencil view failed!", L" ERROR", MB_OK);
29       return false;
30   }
31   //将渲染目标视图和深度模板缓存视图绑定到渲染管线
32   ( * immediateContext) -> OMSetRenderTargets(1,         //绑定的目标视图的个数
33                           renderTargetView, //渲染目标视图, InitD3D 函数传递的实参
34                           *depthStencilView); //绑定模板
35   // *********************** 增加的步骤 ***********************
```

代码 10.3

10.2.4　编写 Shader. fx 文件

从章节 8.2.4 中的 Shader. fx 代码中将所有代码复制过来,然后修改代码 8.4 中的像素着色器,如代码 10.4 所示。这里实际上是给纹理颜色增加了一个 alpha 值为 0.5,即透明度为 50%。当然,只有在开启透明混合效果的时候该 alpha 值才会起作用。

```
1   /////////////////////////////////////////////////////////////
2   //像素着色器
3   /////////////////////////////////////////////////////////////
4   float4 PS( VS_OUTPUT input ) : SV_Target
5   {
6       float4 texColor = Texture. Sample( Sampler, input. Tex);
7       texColor. a = 0.5f;
8       return   texColor;   //返回纹理
9   }
```

代码 10.4

10.2.5　编写 d3dStencil. cpp 文件

首先把第 8 章中 d3dBlend. cpp 的内容全部复制到 d3dStencil. cpp 中,清空 Setup( )、Cleanup( )和 Display( )三个函数的内容。

(1)声明全局变量

添加本例所要用到的全局变量,其中加波浪线的为本例新增变量,如代码 10.5 所示。

```
1   //声明全局的指针
2   ID3D11Device * device = NULL;//D3D11 设备接口
3   IDXGISwapChain * swapChain = NULL;//交换链接口
4   ID3D11DeviceContext * immediateContext = NULL;
5   ID3D11RenderTargetView * renderTargetView = NULL;//渲染目标视图
6
7   //Effect 相关全局指针
8   ID3D11InputLayout * vertexLayout;
9   ID3DX11Effect * effect;
10  ID3DX11EffectTechnique * technique;
11
12  //声明 3 个坐标系矩阵
13  XMMATRIX world;           //用于世界变换的矩阵
14  XMMATRIX view;            //用于观察变换的矩阵
15  XMMATRIX projection;      //用于投影变换的矩阵
16
17  ID3D11DepthStencilView * depthStencilView;    //深度模板视图
18  ID3D11Texture2D * depthStencilBuffer;         //深度缓存
19
20  ID3D11ShaderResourceView * textureBox;        //箱子纹理
21  ID3D11ShaderResourceView * textureFloor;      //地板纹理
22  ID3D11ShaderResourceView * textureWall;       //墙面纹理
23  ID3D11ShaderResourceView * textureMirror;     //镜面纹理
24
25  ID3D11BlendState * blendStateAlpha;           //混合状态
26  ID3D11BlendState * noColorWriteBS;            //禁止颜色写入
27
28  ID3D11RasterizerState * NoCullRS;             //背面消隐状态
29  ID3D11RasterizerState * counterClockFrontRS;  //改为逆时针为正面
30
31  ID3D11DepthStencilState * markMirrorDSS;      //填充镜子区域模板
32  ID3D11DepthStencilState * drawReflectionDSS;  //测试镜子区域模板
```

代码 10.5

（2）定义一个顶点结构

这里的顶点结构和第 8 章一样，包含坐标和纹理坐标信息，如代码 10.6 所示。

```
1   //定义一个顶点结构,这个顶点包含坐标和纹理坐标
2   struct Vertex
3   {
4       XMFLOAT3 Pos;    //坐标
5       XMFLOAT2 Tex;    //纹理坐标
6   };
```

代码 10.6

（3）编写 Setup( ) 函数

首先清空 Setup( ) 函数，然后再向函数里填写代码。

下面依次介绍具体代码的实现。（注意：本例代码和第 9 章的代码有许多相同部分，读者可以根据实际情况，将需要的代码从第 9 章中复制过来。）

第一步，载入外部文件（包括 fx 文件及图像文件）。

```
1  // ************* 第一步载入外部文件(包括 fx 文件及图像文件) **************
2  HRESULT hr = S_OK;              //声明 HRESULT 的对象用于记录函数调用是否成功
3  ID3DBlob * pTechBlob = NULL;    //声明 ID3DBlob 的对象用于存放从文件读取的信息
4  //从之前建立的 Shader.fx 文件读取着色器相关信息
5  hr = D3DX11CompileFromFile( L"Shader.fx", NULL, NULL, NULL, "fx_5_0",
6       D3DCOMPILE_ENABLE_STRICTNESS, 0, NULL, &pTechBlob, NULL, NULL );
7  if( FAILED(hr) )
8  {
9     ::MessageBox( NULL, L"fx 文件载入失败", L"Error", MB_OK );
10    return hr;
11 }
12 //调用 D3DX11CreateEffectFromMemory 创建 ID3DEffect 对象
13 hr = D3DX11CreateEffectFromMemory( pTechBlob -> GetBufferPointer( ),
14       pTechBlob -> GetBufferSize( ), 0, device, &effect );
15
16 if( FAILED(hr) )
17 {
18    ::MessageBox( NULL, L"创建 Effect 失败", L"Error", MB_OK );
19    return hr;
20 }
21 //从外部图像文件载入纹理
22 //箱子纹理
23 D3DX11CreateShaderResourceViewFromFile(device, L"BOX.BMP", NULL, NULL,
24                                 &textureBox, NULL);
25 //池子地板及墙的纹理
26 D3DX11CreateShaderResourceViewFromFile(device, L"checkboard.dds", NULL,
27                                 NULL, &textureFloor, NULL);
28 //墙面纹理
29 D3DX11CreateShaderResourceViewFromFile(device, L"brick.dds", NULL, NULL,
30                                 &textureWall, NULL);
31 //镜子纹理
32 D3DX11CreateShaderResourceViewFromFile(device, L"ice.dds", NULL, NULL,
33                                 &textureMirror, NULL);
34 // ************* 第一步载入外部文件(包括 fx 文件及图像文件) ************
```

代码 10.7

第二步，创建各种渲染状态。这部分代码是本例的重点，希望大家认真阅读代码 10.8 并理解。

```cpp
1  // ************* 第二步创建各种渲染状态 *****************************
2  //半透明效果
3  D3D11_BLEND_DESC blendDesc;
4  ZeroMemory(&blendDesc, sizeof(blendDesc));//清零操作
5  blendDesc.AlphaToCoverageEnable = false; //关闭 AlphaToCoverage 多重采样技术
6  blendDesc.IndependentBlendEnable = false; //关闭对多个独立混合状态
7  //只针对 RenderTarget[0]设置绘制混合状态,忽略 1~7
8  blendDesc.RenderTarget[0].BlendEnable = true; //开启混合
9  blendDesc.RenderTarget[0].SrcBlend = D3D11_BLEND_SRC_ALPHA; //设置源因子
10 blendDesc.RenderTarget[0].DestBlend = D3D11_BLEND_INV_SRC_ALPHA;//目标因子
11 blendDesc.RenderTarget[0].BlendOp = D3D11_BLEND_OP_ADD;  //混合操作
12 blendDesc.RenderTarget[0].SrcBlendAlpha = D3D11_BLEND_ONE; //源混合百分比
13 blendDesc.RenderTarget[0].DestBlendAlpha = D3D11_BLEND_ZERO; //目标混合百分比
14 blendDesc.RenderTarget[0].BlendOpAlpha = D3D11_BLEND_OP_ADD;//混合百分比操作
15 blendDesc.RenderTarget[0].RenderTargetWriteMask =
16                              D3D11_COLOR_WRITE_ENABLE_ALL; //写掩码
17 //创建 ID3D11BlendState 接口
18 device -> CreateBlendState(&blendDesc, &blendStateAlpha);
19
20 //关闭背面消隐
21 D3D11_RASTERIZER_DESC ncDesc;            //光栅器描述
22 ZeroMemory(&ncDesc, sizeof(ncDesc));        //清零操作
23 ncDesc.CullMode = D3D11_CULL_NONE;       //剔除特定三角形,这里不剔除,即全部绘制
24 ncDesc.FillMode = D3D11_FILL_SOLID;       //填充模式,这里为利用三角形填充
25 ncDesc.FrontCounterClockwise = false;      //是否设置逆时针绕续的三角形为正面
26 ncDesc.DepthClipEnable = true;          //开启深度裁剪
27 //创建一个关闭背面消隐的状态,在需要用的时候才设置给执行上下文
28 if(FAILED(device -> CreateRasterizerState(&ncDesc,&NoCullRS)))
29 {
30     MessageBox(NULL,L"Create 'NoCull' rasterizer state
31             failed!",L"Error",MB_OK);
32     return false;
33 }
34
35 //设置逆时针为正面
36 D3D11_RASTERIZER_DESC ccfDesc;           //光栅器描述
37 ZeroMemory(&ccfDesc,sizeof(ccfDesc));       //清零操作
38 ccfDesc.CullMode = D3D11_CULL_BACK;      //不绘制背面
39 ccfDesc.FillMode = D3D11_FILL_SOLID;       //填充模式,这里为利用三角形填充
40 ccfDesc.FrontCounterClockwise = true;      //设置逆时针绕续的三角形为正面
41 ccfDesc.DepthClipEnable = true;          //开启深度裁剪
```

```
42    if(FAILED(device -> CreateRasterizerState(&ccfDesc,&counterClockFrontRS)))
43    {
44        MessageBox(NULL,L" Create 'NoCull' rasterizer sfailed!",L" Error",MB_OK);
45        return false;
46    }
47
48    //禁止写颜色
49    D3D11_BLEND_DESC noColorWriteBlendDesc;                    //混合状态的描述
50    //关闭 AlphaToCoverage 多重采样技术
51    noColorWriteBlendDesc.AlphaToCoverageEnable = false;
52    //不针对多个 RenderTarget 使用不同的混合状态
53    noColorWriteBlendDesc.IndependentBlendEnable = false;
54    noColorWriteBlendDesc.RenderTarget[0].BlendEnable = false;    //不开启融合
55    //写掩码为 0,即禁止写入颜色
56    noColorWriteBlendDesc.RenderTarget[0].RenderTargetWriteMask = 0;
57    if(FAILED(device -> CreateBlendState(&noColorWriteBlendDesc,
58            &noColorWriteBS)))
59    {
60        MessageBox(NULL,L" Create 'No Color Write' blend state
61            failed!",L" Error",MB_OK);
62        return false;
63    }
64    //填充镜子区域
65    D3D11_DEPTH_STENCIL_DESC markMirrorDSSDesc;    //深度模板描述
66    markMirrorDSSDesc.DepthEnable = true;                    //开启深度测试
67    markMirrorDSSDesc.DepthFunc = D3D11_COMPARISON_LESS;//深度测试比较为"小于"
68    //禁止将深度值写入深度模板缓存
69    markMirrorDSSDesc.DepthWriteMask = D3D11_DEPTH_WRITE_MASK_ZERO;
70    markMirrorDSSDesc.StencilEnable = true;    //开启模板测试
71    //设置默认读掩码
72    markMirrorDSSDesc.StencilReadMask = D3D11_DEFAULT_STENCIL_READ_MASK;
73    //设置默认写掩码
74    markMirrorDSSDesc.StencilWriteMask = D3D11_DEFAULT_STENCIL_WRITE_MASK;
75    //通过模板测试的条件为"总是"
76    markMirrorDSSDesc.FrontFace.StencilFunc = D3D11_COMPARISON_ALWAYS;
77    //通过测试进行替换操作
78    markMirrorDSSDesc.FrontFace.StencilPassOp = D3D11_STENCIL_OP_REPLACE;
79    //模板通过,深度失败则保持不变
80    markMirrorDSSDesc.FrontFace.StencilDepthFailOp = D3D11_STENCIL_OP_KEEP;
81    //模板测试失败则保持不变
82    markMirrorDSSDesc.FrontFace.StencilFailOp = D3D11_STENCIL_OP_KEEP;
```

```
83  //通过模板测试的条件为"总是"
84  markMirrorDSSDesc.BackFace.StencilFunc = D3D11_COMPARISON_ALWAYS;
85  //通过测试进行替换操作
86  markMirrorDSSDesc.BackFace.StencilPassOp = D3D11_STENCIL_OP_REPLACE;
87  //测试通过,深度失败则保持不变
88  markMirrorDSSDesc.BackFace.StencilDepthFailOp = D3D11_STENCIL_OP_KEEP;
89  //模板测试失败则保持不变
90  markMirrorDSSDesc.BackFace.StencilFailOp = D3D11_STENCIL_OP_KEEP;
91  if( FAILED( device -> CreateDepthStencilState(
92              &markMirrorDSSDesc, &markMirrorDSS) ) )
93  {
94      MessageBox( NULL, L" Create 'MarkMirror' depth stencil state
95                  failed!", L"Error", MB_OK );
96      return false;
97  }
98
99  //进行模板检测,在镜子区域绘制镜子中的物体
100 D3D11_DEPTH_STENCIL_DESC drawRefDesc;
101 drawRefDesc.DepthEnable = true;      //开启深度测试
102 drawRefDesc.DepthFunc = D3D11_COMPARISON_LESS;   //深度测试比较为"小于"
103 //允许将深度值写入深度模板缓存
104 drawRefDesc.DepthWriteMask = D3D11_DEPTH_WRITE_MASK_ALL;
105 drawRefDesc.StencilEnable = true;    //开启模板测试
106 //设置默认读掩码
107 drawRefDesc.StencilReadMask = D3D11_DEFAULT_STENCIL_READ_MASK;
108 //设置默认写掩码
109 drawRefDesc.StencilWriteMask = D3D11_DEFAULT_STENCIL_WRITE_MASK;
110 //通过模板测试的条件为"等于"
111 drawRefDesc.FrontFace.StencilFunc = D3D11_COMPARISON_EQUAL;
112 //通过测试进行保持操作
113 drawRefDesc.FrontFace.StencilPassOp = D3D11_STENCIL_OP_KEEP;
114 //模板通过,深度失败则保持不变
115 drawRefDesc.FrontFace.StencilDepthFailOp = D3D11_STENCIL_OP_KEEP;
116 //模板测试失败则保持不变
117 drawRefDesc.FrontFace.StencilFailOp = D3D11_STENCIL_OP_KEEP;
118 //通过模板测试的条件为"总是"
119 drawRefDesc.BackFace.StencilFunc = D3D11_COMPARISON_ALWAYS;
120 //通过测试进行替换操作
121 drawRefDesc.BackFace.StencilPassOp = D3D11_STENCIL_OP_REPLACE;
122 //测试通过,深度失败则保持不变
123 drawRefDesc.BackFace.StencilDepthFailOp = D3D11_STENCIL_OP_KEEP;
```

```
124 //模板测试失败则保持不变
125 drawRefDesc.BackFace.StencilFailOp = D3D11_STENCIL_OP_KEEP;
126 if( FAILED( device -> CreateDepthStencilState(
127          &drawRefDesc,&drawReflectionDSS) ) )
128 {
129     MessageBox( NULL,L"Create 'DrawReflection' depth stencil state
130              failed!",L"Error",MB_OK);
131     return false;
132 }
133 // ************ 第二步创建各种渲染状态 ********************
```

代码 10.8

第三步,创建输入布局,如代码 10.9 所示。

```
1  // ************ 第三步创建输入布局 ************************
2  //用 GetTechniqueByName 获取 ID3DX11EffectTechnique 的对象
3  //先设置 technique 到 Effect
4  technique = effect -> GetTechniqueByName("TexTech");
5
6  //D3DX11_PASS_DESC 结构用于描述一个 Effect Pass
7  D3DX11_PASS_DESC PassDesc;
8  //利用 GetPassByIndex 获取 Effect Pass
9  //再利用 GetDesc 获取 Effect Pass 的描述,并存如 PassDesc 对象中
10 technique -> GetPassByIndex(0) -> GetDesc(&PassDesc);
11
12 //创建并设置输入布局
13 //这里我们定义一个 D3D11_INPUT_ELEMENT_DESC 数组,
14 //由于我们定义的顶点结构包括位置坐标和纹理坐标,所以这个数组里有两个元素
15 D3D11_INPUT_ELEMENT_DESC layout [ ] =
16 {
17     {"POSITION", 0, DXGI_FORMAT_R32G32B32_FLOAT, 0, 0,
18     D3D11_INPUT_PER_VERTEX_DATA, 0},
19     {"TEXCOORD", 0, DXGI_FORMAT_R32G32_FLOAT, 0,
20     D3D11_APPEND_ALIGNED_ELEMENT, D3D11_INPUT_PER_VERTEX_DATA, 0}
21 };
22 //layout 元素个数
23 UINT numElements = ARRAYSIZE(layout);
24 //调用 CreateInputLayout 创建输入布局
25 hr = device -> CreateInputLayout(layout, numElements,
26              PassDesc.pIAInputSignature,
27              PassDesc.IAInputSignatureSize,
28              &vertexLayout );
29 //设置生成的输入布局到执行上下文中
```

```
30 immediateContext -> IASetInputLayout( vertexLayout );
31 if( FAILED( hr ) )
32 {
33     ::MessageBox( NULL, L"创建 Input Layout 失败", L"Error", MB_OK );
34     return hr;
35 }
36 // ************* 第三步创建输入布局 *******************
```

代码 10.9

第四步，创建顶点缓存，如代码 10.10 所示。

```
1  Vertex vertices[ ] =
2  {
3      //箱子的顶点 ------------------------------------------
4      { XMFLOAT3( -1.0f, 1.0f, -1.0f ), XMFLOAT2( 0.0f, 0.0f ) },
5      { XMFLOAT3( 1.0f, 1.0f, -1.0f ), XMFLOAT2( 1.0f, 0.0f) },
6      { XMFLOAT3( -1.0f, -1.0f, -1.0f ), XMFLOAT2( 0.0f, 1.0f) },
7
8      { XMFLOAT3( -1.0f, -1.0f, -1.0f ), XMFLOAT2( 0.0f, 1.0f) },
9      { XMFLOAT3( 1.0f, 1.0f, -1.0f ), XMFLOAT2( 1.0f, 0.0f) },
10     { XMFLOAT3( 1.0f, -1.0f, -1.0f ), XMFLOAT2( 1.0f, 1.0f ) },
11
12     { XMFLOAT3( 1.0f, 1.0f, -1.0f ), XMFLOAT2( 0.0f, 0.0f ) },
13     { XMFLOAT3( 1.0f, 1.0f, 1.0f ), XMFLOAT2( 1.0f, 0.0f ) },
14     { XMFLOAT3( 1.0f, -1.0f, -1.0f ), XMFLOAT2( 0.0f, 1.0f ) },
15
16     { XMFLOAT3( 1.0f, -1.0f, -1.0f ), XMFLOAT2( 0.0f, 1.0f ) },
17     { XMFLOAT3( 1.0f, 1.0f, 1.0f ), XMFLOAT2( 1.0f, 0.0f ) },
18     { XMFLOAT3( 1.0f, -1.0f, 1.0f ), XMFLOAT2( 1.0f, 1.0f ) },
19
20     { XMFLOAT3( 1.0f, 1.0f, 1.0f ), XMFLOAT2( 0.0f, 0.0f ) },
21     { XMFLOAT3( -1.0f, 1.0f, 1.0f ), XMFLOAT2( 1.0f, 0.0f ) },
22     { XMFLOAT3( 1.0f, -1.0f, 1.0f ), XMFLOAT2( 0.0f, 1.0f ) },
23
24     { XMFLOAT3( 1.0f, -1.0f, 1.0f ), XMFLOAT2( 0.0f, 1.0f ) },
25     { XMFLOAT3( -1.0f, 1.0f, 1.0f ), XMFLOAT2( 1.0f, 0.0f ) },
26     { XMFLOAT3( -1.0f, -1.0f, 1.0f ), XMFLOAT2( 1.0f, 1.0f ) },
27
28     { XMFLOAT3( -1.0f, 1.0f, 1.0f ), XMFLOAT2( 0.0f, 0.0f ) },
29     { XMFLOAT3( -1.0f, 1.0f, -1.0f ), XMFLOAT2( 1.0f, 0.0f ) },
30     { XMFLOAT3( -1.0f, -1.0f, 1.0f ), XMFLOAT2( 0.0f, 1.0f ) },
31
32     { XMFLOAT3( -1.0f, -1.0f, 1.0f ), XMFLOAT2( 0.0f, 1.0f ) },
```

```
33      { XMFLOAT3( -1.0f, 1.0f, -1.0f ), XMFLOAT2( 1.0f, 0.0f ) },
34      { XMFLOAT3( -1.0f, -1.0f, -1.0f ), XMFLOAT2( 1.0f, 1.0f ) },
35

36      { XMFLOAT3( -1.0f, 1.0f, 1.0f ), XMFLOAT2( 0.0f, 0.0f ) },
37      { XMFLOAT3( 1.0f, 1.0f, 1.0f ), XMFLOAT2( 1.0f, 0.0f ) },
38      { XMFLOAT3( -1.0f, 1.0f, -1.0f ), XMFLOAT2( 0.0f, 1.0f ) },
39

40      { XMFLOAT3( -1.0f, 1.0f, -1.0f ), XMFLOAT2( 0.0f, 1.0f ) },
41      { XMFLOAT3( 1.0f, 1.0f, 1.0f ), XMFLOAT2( 1.0f, 0.0f ) },
42      { XMFLOAT3( 1.0f, 1.0f, -1.0f ), XMFLOAT2( 1.0f, 1.0f ) },
43

44      { XMFLOAT3( -1.0f, -1.0f, -1.0f ), XMFLOAT2( 0.0f, 0.0f ) },
45      { XMFLOAT3( 1.0f, -1.0f, -1.0f ), XMFLOAT2( 1.0f, 0.0f ) },
46      { XMFLOAT3( -1.0f, -1.0f, 1.0f ), XMFLOAT2( 0.0f, 1.0f ) },
47

48      { XMFLOAT3( -1.0f, -1.0f, 1.0f ), XMFLOAT2( 0.0f, 1.0f ) },
49      { XMFLOAT3( 1.0f, -1.0f, -1.0f ), XMFLOAT2( 1.0f, 0.0f ) },
50      { XMFLOAT3( 1.0f, -1.0f, 1.0f ), XMFLOAT2( 1.0f, 1.0f ) },
51      //地板
52      { XMFLOAT3( -6.0f, -1.0f, 3.0f ), XMFLOAT2( 0.0f, 0.0f ) },
53      { XMFLOAT3( 6.0f, -1.0f, 3.0f ), XMFLOAT2( 6.0f, 0.0f ) },
54      { XMFLOAT3( -6.0f, -1.0f, -3.0f ), XMFLOAT2( 0.0f, 6.0f ) },
55

56      { XMFLOAT3( -6.0f, -1.0f, -3.0f ), XMFLOAT2( 0.0f, 6.0f ) },
57      { XMFLOAT3( 6.0f, -1.0f, 3.0f ), XMFLOAT2( 6.0f, 0.0f ) },
58      { XMFLOAT3( 6.0f, -1.0f, -3.0f ), XMFLOAT2( 6.0f, 6.0f ) },
59

60      //后面墙
61      { XMFLOAT3( -6.0f, 3.0f, 3.0f ), XMFLOAT2( 2.0f, 0.0f ) },
62      { XMFLOAT3( -2.0f, 3.0f, 3.0f ), XMFLOAT2( 0.0f, 0.0f ) },
63      { XMFLOAT3( -6.0f, -1.0f, 3.0f ), XMFLOAT2( 2.0f, 3.0f ) },
64

65      { XMFLOAT3( -6.0f, -1.0f, 3.0f ), XMFLOAT2( 2.0f, 3.0f ) },
66      { XMFLOAT3( -2.0f, 3.0f, 3.0f ), XMFLOAT2( 0.0f, 0.0f ) },
67      { XMFLOAT3( -2.0f, -1.0f, 3.0f ), XMFLOAT2( 0.0f, 3.0f ) },
68

69      { XMFLOAT3( 2.0f, 3.0f, 3.0f ), XMFLOAT2( 2.0f, 0.0f ) },
70      { XMFLOAT3( 6.0f, 3.0f, 3.0f ), XMFLOAT2( 0.0f, 0.0f ) },
71      { XMFLOAT3( 2.0f, -1.0f, 3.0f ), XMFLOAT2( 2.0f, 3.0f ) },
72

73      { XMFLOAT3( 2.0f, -1.0f, 3.0f ), XMFLOAT2( 2.0f, 3.0f ) },
```

```
74      { XMFLOAT3( 6.0f, 3.0f, 3.0f ), XMFLOAT2( 0.0f, 0.0f ) },
75      { XMFLOAT3( 6.0f, -1.0f, 3.0f ), XMFLOAT2( 0.0f, 3.0f ) },
76
77      //镜子
78      { XMFLOAT3( -2.0f, 3.0f, 3.0f ), XMFLOAT2( 2.0f, 0.0f ) },
79      { XMFLOAT3( 2.0f, 3.0f, 3.0f ), XMFLOAT2( 0.0f, 0.0f ) },
80      { XMFLOAT3( -2.0f, -1.0f, 3.0f ), XMFLOAT2( 2.0f, 3.0f ) },
81
82      { XMFLOAT3( -2.0f, -1.0f, 3.0f ), XMFLOAT2( 2.0f, 3.0f ) },
83      { XMFLOAT3( 2.0f, 3.0f, 3.0f ), XMFLOAT2( 0.0f, 0.0f ) },
84      { XMFLOAT3( 2.0f, -1.0f, 3.0f ), XMFLOAT2( 0.0f, 3.0f ) },
85
86    };
87    UINT vertexCount = ARRAYSIZE( vertices );
88    //创建顶点缓存,方法同第 5 章一样
89    //首先声明一个 D3D11_BUFFER_DESC 的对象 bd
90    D3D11_BUFFER_DESC bd;
91    ZeroMemory( &bd, sizeof(bd) );
92    bd.Usage = D3D11_USAGE_DEFAULT;
93    bd.ByteWidth = sizeof( Vertex ) * vertexCount;
94    bd.BindFlags = D3D11_BIND_VERTEX_BUFFER;    //注意:这里表示创建的是顶点缓存
95    bd.CPUAccessFlags = 0;
96
97    //声明一个 D3D11_SUBRESOURCE_DATA 数据用于初始化子资源
98    D3D11_SUBRESOURCE_DATA InitData;
99    ZeroMemory( &InitData, sizeof(InitData) );
100   InitData.pSysMem = vertices;
101   InitData.SysMemPitch = 0;
102   InitData.SysMemSlicePitch = 0;
103
104   //声明一个 ID3D11Buffer 对象作为顶点缓存
105   ID3D11Buffer * vertexBuffer;
106   //调用 CreateBuffer 创建顶点缓存
107   hr = device -> CreateBuffer( &bd, &InitData, &vertexBuffer );
108   if( FAILED( hr ) )
109   {
110   ::MessageBox( NULL, L"创建 VertexBuffer 失败", L"Error", MB_OK );
111     return hr;
112   }
113
114   UINT stride = sizeof( Vertex );                    //获取 Vertex 的大小作为跨度
```

```
115  UINT offset = 0;                                    //设置偏移量为0
116  //设置顶点缓存,参数的解释见第5章
117  immediateContext -> IASetVertexBuffers( 0, 1, &vertexBuffer, &stride, &offset );
118  //指定图元类型,D3D11_PRIMITIVE_TOPOLOGY_TRIANGLELIST 表示图元为三角形
119  immediateContext -> IASetPrimitiveTopology(
120                      D3D11_PRIMITIVE_TOPOLOGY_TRIANGLELIST );
121  // ************ 第四步创建顶点缓存 *******************
```

代码 10.10

（4）编写 Cleanup( )函数（如代码 10.11 所示）

```
1   void Cleanup( )
2   {
3       //释放全局指针
4       if( renderTargetView ) renderTargetView -> Release( );
5       if( immediateContext ) immediateContext -> Release( );
6       if( swapChain ) swapChain -> Release( );
7       if( device ) device -> Release( );
8
9       if( vertexLayout ) vertexLayout -> Release( );
10      if( effect ) effect -> Release( );
11
12      if( depthStencilView ) depthStencilView -> Release( );
13      if( textureBox ) textureBox -> Release( );
14      if( textureFloor ) textureFloor -> Release( );
15      if( textureWall ) textureWall -> Release( );
16      if( textureMirror ) textureMirror -> Release( );
17
18      if( blendStateAlpha ) blendStateAlpha -> Release( );
19      if( NoCullRS ) NoCullRS -> Release( );
20      if( counterClockFrontRS ) counterClockFrontRS -> Release( );
21      if( markMirrorDSS ) markMirrorDSS -> Release( );
22      if( drawReflectionDSS ) drawReflectionDSS -> Release( );
23  }
```

代码 10.11

（5）编写 Display( )函数

在介绍 Display( )函数之前,首先要明确本例需要绘制的物体。

第一部分,绘制不需要任何渲染特效的物体,包括了墙壁、地板和箱子。

第二部分,绘制在镜子区域绘制的地板和箱子的倒影,这里需要运用模板缓存将镜子区域标记出来。但是标记镜子区域的模板缓存不能影响后台缓存的物体的显示,所以在标记时需要禁止颜色写入,如图 10.3 所示。

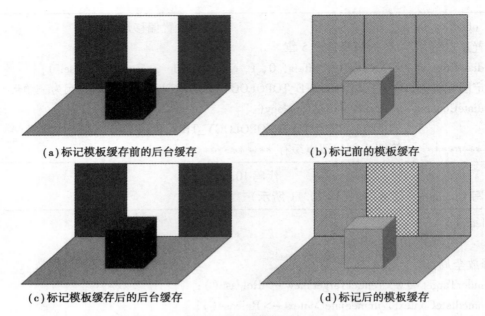

（a）标记模板缓存前的后台缓存　　　　　　　（b）标记前的模板缓存

（c）标记模板缓存后的后台缓存　　　　　　　（d）标记后的模板缓存

图 10.3　标记前后的模板缓存与后台缓存

在绘制镜子中的箱子和地板时，就可以只在标记的区域进行绘制。

第三部分，是绘制镜子，但是由于需要看到镜子里面的物体，镜子需要进行半透明处理。具体代码实现如代码 10.12 所示。

```
1    bool Display( float timeDelta)
2    {
3      if( device )
4      {
5        //声明一个数组存放颜色信息,4 个元素分别表示红、绿、蓝以及 alpha
6        float ClearColor[4] = { 0.0f, 0.125f, 0.3f, 1.0f };
7        immediateContext -> ClearRenderTargetView( renderTargetView,
8                                                   ClearColor );
9        //清除当前绑定的深度模板视图
10       immediateContext -> ClearDepthStencilView(
11                   depthStencilView,
12                   D3D11_CLEAR_DEPTH|D3D11_CLEAR_STENCIL,
13                   1.f,
14                   0);
15       //指定混合因子,一般不用它,除非在上面混合因子指定为使用 blend factor
16       float BlendFactor[] = {0,0,0,0};
17       // ************* 第一步:设置 3 个坐标系外部变量 *************
18       //通过键盘的上下左右键来改变虚拟摄像头方向
19       static float angle = -XM_PI/2;  //声明一个静态变量用于记录角度
20       static float height = 3.0f;
21
22       if( ::GetAsyncKeyState( VK_LEFT) & 0x8000f )  //响应键盘左方向键
```

```
23        angle  -= 2.0f * timeDelta;
24     if( ::GetAsyncKeyState( VK_RIGHT ) & 0x8000f )  //响应键盘右方向键
25        angle  += 2.0f * timeDelta;
26     if( ::GetAsyncKeyState( VK_UP ) & 0x8000f )        //响应键盘上方向键
27        height += 5.0f * timeDelta;
28     if( ::GetAsyncKeyState( VK_DOWN ) & 0x8000f )    //响应键盘下方向键
29        height -= 5.0f * timeDelta;
30
31     if( height < -5.0f ) height = -5.f;    //限制镜头最远距离
32     if( height > 5.0f ) height =5.f;          //限制镜头最近距离
33
34     //初始化世界矩阵
35     world = XMMatrixIdentity( );
36     XMVECTOR Eye = XMVectorSet( cosf( angle ) * height, 3.0f, sinf( angle ) *
37                                   height, 0.0f );//相机位置
38     XMVECTOR At = XMVectorSet( 0.0f, 0.0f, 0.0f, 0.0f );   //目标位置
39     XMVECTOR Up = XMVectorSet( 0.0f, 1.0f, 0.0f, 0.0f );   //相机正上方向
40     view = XMMatrixLookAtLH( Eye, At, Up );    //设置观察坐标系
41     //设置投影矩阵
42     projection = XMMatrixPerspectiveFovLH( XM_PIDIV2, 800.0f / 600.0f,
43                                   0.01f, 100.0f );
44     //将坐标变换矩阵的常量缓存中的矩阵和坐标设置到 Effect 框架中
45
46     effect -> GetVariableByName( "World" ) -> AsMatrix( )
47                    -> SetMatrix( ( float * )&world );    //设置世界坐标系
48     effect -> GetVariableByName( "View" ) -> AsMatrix( )
49                    -> SetMatrix( ( float * )&view );    //设置观察坐标系
50     effect -> GetVariableByName( "Projection" ) -> AsMatrix( )
51                    -> SetMatrix( ( float * )&projection );//设置投影坐标系
52     effect -> GetVariableByName( "EyePosition" ) -> AsMatrix( )
53                    -> SetMatrix( ( float * )&Eye );//设置视点
54     // ******************* 第一步:设置 3 个坐标系外部变量 ***********
55
56     // ******************* 第二步:绘制各个物体 ******************
57     // ** 注意 ** :在这个场景中,主要有如下几部分:墙面、地面、箱子、镜子、
58     //            镜中的地板和箱子
59     //1.绘制墙壁、地板、木箱
60     //2.绘制镜子模板
61     //3.绘制镜子中的木箱和地板
62     //4.混合镜子、木箱和地板的纹理后绘制镜子
63
```

```
64    D3DX11_TECHNIQUE_DESC techDesc;

65    technique -> GetDesc( &techDesc );        //获取 technique 的描述

66

67    // ------------1.绘制墙壁、地板、木箱-------------

68    //绘制地板

69    //设置地板的材质信息

70    effect -> GetVariableByName("Texture") -> AsShaderResource()

71                      -> SetResource(textureFloor);   //设置地板的纹理

72    technique -> GetPassByIndex(0) -> Apply(0,immediateContext);

73    //绘制池子,第二参数表示从顶点数组第 36 个顶点开始绘制

74    immediateContext -> Draw(6, 36);

75

76    //绘制墙壁

77    //关闭背面消隐,使镜头在墙背面也能看到墙

78    immediateContext -> RSSetState(NoCullRS);

79    effect -> GetVariableByName("Texture") -> AsShaderResource()

80                                    -> SetResource(textureWall);

81    technique -> GetPassByIndex(0) -> Apply(0,immediateContext);

82    //绘制池子,第二参数表示从顶点数组第 42 个顶点开始绘制

83    immediateContext -> Draw(12, 42);

84    immediateContext -> RSSetState(0);       //恢复背面消隐

85

86    //绘制箱子

87    //设置箱子的纹理

88    effect -> GetVariableByName("Texture") -> AsShaderResource()

89                                    -> SetResource(textureBox);

90    technique -> GetPassByIndex(0) -> Apply(0,immediateContext);

91    immediateContext -> Draw( 36, 0);   //绘制箱子

92    // ----------1.绘制墙壁、地板、木箱----------------

93

94    // ----------2.绘制镜子模板,这里只填充模板不绘制颜色------------

95    world = XMMatrixIdentity();

96    effect -> GetVariableByName("World") -> AsMatrix()

97                      -> SetMatrix((float * )&world);   //设置世界坐标系

98    //禁止写入颜色并设置模板缓冲状态

99    immediateContext -> OMSetBlendState(noColorWriteBS,BlendFactor,

100                              0xffffffff); //禁止写入颜色

101    //设置好相应的模板缓冲区状态

102    immediateContext -> OMSetDepthStencilState(markMirrorDSS,0x1);
```

```
103    technique -> GetPassByIndex(0) -> Apply(0, immediateContext);
104    immediateContext -> Draw(6, 54);  //绘制镜子,这里只填充模板,不绘制镜子
105
106    //恢复原来设置
107    immediateContext -> OMSetBlendState(NULL, NULL, 0xffffffff);
108    immediateContext -> OMSetDepthStencilState(NULL, 0x1);
109    // --------2.绘制镜子模板,这里只填充模板不绘制颜色 --------
110
111    // --------- 3.绘制镜子中的木箱和地板 --------------------
112      XMVECTOR refPlane = XMVectorSet(0.f, 0.f, -3.f, 0.0f);   //镜子所在平面
113      XMMATRIX Reflect = XMMatrixReflect(refPlane);   //通过镜子反射的坐标
114
115    //绘制镜子中的箱子
116    //由于反射前顺时针顺序的顶点在反射后变为逆时针,
117    //因此暂时需要让逆时针为正面来渲染
118    immediateContext -> RSSetState(counterClockFrontRS);
119    //设置好相应的模板缓冲区状态
120    immediateContext -> OMSetDepthStencilState(drawReflectionDSS, 0x1);
121    world = XMMatrixIdentity();
122    world = XMMatrixTranslation(0.0f, 0.0f, -6.0f) * Reflect;
123    effect -> GetVariableByName("World") -> AsMatrix()
124                        -> SetMatrix((float *)&world);    //设置世界坐标系
125    //设置箱子的纹理
126    effect -> GetVariableByName("Texture") -> AsShaderResource()
127                        -> SetResource(textureBox);
128    technique -> GetPassByIndex(0) -> Apply(0, immediateContext);
129    immediateContext -> Draw(36, 0);    //绘制镜子中的箱子
130
131    //绘制镜子中的地板
132    //设置地板的纹理
133    effect -> GetVariableByName("Texture") -> AsShaderResource()
134                            -> SetResource(textureFloor);
135    technique -> GetPassByIndex(0) -> Apply(0, immediateContext);
136    //绘制池子,第二参数表示从顶点数组第 36 个(从 0 开始计算)顶点开始绘制
137    immediateContext -> Draw(6, 36);
138
139    //恢复状态
140    immediateContext -> RSSetState(NULL);
141    immediateContext -> OMSetDepthStencilState(NULL, 0x1);
142    // --------- 3.绘制镜子中的木箱和地板 --------------------
143
```

```
144        // --------- 4.混合镜子、木箱和地板的纹理后绘制镜子 ----------
145        immediateContext -> OMSetBlendState(blendStateAlpha, BlendFactor,
146                                          0xffffffff);    //开启混合
147        immediateContext -> RSSetState(NoCullRS);
148        //关闭背面消隐
149        world = XMMatrixIdentity();
150        effect -> GetVariableByName("World") -> AsMatrix()
151                              -> SetMatrix((float *)&world);    //设置世界坐标系
152        effect -> GetVariableByName("Texture") -> AsShaderResource()
153                              -> SetResource(textureMirror);    //设置镜子的纹理
154        technique -> GetPassByIndex(0) -> Apply(0, immediateContext);
155        //绘制镜子,第二参数表示从顶点数组第 36 个(从 0 开始计算)顶点开始绘制
156        immediateContext -> Draw(6, 54);
157        //关闭混合,由于混合计算的开销很大,并且混合状态是持续性的,
158        //所以记住最后必须关闭混合
159        immediateContext -> OMSetBlendState(0,0,0xffffffff);
160        immediateContext -> RSSetState(0);         //恢复背面消隐
161        // ---------4.混合镜子、木箱和地板的纹理后绘制镜子 ----------
162
163        // *********** 第二步:绘制各个物体 ***********************
164        swapChain -> Present(0, 0);
165        }
166     return true;
167   }
```

代码 10.12

10.2.6　修改主函数

将主函数按照代码 10.13 所示进行修改,注意带波浪线的代码。

```
1  ///////////////////
2  //主函数 WinMain
3  ///////////////////
4  int WINAPI WinMain(HINSTANCE hinstance,
5                     HINSTANCE prevInstance,
6                     PSTR cmdLine,
7                     int showCmd)
8  {
9
10 //初始化
11    // ** 注意 ** :最上面声明的全局指针,在这里作为参数传给 InitD3D 函数
12 if(! d3d::InitD3D(hinstance,
13                   800,
```

```
14                600,
15                &renderTargetView,
16                &immediateContext,
17                &swapChain,
18                &device,
19                &depthStencilBuffer,
20                &depthStencilView))// [out]The created device.
21   {
22     ::MessageBox(0, L"InitD3D() -> FAILED", 0, 0);
23     return 0;
24   }
25   if(! Setup())
26   {
27     ::MessageBox(0, L"Setup() -> FAILED", 0, 0);
28     return 0;
29   }
30   d3d::EnterMsgLoop(Display);
31   Cleanup();
32   return 0;
33   }
```

代码 10.13

10.2.7　编写回调函数

这里回调函数的内容和第 4 章一样,其编写方法参考代码 4.10。

10.2.8　编译程序

程序编译成功后,会显示如图 10.4 所示的画面。

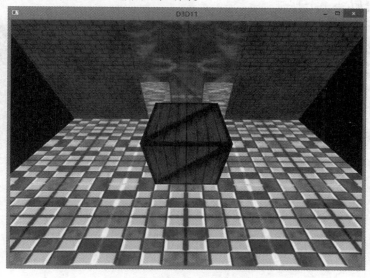

图 10.4　项目运行画面

按方向键让虚拟摄像头改变方向,如图 10.5 所示。

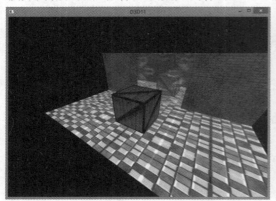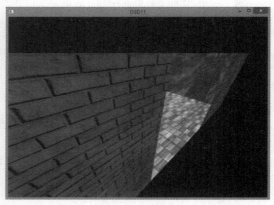

图 10.5　不同视角观察本示例

把摄像头转到墙壁的背面,可以发现不是单纯地在镜子后面再画一个箱子,箱子只能在镜子所在区域显示。

10.3* 思考题

(1)使箱子能够响应键盘按键,使其能够移动。具体要求如下:

- "A"键为左移,"D"键为右移,"W"键为上移,"S"键为下移;
- 移动时注意不要移动到地板边界之外,也不要穿入墙壁之内;
- 移动时镜子中的箱子也应该一起移动。

(2)给本例加上光照,通过 F1—F3 键来改变光源类型。

提示:

- 光照用的 fx 文件可以参考第 9 章的 fx 文件;
- 光源在镜子中的相应位置也应该有一个光源;
- 加入光源后的顶点结构也应该作相应调整。

最后实现的效果如图 10.6 所示。

(a)方向光　　　　　　　　　(b)点光源　　　　　　　　　(c)聚光灯光源

图 10.6　加入光照的效果

第 **11** 章
灵活摄像机

11.1　概　述

前面的章节已经涉及简单摄像机的操作,可以拉远拉近,左右旋转以及上下平移。但是这些操作一方面比较简单,所实现的效果也比较有限;另一方面,这些操作没有进行封装,每当使用时都必须对代码进行相应的修改。本章将介绍一个灵活摄像头类的实现,通过实现这个类,可以方便地在各种示例中实现摄像头的操作。本章并不涉及信息的 3D 图形编程知识,通过完成本章示例,需要达到如下目标:

①了解通过矩阵变换操作摄像机的原理;

②掌握定义一个灵活摄像机类的方法。

11.2　灵活摄像机的实现

本次实验并不需要新建一个项目,大家可以在以往的实验项目中进行扩展。本例在第 10 章的示例代码上进行扩展。首先在第 10 章的项目中新增 Camera. h 文件和 Camera. cpp 文件。

11.2.1　编写 Camera. h 文件

Camera. h 文件如代码 11.1 所示。

```
1   #ifndef __CAMERA_H__
2   #define __CAMERA_H__
3
4   #include "d3dUtility. h"
5
6   class Camera
7   {
8       enum TransformFlag    //变换标识符
9       {
```

```
10      None  =  0,
11      Rotate = (1 << 0),          // << 为位移操作符,即向左位移0位,即0001
12      Translate = (1 << 1)        //0001向左位移一位,变成0010,
13      };
14  public:
15      Camera();
16
17      void Pitch(float angle);                    //仰俯
18      void Yaw(float angle);                      //偏转
19
20      void SetEye(const XMVECTOR& position);     //设置视点位置
21
22      const XMVECTOR& GetEye();                   //获得当前视点位置
23      const XMVECTOR& GetAt();                    //获得当前摄像机的观察点
24      const XMVECTOR& GetUp();                    //获得当前摄像机的正方向
25
26      void MoveForwardBy(float value);   //向前移动摄像机,value 取负值则向后移动
27      void MoveRightBy(float value);     //向右移动摄像机,value 取负值则向左旋转
28      void MoveUpBy(float value);        //向上移动摄像机,value 取负值则向下移动
29
30      void Apply();                      //应用当前设置生成观察变换矩阵
31
32      const XMFLOAT4X4& GetView();       //获得观察坐标系变换矩阵
33  private:
34      UINT flag;
35      float rotateX;          //绕 X 轴的旋转角度
36      float rotateY;          //绕 Y 轴的旋转角度
37      float rotateZ;          //绕 Z 轴的旋转角度
38
39      XMVECTOR move;                  //移动向量
40      XMFLOAT4X4 cameraRotation;      //相机旋转矩阵
41      XMVECTOR eye;                   //视点位置
42      XMVECTOR up;                    //摄像机正方向
43      XMVECTOR at;                    //观察位置
44      XMFLOAT4X4 view;                //观察矩阵
45  };
46
47  #endif
```

代码 11.1

11.2.2　编写 Camera.cpp 文件

Camera.cpp 文件如代码 11.2 所示。

```cpp
1   #include " Camera. h"
2
3   Camera::Camera()    //构造函数,初始化 Camera 类的成员变量
4   {
5       flag = Rotate | Translate;        //指定标识符
6       rotateX = 0.0f;                   //绕 X 轴旋转的角度
7       rotateY = 0.0f;                   //绕 Y 轴旋转的角度
8       rotateZ = 0.0f;                   //绕 Z 轴旋转的角度
9       move = XMVectorSet(0.0f, 0.0f, 0.0f, 1.0f);    //初始化移动位置
10      eye = XMVectorSet(0.0f, 0.0f, 0.0f, 1.0f);     //初始化视点位置
11      //初始化相机的旋转矩阵
12      //这里需要将 XMMATRIX 对象转变成 XMStoreFloat4x4 对象
13      XMMATRIX cameraRotationMATRIX = XMMatrixIdentity();
14      XMStoreFloat4x4(&cameraRotation, cameraRotationMATRIX);
15      //初始化相机的观察矩阵
16      //同样需要将 XMMATRIX 对象转变成 XMStoreFloat4x4 对象
17      XMMATRIX viewMATRIX = XMMatrixIdentity();
18      XMStoreFloat4x4(&view, viewMATRIX);
19  }
20
21  //仰俯
22  void Camera::Pitch(float angle)
23  {
24      rotateX += angle;
25      flag |= Rotate;
26  }
27
28  //偏转
29  void Camera::Yaw(float angle)
30  {
31      rotateY += angle;
32      flag |= Rotate;
33  }
34
35  //设置视点位置
36  void Camera::SetEye(const XMVECTOR& position)
37  {
38      eye = position;
```

```
39        flag |= Translate;
40    }
41
42    //获得当前视点位置
43    const XMVECTOR& Camera::GetEye()
44    {
45        return eye;
46    }
47
48    //获得当前摄像机的观察点
49    const XMVECTOR& Camera::GetAt()
50    {
51        return at;
52    }
53
54    //获得当前摄像机的正方向
55    const XMVECTOR& Camera::GetUp()
56    {
57        return up;
58    }
59
60    //向前移动摄像机,value 取负值则向后移动
61    void Camera::MoveForwardBy(float value)
62    {
63        move = XMVectorSetZ(move, value);
64        flag |= Translate;
65    }
66
67    //向右移动摄像机,value 取负值则向左旋转
68    void Camera::MoveRightBy(float value)
69    {
70        move = XMVectorSetX(move, value);
71        flag |= Translate;
72    }
73
74    //向上移动摄像机,value 取负值则向下移动
75    void Camera::MoveUpBy(float value)
76    {
77        move = XMVectorSetY(move, value);
78        flag |= Translate;
79    }
```

```
80
81   //应用当前设置生成观察变换矩阵
82   void Camera::Apply()
83   {
84       XMMATRIX cameraRotationMATRIX；        //声明 XMMATRIX 一个对象用于矩阵变换
85       if (flag != None)
86       {
87          if ((flag & Rotate) != 0)   //如果包含旋转标识
88          {
89              //将 Rotate 取否,即 1110,再和 flag 进行与运算
90              //如果 flag＝0011 则运算结果为 0010
91              flag &= ~Rotate;
92              //在三个坐标系上进行旋转变换
93              cameraRotationMATRIX = XMMatrixRotationX(rotateX) *
94                                     XMMatrixRotationY(rotateY) *
95                                     XMMatrixRotationZ(rotateZ);
96              //将生成的 XMMATRIX 存放到成员 cameraRotation
97              XMStoreFloat4x4(&cameraRotation, cameraRotationMATRIX);
98          }
99
100         if ((flag & Translate) != 0)//如果包含平移标识
101         {
102             //将 Translate 取否,即 1110,再和 flag 进行与运算
103             //如果 flag＝0010 则运算结果为 0000
104             flag &= ~Translate;
105             //从成员 cameraRotation 获得旋转矩阵
106             cameraRotationMATRIX = XMLoadFloat4x4(&cameraRotation);
107             //重新计算视点位置
108             eye += XMVector4Transform(move, cameraRotationMATRIX);
109             move = XMVectorZero(); //重置移动向量
110         }
111         //从成员 cameraRotation 获得旋转矩阵
112         cameraRotationMATRIX = XMLoadFloat4x4(&cameraRotation);
113         //重新计算观察点
114         at = eye + XMVector4Transform(XMVectorSet(0.0f, 0.0f, 1.0f, 1.0f),
115                                       cameraRotationMATRIX);
116         //重新计算摄像机正方向
117         up = XMVector4Transform(XMVectorSet(0.0f, 1.0f, 0.0f, 1.0f),
118                                 cameraRotationMATRIX);
119         //重新计算观察矩阵
120         XMMATRIX viewMATRIX = XMMatrixLookAtLH(eye, at, up);
```

```
121     //将新生成的观察矩阵存入成员 view 中
122     XMStoreFloat4x4(&view, viewMATRIX);
123     }
124   }
125
126   //获得观察坐标系变换矩阵
127   const XMFLOAT4X4& Camera::GetView()
128   {
129     return view;
130   }
```

代码 11.2

10.2.3 修改 d3dStencil.cpp 文件

要具体运用编好的灵活摄像头类，就需要修改 d3dStencil.cpp 文件。

（1）将编写好的 Camera.h 包含到头文件中（如代码 11.3 所示）

```
1  #include "d3dUtility.h"
2  #include "Light.h"
3  #include "Camera.h"
```

代码 11.3

（2）新增两个全局变量

在第 10 章 d3dStencil.cpp 中添加两个全局变量，可以添加到代码 10.7 之后。添加的全局变量如代码 11.4 所示。

```
1  Camera * camera = new Camera();    //摄像机对象
2  XMVECTOR Eye;                      //视点位置
```

代码 11.4

（3）修改 Setup 函数

在代码 10.12 后面添加如代码 11.5 所示代码。

```
1  Eye =  XMVectorSet(0.0f, 3.0f, -5.0f, 0.0f);//相机位置
2  camera -> SetEye(Eye);    //设置视点位置
```

代码 11.5

（4）修改 Display 函数

首先由于已定义了摄像机类，所以不需要在 Display() 函数里定义观察矩阵。首先删除代码 10.14 中第 19~40 行，修改成如代码 11.6 所示代码。

```
1  //通过键盘改变虚拟摄像头方向
2  if(::GetAsyncKeyState('A') & 0x8000f)   //向左移动
3  {
4      camera -> MoveRightBy( -timeDelta * 5.0f);
5  }
6
```

```
7   if( ::GetAsyncKeyState( 'D' ) & 0x8000f)   //向右移动
8   {
9       camera -> MoveRightBy( timeDelta * 5.0f) ;
10  }
11
12  if( ::GetAsyncKeyState( 'W' ) & 0x8000f)   //向前移动
13  {
14      camera -> MoveForwardBy( timeDelta * 5.0f) ;
15  }
16
17  if( ::GetAsyncKeyState( 'S' ) & 0x8000f)   //向后移动
18  {
19    camera -> MoveForwardBy( -timeDelta * 5.0f) ;
20  }
21
22  if( ::GetAsyncKeyState( 'Q' ) & 0x8000f)   //向上移动
23  {
24      camera -> MoveUpBy( timeDelta * 5.0f) ;
25  }
26
27  if( ::GetAsyncKeyState( 'E' ) & 0x8000f)  //向下移动
28  {
29      camera -> MoveUpBy( -timeDelta * 5.0f) ;
30  }
31
32  if( ::GetAsyncKeyState( 'Z' ) & 0x8000f)  //向右摆动
33  {
34      camera -> Yaw( timeDelta) ;
35  }
36
37  if( ::GetAsyncKeyState( 'X' ) & 0x8000f)  //向左摆动
38  {
39      camera -> Yaw( -timeDelta) ;
40  }
41
42  if( ::GetAsyncKeyState( 'C' ) & 0x8000f)  //上仰
43  {
44      camera -> Pitch( timeDelta) ;
45  }
46
47  if( ::GetAsyncKeyState( 'V' ) & 0x8000f)  //下俯
```

```
48 {
49     camera -> Pitch( -> timeDelta) ;
50 }
51 //重新生成观察矩阵
52 camera -> Apply( ) ;
53
54 //初始化世界矩阵
55 world = XMMatrixIdentity( ) ;
```

代码 11.6

然后将代码 10.14 中的 48 ~ 49 行修改成如代码 11.7 所示的代码。这里是将摄像机类生成的观察矩阵设置到 effect 对象中。

```
1 XMMATRIX ViewMATRIX =    XMLoadFloat4x4( &camera -> GetView( ) ) ;
2 //设置观察坐标系
3 effect -> GetVariableByName( "View" ) -> AsMatrix( )
4                         -> SetMatrix( ( float * )&ViewMATRIX ) ;
```

代码 11.7

11.2.4　编译程序

修改完成后,得到如图 11.1 的效果。

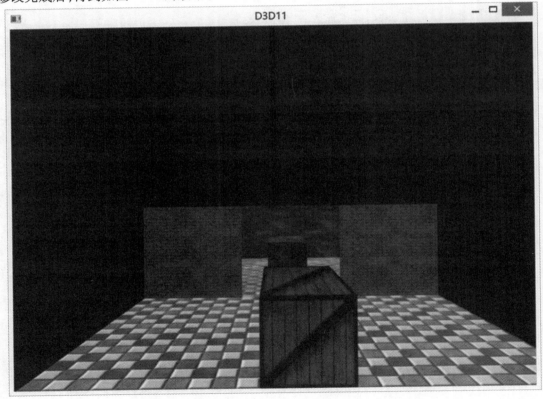

图 11.1　项目运行效果

按下"W"和"S"键实现镜头拉近和拉远,如图 11.2 所示。

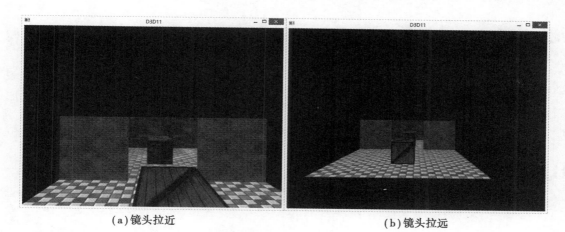

（a）镜头拉近　　　　　　　　　　　　　　　（b）镜头拉远

图 11.2　镜头拉近与拉远

按下"A"和"D"键把镜头左移和右移，如图 11.3 所示。

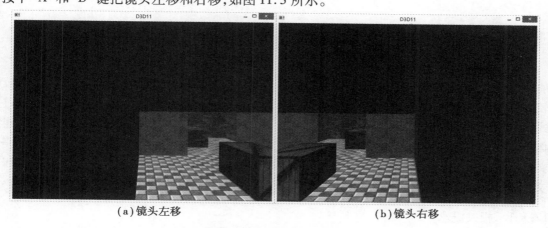

（a）镜头左移　　　　　　　　　　　　　　　（b）镜头右移

图 11.3　镜头左移和右移

按下"Q"和"E"键实现镜头上移和下移，按下"X"和"Z"键实现镜头左摆右摆，按下"C"和"V"键实现镜头下俯和上仰，这里不再赘述。

第**12**章
OBJ 模型简介

12.1 概 述

前面的章节中,绘制物体时都是通过指定顶点的坐标、法向量和纹理坐标来建立物体模型。但是对于较复杂的模型,这种方式就不再适用,比如第 10 章的示例,使用的顶点就多达 72 个。通过人为的方式指定顶点信息不仅工作量大而且容易出错。因此,Direct3D 11 允许通过其他建模工具建立模型,再载入 3D 图形程序中。Direct3D 11 支持 OBJ 文件的导入来实现对网格的简单支持。OBJ 是一种模型文件格式,适合用于 3D 软件模型之间的互导。一个 OBJ 模型一般通过一个 OBJ 文件和一个 MTL 文件来描述。下面先介绍 OBJ 的相关知识。

12.1.1 相关概念

(1)OBJ 文件

OBJ 文件是一种简单的文本格式文件,用于描述三维几何体的基本信息,包括顶点位置、纹理坐标、顶点法线、面片信息等。文件的示例如下:

```
# Wavefront OBJ file
# Converted by the DEEP Exploration Deep Exploration 5.5 5.5.4.2708 Release
# Right Hemisphere, LTD

mtllib chair. mtl
g cube1
v −1.06810 −1.09692 2.31987
v −1.03627 −1.05774 2.50076
…
vt 0.24521 0.68920
vt 0.25118 0.68954
…
vn −0.14839 −0.88321 −0.44488
vn −0.16390 −0.98648 0.00000
```

```
...
usemtl Material__1
f   1067/1/1 529/2/2 393/3/3
f   1070/4/4 393/3/3 529/2/2
```

- 以"#"字符开头的行表示注释行；
- 以"mtllib"开头的行表示该 OBJ 文件使用的材质文件名称；
- 以"g"开头的行表示网格的组名；
- 以"v"开头的行表示 Vertex，即顶点坐标信息；
- 以"vt"开头的行表示 Vertex Texture，即纹理坐标；
- 以"vn"开头的行表示 Vertex Normal，即法向量；
- 以"f"开头的行表示 Face，即面片，一个面片由一组顶点组成，可能是 3 个也可能是 4 个；
- 以"usemtl"开头的行表示接下来的面片所使用材质的名称。

（2）MTL 文件

MTL(Material Library File) 文件表示材质库文件。该文件可以包含一种或者多种材质信息，同时也包含了纹理贴图的信息。文件示例如下：

```
#
# Wavefront material file
# Converted by the DEEP Exploration   Deep Exploration 5.5 5.5.4.2708 Release
# Right Hemisphere, LTD
#

newmtl Material__1
Ka 0 0 0
Kd 1 1 1
Ks 1 1 1
illum 2
Ns 2
map_Kd Tiny_skin.png
```

- 以"newmtl"开头的行表示材质名称；
- 以"Ka"，"Kd"，"Ks"开头的行分别表示漫射光、环境光和镜面光的反射率；
- 以"illum"开头的行用于指定材质的光照模式；
- 以"Ns"开头的行用于指定材质的镜面高光系数；
- 以"map_Kd"开头的行用于指定纹理贴图的文件名。

12.1.2　本章主要内容和目标

本例将在第 10 章示例的基础上，通过导入 OBJ 模型在场景中绘制一把椅子。通过完成本章示例，需要达到如下目标：

①了解 Obj 和 mtl 文件的基本格式；

②了解导入 OBJ 模型的基本过程；

③掌握将 OBJ 模型从文件中导入并绘制到场景中的方法。

12.2 导入椅子的 OBJ 模型

本次实验不需要新建一个项目，而是在第 11 章的基础上进行扩展。这里只需要新增两个文件：ObjLoader. h 和 ObjLoader. cpp。示例所需的文件如图 12.1 所示。

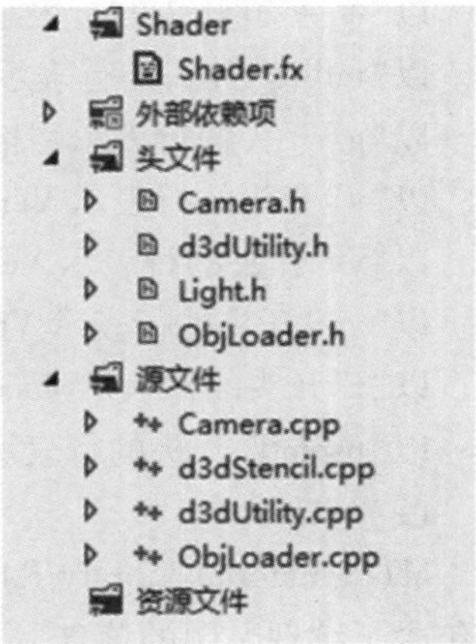

12.2.1 拷贝 OBJ 文件

新建一个文件夹取名为"media"，放到与本项目 cpp 文件相同路径下。从本书的资源网址上，将"chair. mtl"，"chair. obj"，"ChairDiff. png"文件复制到 media 文件夹中。

12.2.2 编写 ObjLoader. h 文件

ObjLoader. h 文件里定义了 mtl 文件中物体的材质结构、顶点数据结构、子网格结构以及一个 OBJ 载入类，具体如代码 12.1 所示。

图 12.1 项目文件目录

```
1   #ifndef OBJLOADER_H_H
2   #define OBJLOADER_H_H
3
4   #include "d3dUtility. h"
5   #include <string>
6   #include <vector>
7   #include <fstream>
8
9   //mtl 文件中物体的材质结构定义
10  class ObjMaterial
11  {
12  public：
13      char                    strName[1024];
14      XMFLOAT4                vAmbient;              //环境光反射率
15      XMFLOAT4                vDiffuse;              //散射光反射率
16      XMFLOAT4                vSpecular;             //镜面光反射率
17      int                     nShininess;            //镜面高光系数
18      ID3D11ShaderResourceView* pTextureRV;          //纹理对象
19
20   public：
21      ObjMaterial();
22      void Release();
23  };
```

```
24
25   //顶点数据结构定义
26   struct ObjVertex
27   {
28      XMFLOAT3                    vPosition;              //位置坐标
29      XMFLOAT2                    vTexCoord;              //纹理坐标
30      XMFLOAT3                    vNormal;                //法向量
31   };
32
33   //子网格结构定义
34   class ObjSubMesh
35   {
36   public:
37      //材质名称
38      std::string              strMaterialName;
39      //纹理视图
40      ID3D11ShaderResourceView * pTextureRV;
41      //子集对应的索引开始序号
42      unsigned long   lStartIndex;
43      //子集对应的索引数目
44      unsigned long   lIndexCount;
45   public:
46      ObjSubMesh();
47      void Release();
48   };
49
50   //OBJ 模型载入类
51   class ObjLoader
52   {
53    public:
54      //创建模型的工具所使用的坐标系:左手坐标系或者右手坐标系
55      enum
56      {
57        Left_Hand_System = 1,
58        Right_Hand_System
59      };
60   public:
61      ObjLoader();
62      ObjLoader(ID3DX11Effect * objeffect);
63      //从文件载入模型
64      //resPath:模型文件路径
```

```
65      //objFilename:obj 文件名,不包含路径信息
66      //nHandSystem:模型记录的是左手坐标系下的数据还是右手坐标系下的数据
67      bool Load ( ID3D11Device * device, char * resPath, char * objFilename, int
68              nHandSystem = Left_Hand_System );
69      //释放资源
70      void Release ( );
71      //绘制模型
72      void RenderEffect( ID3D11DeviceContext * deviceContext,
73              ID3DX11EffectTechnique * pTechnique );
74
75      ID3DX11Effect * GetRenderEffect ( ) { return effect; }
76
77   private:
78      bool ParseVertices( ID3D11Device * device, char * fileName, int
79      nHandSystem ); // 提取顶点信息(位置、纹理、法向量)
80      //解析材质文件
81      bool ParseMaterialFile( ID3D11Device * device, char * fileName );
82      //解析子网格(submesh)结构
83      bool ParseSubset( char * fileName, int nHandSystem );
84      //创建顶点缓存和索引缓存
85      bool CreateBuffers( ID3D11Device * device );
86
87   private:
88
89      //文件顶点数据信息
90      std::vector < XMFLOAT3 >   m_vertices; //坐标
91      std::vector < XMFLOAT2 >   m_textures; //纹理
92      std::vector < XMFLOAT3 >   m_normals; //法向量
93      //网格顶点信息
94      std::vector < ObjVertex >   m_meshVertices;
95      //网格信息
96      std::vector < ObjSubMesh >   m_Mesh;
97      //材质信息
98      std::vector < ObjMaterial >   m_Material;
99      //OBJ 资源路径
100     std::string m_strResPath;
101
102     //网格顶点缓存
103     ID3D11Buffer   * m_meshVertexBuffer;
104     //网格索引缓存
105     ID3D11Buffer   * m_meshIndexBuffer;
```

```
106    //Effect 对象
107    ID3DX11Effect ∗ effect；
108   }；
109   #endif
```

代码 12.1

12.2.3　编写 ObjLoader.cpp 文件

这个文件主要包括两个部分，第一个部分实现各个构造函数以及释放函数；第二部分主要实现了 5 个成员函数用于从 OBJ 文件和 MTL 文件中导入 OBJ 模型。这 5 个成员函数的调用关系如图 12.2 所示。除了这 5 个成员函数外，还实现了一个绘制函数，用于绘制从 OBJ 模型。

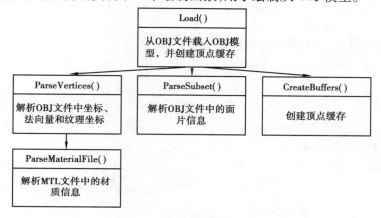

图 12.2　函数调用关系图

下面依次介绍 ObjLoader.cpp 文件的具体编写。

（1）编写构造函数和释放函数（如代码 12.2 所示）

```
1    #include "ObjLoader.h"    //包含我们定义的 ObjLoader.h 文件
2
3    //材质类的构造函数
4    ObjMaterial::ObjMaterial()
5    {
6      memset(strName，0，sizeof(char) ∗ 1024)；
7      vAmbient = XMFLOAT4(1.0f，1.0f，1.0f，1.0f)；
8      vDiffuse = XMFLOAT4(1.0f，1.0f，1.0f，1.0f)；
9      vSpecular = XMFLOAT4(1.0f，1.0f，1.0f，1.0f)；
10     nShininess = 0；
11     pTextureRV = NULL；
12    }
13    //材质类的释放函数，主要释放纹理对象
14    void ObjMaterial::Release()
15    {
16      if(pTextureRV)
```

```
17    {
18        (pTextureRV) -> Release();
19        (pTextureRV) = NULL;
20    }
21  }
22
23  //网格类的构造函数
24  ObjSubMesh::ObjSubMesh()
25  {
26      pTextureRV = 0;
27  }
28
29  //网格类的释放函数,主要释放纹理对象
30  void ObjSubMesh::Release()
31  {
32      if(pTextureRV)
33      {
34          pTextureRV -> Release();
35          pTextureRV = 0;
36      }
37  }
38
39  //ObjLoader 的默认构造函数
40  ObjLoader::ObjLoader()
41  {
42      m_meshVertexBuffer = 0;
43      m_meshIndexBuffer = 0;
44      effect = 0;
45  }
46
47  //ObjLoader 的构造函数,以 ID3DX11Effect 对象作为参数
48  ObjLoader::ObjLoader(ID3DX11Effect * objeffect)
49  {
50      m_meshVertexBuffer = 0;
51      m_meshIndexBuffer = 0;
52      effect = objeffect;
53  }
54  //释放函数
55  void ObjLoader::Release()
56  {
57      if(m_meshIndexBuffer)
```

```
58      {
59        m_meshIndexBuffer -> Release();
60        m_meshIndexBuffer = 0;
61      }
62
63      if( m_meshVertexBuffer)
64      {
65        m_meshVertexBuffer -> Release();
66        m_meshVertexBuffer = 0;
67      }
68
69      for( std::vector < ObjSubMesh >::iterator iter = m_Mesh.begin();
70        iter ! = m_Mesh.end(); + + iter)
71      {
72        iter -> Release();
73      }
74
75      for( std::vector < ObjMaterial >::iterator iter = m_Material.begin();
76        iter ! = m_Material.end(); + + iter)
77      {
78        iter -> Release();
79      }
80    }
```

代码 12.2

（2）编写 Load( )函数

这个函数通过调用其他 3 个函数来实现 OBJ 模型的导入和顶点缓存的建立,如代码 12.3 所示。

```
1   //从 OBJ 文件中读入物体信息
2   bool ObjLoader::Load( ID3D11Device * device, char * resPath, char *
3                  objFilename, int nHandSystem)
4   {
5     m_strResPath = resPath;
6
7     std::string objFullFilename( resPath);     //取得文件路径
8     objFullFilename + = objFilename;         //将路径和文件名合并成完整文件名
9     //根据文件中的顶点信息创建顶点
10    ParseVertices( device, ( char * )objFullFilename.c_str(), nHandSystem);
11    ParseSubset( ( char * )objFullFilename.c_str(), nHandSystem);     //创建子集
12    CreateBuffers( device);     //创建顶点缓存
13
14    return true;
15  }
```

代码 12.3

（3）**编写 ParseVertices( ) 函数**

这个函数用于解析 OBJ 文件中坐标、法向量和纹理坐标，即解析文件中以"v""vt""vn"开头行中的数据，并且调用 ParseMaterialFile( ) 函数来解析 MTL 文件中的内容，如代码 12.4 所示。

```
1   //根据文件中的顶点信息创建顶点
2   bool ObjLoader::ParseVertices(ID3D11Device * device, char * fileName, int
3   nHandSystem)
4   {
5     std::ifstream inFile;        //声明一个文件流输入对象
6     inFile.open(fileName);       //打开文件
7     if(inFile.fail())            //判断文件是否打开成功
8     {
9       return false;
10    }
11
12    while(true)   //通过一个循环读取文件,直到文件结束才退出循环
13    {
14      std::string input;         //创建一个字符串
15      inFile >> input;           //对去文件流对象的一行传递给 input 字符串
16      if(input == "v")           //读取 input 的值为 v 则表示之后的数字为顶点坐标
17      {
18        XMFLOAT3 pos;            //声明一个 XMFLOAT3 来存放文件中的顶点坐标
19        inFile >> pos.x;        //设置 x 轴坐标
20        inFile >> pos.y;        //设置 y 轴坐标
21        inFile >> pos.z;        //设置 z 轴坐标
22        //如果是右手坐标系需要进行 z 轴转向
23        if(Right_Hand_System == nHandSystem)
24        {
25          pos.z = pos.z * -1.0f;
26        }
27        m_vertices.push_back(pos);   //将顶点坐标推入 m_vertices 成员中
28      }
29      else if(input == "vt") //input 的值为 vt 则表示之后的数字为纹理坐标
30      {
31        XMFLOAT2 tc;
32        inFile >> tc.x;         //设置纹理 x 轴坐标
33        inFile >> tc.y;         //设置纹理 y 轴坐标
34
35        if(Right_Hand_System == nHandSystem)
36        {
37          tc.y = 1.0f - tc.y;
38        }
```

```
39          //将这个顶点的纹理坐标推入 m_textures 成员中
40          m_textures. push_back( tc );
41      }
42      else if( input == "vn" )   //读取 input 的值为 vn 则表示之后的数字为法向量
43      {
44          XMFLOAT3 nor;
45          inFile >> nor. x;
46          inFile >> nor. y;
47          inFile >> nor. z;
48
49          if( Right_Hand_System == nHandSystem )
50          {
51              nor. z = nor. z * -1.0f;
52          }
53          //将这个顶点的方向量推入给 m_normals 成员变量
54          m_normals. push_back( nor );
55      }
56      //若 input 的值为 mtllib 则表示之后的内容为材质文件名
57      else if( input == "mtllib" )
58      {
59          //解析材质文件
60          std::string matFileName;
61          inFile >> matFileName;
62
63          //材质文件中记录的纹理文件名是不包含路径信息的
64          ParseMaterialFile( device, ( char * ) matFileName. c_str( ) );
65      }
66      //usemtl 和 f 信息在 ParseSubset 函数中提取
67      inFile. ignore( 1024 , '\n' );
68      if( inFile. eof( ) )   //读到文件结束就退出循环
69          break;
70  }
71  inFile. close( );   //关键文件输入流对象
72  return true;
73  }
```

代码 12.4

（4）编写 ParseMaterialFile（）函数

ParseMaterialFile（）用于从 MTL 文件中解析材质信息，具体如代码 12.5 所示。

```
1   //提取材质文件中材质信息
2   bool ObjLoader::ParseMaterialFile(ID3D11Device * device, char * fileName)
3   {
4       std::ifstream inFile;        //声明一个文件输入流对象
5       std::string fullFileName = m_strResPath + fileName;    //获取文件全名
6       inFile.open(fullFileName);                      //打开文件
7       if(inFile.fail())          //判断文件打开是否成功
8       {
9           return false;
10      }
11
12      ObjMaterial * pMat = NULL;              //声明一个 ObjMaterial 材质对象
13
14      while(true)             //通过循环逐行读取材质文件中的内容
15      {
16          std::string input;
17          inFile >> input;
18          if(input == "newmtl")  //input 的值为 newmtl 则创建一个新材质信息
19          {
20              //pMat 里本来就存在材质信息(针对一个 mtl 文件定义多种材质的情况)
21              if(pMat ! = NULL)
22              {
23                  m_Material.push_back(*pMat);  //则将材质信息推入 m_Material 成员
24                  pMat -> Release();
25                  delete pMat;
26              }
27
28              pMat = new ObjMaterial;    //新建一个材质对象
29              inFile >> pMat -> strName;    //将 newmtl 后的字符串设置为材质名称
30          }
31          else if(pMat ! = NULL)            //如果材质对象 pMat 不为空
32          {
33              //如果读入 input 的值为 Ka,则后面的值为材质的环境光反射率
33              if(input == "Ka")
34              {
35                  //设置材质的环境光反射率
36                  inFile >> pMat -> vAmbient.x;
37                  inFile >> pMat -> vAmbient.y;
38                  inFile >> pMat -> vAmbient.z;
39              }
40              //如果读入 input 的值为 Kd,则后面的值为材质的散射光反射率
```

```
41        else if( input  ==  "Kd" )
42        {
43            //设置材质的散射光反射率
44            inFile >> pMat -> vDiffuse. x;
45            inFile >> pMat -> vDiffuse. y;
46            inFile >> pMat -> vDiffuse. z;
47        }
48        //如果读入 input 的值为 Ks,则后面的值为材质的镜面光反射率
48        else if( input  ==  "Ks" )
49        {
50            //设置材质的镜面光反射率
51            inFile >> pMat -> vSpecular. x;
52            inFile >> pMat -> vSpecular. y;
53            inFile >> pMat -> vSpecular. z;
54        }
55        //如果读入 input 的值为 Ns,则后面的值为材质的镜面光反射率
56        else if( input  ==  "Ns" )
57        {
58            inFile >> pMat -> nShininess;    //设置镜面反射系数
59        }
60        //如果读入 input 的值为 map_Kd,则后面的值为纹理文件名
61        else if( input  ==  "map_Kd" )
62        {
63            //首先判断文件名是否存在,如果不存在,那么下一个字符将是' \n'
64            char ch;
65            inFile. get( ch);
66            if( ch  ==  ' '  | |  ch  ==  ' \t')
67            {
68                inFile. get( ch);
69            }
70
71            if( ch  ==  ' \n')                //如果后面没有文件名
72            {
73                pMat -> pTextureRV  =  NULL;//则设置纹理为空
74                if( inFile. eof( ) )          //如果是文件结尾则跳出循环
75                    break;
76                else                          //否则继续循环
77                    continue;
78            }
79
80            std::string mapFileName;      //声明字符串来读取文件名
```

```
81          inFile >> mapFileName;
82          //需要为纹理文件名添加上路径,因为 OBJ 文件是不包含路径信息的
83          mapFileName = ch + mapFileName;
84          mapFileName = m_strResPath + mapFileName;
85          //从纹理文件中读取文件并将读取的信息存入材质
86          //对象的 pTextureRV 成员
87          HRESULT result = D3DX11CreateShaderResourceViewFromFileA(
88                          device, mapFileName.c_str(), NULL, NULL,
89                          &pMat -> pTextureRV, NULL);
90          if(FAILED(result))
91          {
92              ::MessageBoxA(NULL, "Create texture failed", "Notice", 0);
93              return false;
94          }
95       }
96     }
97     inFile.ignore(1024, '\n');
98
99     if(inFile.eof())   //文件结束则跳出循环
100      break;
101  }
102
103  //最后 pMat 还要添加一次,这是针对一个 mtl 文件只有一个材质信息的情况
104  //或者有多个材质信息的情况,将最后一个材质信息推入 m_Material 对象
105  if(pMat != NULL)
106  {
107      m_Material.push_back(*pMat);
108  }
109
110  return true;
111  }
```

代码 12.5

(5)编写 ParseSubset()函数

该函数是根据 OBJ 文件中的面片信息将已经解析的顶点信息组成各个面片,如代码 12.6 所示。

```
1   //根据读入的顶点信息创建子集
2   bool ObjLoader::ParseSubset(char * fileName, int nHandSystem)
3   {
4     std::ifstream inFile;        //声明一个文件输入流对象
5     inFile.open(fileName);   //打开文件
```

```
6      if( inFile. fail( ))              //判断打开是否成功
7      {
8          return false;
9      }
10
11     ObjSubMesh * pSubMesh = NULL;         //创建一个 ObjSubMesh 对象
12     unsigned long lStartIndex = 0;         //索引开始
13     unsigned long lIndexCount = 0;         //索引数量
14
15     while( true)
16     {
17         std::string input;
18         inFile >> input;
19         //如果读入 input 的值为 usemtl,则后面的值为材质的名称
20         if( input == "usemtl")
21         {
22             if( pSubMesh ! = NULL)              //如果 ObjSubMesh 对象不为空
23             {
24                 //设置 ObjSubMesh 对象的索引起始位置
25                 pSubMesh –> lStartIndex = lStartIndex;
26                 //设置 ObjSubMesh 对象的索引大小
27                 pSubMesh –> lIndexCount = lIndexCount – lStartIndex;
28                 //将这个 ObjSubMesh 对象推入 m_Mesh 成员中
29                 m_Mesh. push_back( * pSubMesh);
30                 delete pSubMesh;
31             }
32
33             pSubMesh = new ObjSubMesh;         //新建一个 ObjSubMesh 对象
34
35             inFile >> pSubMesh –> strMaterialName;         //设置 ObjSubMesh 对象的材质名
36             //根据材质名称获取材质视图对象
37             //声明一个迭代器
38             std::vector < ObjMaterial > ::iterator iter = m_Material. begin( );
39             //从 m_Material 数组第一个遍历到最后一个
40             while( iter ! = m_Material. end( ))
41             {
42                 //逐个比较材质名,如有相同即退出
43                 if( iter –> strName == pSubMesh –> strMaterialName) break;
44                 iter + +;
45             }
46             //如果材质数字起始和结尾是在同一位置,则说明该数组为空
```

```
47          if( iter  ==  m_Material. end( ) )
48          {
49            ::MessageBoxA( NULL, "Material Error: can not find
50                          material", "Error", 0);
51        return false;
52          }
53        else
54          //将遍历器的纹理赋值给 pSubMesh 的纹理
55          pSubMesh -> pTextureRV = iter -> pTextureRV;
56        lStartIndex = lIndexCount;  //更新索引起始位置
57      }
58      //如果读入 input 的值不是 usemtl 且 pSubMesh 不为空则设置位置、纹理与法向量
59      else if( pSubMesh ! = NULL)
60      {
61        //如果读入 input 的值为 f 则之后的数字为坐标、纹理、法向量的索引
62        if( input  ==  "f")
63        {
64          ObjVertex vertex[3];    //顶点对象
65          int posIndex[3];        //位置索引
66          int texIndex[3];        //纹理索引
67          int normalIndex[3];     //法向量索引
68
69          char ch;
70          if( Left_Hand_System  ==  nHandSystem) //左手坐标系
71          {
72            //依次读入各个索引值
73            inFile >> posIndex[0] >> ch > > texIndex[0] >> ch
74             >> normalIndex[0] >> posIndex[1] >> ch >> texIndex[1]
75             >> ch >> normalIndex[1] >> posIndex[2] >> ch
76             >> texIndex[2] >> ch >> normalIndex[2];
77          }
78          else    //右手坐标系
79          {  //依次读入各个索引值
80             inFile >> posIndex[2] >> ch >> texIndex[2] >> ch
81              >> normalIndex[2] >> posIndex[1] >> ch >> texIndex[1]
82              >> ch >> normalIndex[1] >> posIndex[0] >> ch
83              >> texIndex[0] >> ch >> normalIndex[0];
84          }
85          //通过索引值创建顶点
86          //所谓索引就是之前创建好的 m_vertices,
87          //m_textures,m_normals 对应下标
```

```
88          for( int i = 0; i ! = 3; + +i)
89          {
90              vertex[i]. vPosition = m_vertices[ posIndex[i] –1];//位置
91              vertex[i]. vTexCoord = m_textures[ texIndex[i] – 1];//纹理
92              vertex[i]. vNormal = m_normals[ normalIndex[i] –1];//法向量
93              //收集所有顶点
94              this –> m_meshVertices. push_back( vertex[i]);
95              lIndexCount + +;
96          }
97      }
98      }
99      inFile. ignore( 1024, '\n');
100
101     if( inFile. eof( ))
102         break;
103 }
104 //pSubMesh 还要添加一次
105 if( pSubMesh ! = NULL)
106 {
107     pSubMesh –> lStartIndex = lStartIndex;
108     pSubMesh –> lIndexCount = lIndexCount – lStartIndex;
109 m_Mesh. push_back( ∗pSubMesh);
110 }
111
112     return true;
113 }
```

代码 12.6

(6) 编写 CreateBuffers( ) 函数

该函数根据已经解析的顶点和面片信息创建顶点缓存,如代码 12.7 所示。

```
1  //创建顶点缓存
2  bool ObjLoader::CreateBuffers( ID3D11Device ∗ device)
3  {
4     //创建 mesh 顶点和索引缓存
5     ObjVertex ∗ vertices;
6     unsigned int ∗ indices;
7     D3D11_BUFFER_DESC vertexBufferDesc, indexBufferDesc;    //缓存描述
8     D3D11_SUBRESOURCE_DATA vertexData, indexData;          //子资源对象
9     HRESULT result;
10
11    int vertexCount = m_meshVertices. size( );
12
```

```
13    vertices = new ObjVertex[vertexCount];
14    if(! vertices)
15    {
16        return false;
17    }
18
19    indices = new unsigned int[vertexCount];
20    if(! indices)
21    {
22        return false;
23    }
24
25    //创建顶点数组
26    for(int i = 0; i ! = vertexCount; + +i)
27    {
28        vertices[i].vPosition = m_meshVertices[i].vPosition;
29        vertices[i].vTexCoord = m_meshVertices[i].vTexCoord;
30        vertices[i].vNormal = m_meshVertices[i].vNormal;
31        indices[i] = i;
32    }
33
34    //填充顶点缓存描述结构
35    vertexBufferDesc.Usage = D3D11_USAGE_DEFAULT;
36    vertexBufferDesc.ByteWidth = sizeof(ObjVertex) * vertexCount;
37    vertexBufferDesc.BindFlags = D3D11_BIND_VERTEX_BUFFER;
38    vertexBufferDesc.CPUAccessFlags = 0;
39    vertexBufferDesc.MiscFlags = 0;
40    vertexBufferDesc.StructureByteStride = 0;
41
42    vertexData.pSysMem = vertices;
43    vertexData.SysMemPitch = 0;
44    vertexData.SysMemSlicePitch = 0;
45    //创建顶点缓存
46    result = device -> CreateBuffer(&vertexBufferDesc, &vertexData,
47                                    &(this -> m_meshVertexBuffer));
48    if(FAILED(result))
49    {
50        return false;
51    }
52    //填充索引缓存描述结构
53    indexBufferDesc.Usage = D3D11_USAGE_DEFAULT;
```

```
54    indexBufferDesc. ByteWidth  =  sizeof( unsigned int)  ∗  vertexCount;
55    indexBufferDesc. BindFlags  =  D3D11_BIND_INDEX_BUFFER;
56    indexBufferDesc. CPUAccessFlags  =  0;
57    indexBufferDesc. MiscFlags  =  0;
58    indexBufferDesc. StructureByteStride  =  0;
59
60    indexData. pSysMem  =  indices;
61    indexData. SysMemPitch  =  0;
62    indexData. SysMemSlicePitch  =  0;
63    //创建索引缓存
64    result  =  device – > CreateBuffer ( &indexBufferDesc, &indexData,
65                                         &( this – > m_meshIndexBuffer) );
66    if( FAILED( result) )
67    {
68        return false;
69    }
70
71    //buffers 创建成功以后 vertex 和 index 数组就可已删除了,
72    //因为数据已经被复制到 buffers 中了
73    delete [ ] vertices;
74    vertices  =  0;
75
76    delete [ ] indices;
77    indices  =  0;
78
79    return true;
80    }
```

代码 12.7

（7）**编写 RenderEffect( )函数**
该函数根据顶点缓存中的信息将物体绘制出来,如代码 12.8 所示。

```
1    //绘制模型
2    void ObjLoader::RenderEffect( ID3D11DeviceContext ∗ deviceContext,
3    ID3DX11EffectTechnique ∗ pTechnique)
4    {
5        UINT stride  =  sizeof( ObjVertex);
6        UINT offset  =  0;
7        bool textureOn;
8        //设置顶点缓存
9        deviceContext – > IASetVertexBuffers( 0, 1, &this – > m_meshVertexBuffer,
10                          &stride, &offset);
```

```
11   deviceContext -> IASetIndexBuffer( this -> m_meshIndexBuffer,
12                   DXGI_FORMAT_R32_UINT, 0);   //设置索引缓存
13   deviceContext -> IASetPrimitiveTopology(
14                   D3D11_PRIMITIVE_TOPOLOGY_TRIANGLELIST);//设置图元类型
15
16   for( std::vector < ObjSubMesh > ::iterator iter = m_Mesh.begin();
17       iter != m_Mesh.end(); + + iter)
18   {
19       //获取材质数据
20       std::vector < ObjMaterial > ::iterator iter2;
21       //根据材质和纹理不同,绘制物体各个部分
22       for( iter2 = m_Material.begin(); iter2 != m_Material.end(); + + iter2)
23       {
24           if( iter2 -> strName == iter -> strMaterialName)
25           {
26               if( iter2 -> pTextureRV != NULL)
27               {
28                   ::ID3DX11EffectShaderResourceVariable *
29                   fxShaderResource = effect -> GetVariableByName("Texture")
30                    -> AsShaderResource();
31                   fxShaderResource -> SetResource( iter2 -> pTextureRV);
32                   textureOn = true;
33               }
34               else
35                   textureOn = false;
36               break;
37           }
38       }
39       //设置材质信息
40       effect -> GetVariableByName("MatAmbient") -> AsVector()
41                       -> SetFloatVector(( float * )&( iter2 -> vAmbient));
42       effect -> GetVariableByName("MatDiffuse") -> AsVector()
43                       -> SetFloatVector(( float * )&( iter2 -> vDiffuse));
44       effect -> GetVariableByName("MatSpecular") -> AsVector()
45                       -> SetFloatVector(( float * )&( iter2 -> vSpecular));
46
47       D3DX11_TECHNIQUE_DESC techDesc;
48       pTechnique -> GetDesc( &techDesc);
49       //根据 pass 的个数循环绘制物体,本例中 fx 文件中只有每个 technique
50       //只有一个 pass,所以只循环一次
51       for( UINT i = 0; i < techDesc.Passes; + + i)
```

```
52          {
53              pTechnique -> GetPassByIndex(i) -> Apply(0, deviceContext);
54              deviceContext -> DrawIndexed(iter -> lIndexCount,
55                                  iter -> lStartIndex, 0);
56          }
57      }
58  }
```

代码 12.8

12.2.4　修改 d3dStencil.cpp 文件

(1)包含 ObjLoader.h 头文件

将编写好的 ObjLoader.h 包含到头文件中,如代码 12.9 所示,其中带波浪线的代码为本例新增的头文件。

```
1  #include "d3dUtility.h"
2  #include "Light.h"
3  #include "Camera.h"
4  #include "ObjLoader.h"
```

代码 12.9

(2)新增一个全局变量

在代码 11.4 后面新增一个全局变量,定义椅子的 OBJ 模型的加载器,如代码 12.10 所示。

```
1  ObjLoader * objLoaderChair;        //椅子的 OBJ 模型加载器
```

代码 12.10

(3)修改 Setup 函数

首先将代码 10.12 的内容全部移到代码 10.14 第 64 行之前。这是因为绘制镜中箱子时,需要把创建的顶点缓存设置到执行上下文进行绘制。而在导入 OBJ 模型时建立的顶点缓存时会将执行上下文中的原来的顶点缓存覆盖掉。而镜中箱子的顶点缓存是一个局部变量,因此无法再次设置到执行上下文中,所以要把创建镜中箱子的顶点缓存的代码放到绘制 OBJ 模型之后。当然也可以把镜中箱子的顶点缓存定义成全局变量就可以在绘制 OBJ 模型后再次设置给执行上下文了,读者可以自行尝试。

在进行上述修改后,需要 objLoaderChair 对象调用 Load 函数来载入椅子的 OBJ 模型。具体方法是在代码 11.5 后添加如代码 12.11 所示内容。

```
1  objLoaderChair = new ObjLoader(effect);
2  objLoaderChair -> Load(device, "media/", "chair.obj",
3                  ObjLoader::Left_Hand_System);
```

代码 12.11

(4)修改 Display 函数

除了刚才移动的顶点缓存之外,还需要在代码 10.14 中第 54 行后加入如代码 12.12 所示内容。首先要通过世界变换将椅子放到适当位置,再调用 RenderEffect() 方法来绘制椅子。

```
1  //绘制椅子 ---------------------------
2  //首先进行世界坐标变换调整椅子的大小、方向、位置
```

3 world = XMMatrixRotationX(– XM_PIDIV2) * XMMatrixRotationY(– XM_PI)
4   * XMMatrixScaling(0.5f,0.5f,0.5f) * XMMatrixTranslation(2.f, – 1.0f, 0.f);
5 effect – > GetVariableByName("World") – > AsMatrix() – > SetMatrix((float *)&world);
6 //调用 RenderEffect 直接绘制椅子
7 objLoaderChair – > RenderEffect(immediateContext, technique);

代码 12.12

12.2.5　编译程序

编译程序后就会出现如图 12.3 所示运行画面。

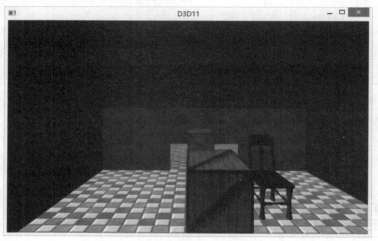

图 12.3　项目运行结果

12.3*　思考题

（1）尝试在镜子中绘制椅子的倒影，如图 12.4 所示。

图 12.4　在镜子中加入椅子映像

（2）尝试通过网络资源找到其他 OBJ 模型，并加入到本例中。

第 **3** 篇
Direct3D 综合示例

本部分通过将第二部分的内容进行实际运用,编写两个简单的 3D 游戏。

(1)BUS RUN **游戏**

这是一个简单的跑酷游戏。游戏中通过操作一辆行驶的巴士来获得硬币,同时避开炸弹,成功到达终点即游戏结束。

(2)**投篮游戏**

通过调整篮球的角度和力度实现投篮,成功投篮后则记分。

通过编写这两个游戏,读者可以进一步理解第二部分所介绍的 D3D 知识的具体使用方法和应用场景。

第**13**章
跑酷游戏——BUS RUN

13.1 概　述

本章将介绍一个 BUS RUN 游戏。这是一个跑酷类游戏,通过操作一辆行驶的巴士来收集金币、躲开炸弹,最终达到终点,游戏结束。游戏截图如图 13.1 所示。

图 13.1　游戏运行截图

游戏画面看似复杂,但是如果将画面分解开来,其实就较容易理解了,如图 13.2 所示。从图中可见,整个画面其实包含了如下部分:

①一条有四车道的公路,以及公路两旁的绿色草地。

②公路两旁的树,这里每棵树都是一个平面贴图,垂直于草坪。为了实现逼真的效果,靠近跑道的树垂直于跑道贴图,后排的树平行于跑道贴图。

③大巴车是一个长方体结构,需要给长方体的 6 个面贴上大巴的纹理(由于视觉原因,这里只贴四个面:后、上、左、右)。

④远处的云也是通过纹理贴图实现的。

⑤金币和炸弹。每个金币或炸弹实质上是一个垂直于跑道平面的正方形平面结构,贴图完成就好。

⑥分数数字实际上也是通过纹理贴图实现的。

图 13.2　游戏画面示意图

在了解了游戏的画面构成后,再来介绍游戏需要实现的效果。整个游戏实现的效果有:

①车以一定的速度前进且左右移动不超过跑道;

②车前进,公路和树后退;

③车前进,云靠近;

④炸弹、金币随机出现;

⑤搜集金币加分,碰到炸弹减分;

⑥游戏终止,车停。

本章将详细介绍该游戏的实现,以及灵活运用纹理贴图实现简单游戏的方法。读者可以举一反三实现更多的游戏。

13.2　编写 BUS RUN 游戏

本章游戏是在本书的程序框架上编写的,所以部分内容可以参考之前其他示例的代码。本章只对重要的代码进行讲解。

13.2.1　创建一个 Win32 项目

创建一个 Win32 项目,命名为"D3DBusRun"。创建好项目后,将 DX SDK 和 Effect 框架的 include 和 lib 目录分别配置到项目的包含目录和库目录中,具体创建及配置方法见章节 4.2.3 和 6.2.2。

13.2.2 创建项目所需文件

（1）创建头文件

创建一个 h 文件，命名为"d3dUtility. h"。

（2）创建源文件

创建两个 cpp 文件，命名为"d3dUtility. cpp"和"d3dBusRun. cpp"。

（3）创建一个 fx 文件

首先新建一个筛选器，取名为"Shader"。在新建的 Shader 筛选器下新建一个"Shader. fx"文件。注意：和第 5 章一样的 Triangle. hlsl 一样，也需要将 Shader. fx 设置为"不参与生成"，详细方法见章节 5.2.2。所有文件创建好了，如图 13.3 所示。

图 13.3　项目文件目录

（4）复制纹理图片

新建一个文件夹取名为"img"，放到与本项目 cpp 文件相同路径下。从本书的资源网址上，将下列纹理图片文件都复制到 img 文件夹中。

本例中所用到的纹理图片如表 13.1 所示。

表 13.1　游戏所需纹理图片

图片内容	文件名	像素
跑道	road. bmp	1 024 * 1 024
草坪	lawn. png	881 * 595
树	tree1. png ~ tree6. png	902 * 1024
金币	coin. png	533 * 532
炸弹	bomb. png	400 * 350
大巴尾部	bus-back. png	135 * 176
大巴左侧	bus-left. png	513 * 165
大巴右侧	bus-right. png	513 * 165
大巴顶部	bus-top. png	169 * 454
0 ~ 9 数字	0. png ~ 9. png	389 * 51
'按 enter 键开始！！'	start. png	1 067 * 1 645
终点线	end. png	1 024 * 80

读者也可以根据自己的需要通过网络资源找到其他纹理图片，但是为了看上去协调，建议使用和以上图片相同长宽比的图片；并且建议使用 png 格式的图片，因为像树这样不规则的形状，需要有透明的地方。

13.2.3 复制 d3dUtility.h, d3dUtility.cpp 和 Shader.fx 文件

将第 6 章中的 d3dUtility.cpp, d3dUtility.h 和第 8 章中的 Shader.fx 中的内容复制到本例的对应文件中。

13.2.4 编写 d3dBusRun.cpp 文件

（1）添加头文件和全局变量

本例需要添加的全局变量主要是需要载入纹理贴图的资源视图对象。为了方便读者理解，这里将所有纹理贴图对应的资源视图对象都分别进行声明，如代码 13.1 所示。但是这种声明资源视图对象的代码并不美观，读者可以根据自己的理解进行代码风格的调整。

```
1   #include "d3dUtility.h"
2   #include <time.h>
3   //声明全局指针
4   ID3D11Device * device = NULL;
5   IDXGISwapChain * swapChain = NULL;
6   ID3D11DeviceContext * immediateContext = NULL;
7   ID3D11RenderTargetView * renderTargetView = NULL;
8   //Effect 相关全局指针
9   ID3D11InputLayout * vertexLayout;
10  ID3DX11Effect * effect;
11  ID3DX11EffectTechnique * technique;
12  //声明三个坐标系矩阵
13  XMMATRIX world;
14  XMMATRIX view;
15  XMMATRIX projection;
16
17  ID3D11ShaderResourceView * textureRoad;//路面纹理
18  ID3D11ShaderResourceView * textureLawn;//草地纹理
19  //树的纹理
20  ID3D11ShaderResourceView * textureTree1;
21  ID3D11ShaderResourceView * textureTree2;
22  ID3D11ShaderResourceView * textureTree3;
23  ID3D11ShaderResourceView * textureTree4;
24  ID3D11ShaderResourceView * textureTree5;
25  ID3D11ShaderResourceView * textureTree6;
26  //云的纹理
27  ID3D11ShaderResourceView * textureCloud1;
28  ID3D11ShaderResourceView * textureCloud2;
```

```
29  ID3D11ShaderResourceView * textureCloud3;
30  ID3D11ShaderResourceView * textureCloud4;
31  //巴士上、左、右、后四个面的纹理
32  ID3D11ShaderResourceView * textureTop;
33  ID3D11ShaderResourceView * textureRight;
34  ID3D11ShaderResourceView * textureLeft;
35  ID3D11ShaderResourceView * textureBack;
36  //得分板数字纹理
37  ID3D11ShaderResourceView * textureScore1;
38  ID3D11ShaderResourceView * textureScore2;
39  ID3D11ShaderResourceView * textureScore3;
40  ID3D11ShaderResourceView * textureScore4;
41  ID3D11ShaderResourceView * textureScore5;
42  ID3D11ShaderResourceView * textureScore6;
43  ID3D11ShaderResourceView * textureScore7;
44  ID3D11ShaderResourceView * textureScore8;
45  ID3D11ShaderResourceView * textureScore9;
46  ID3D11ShaderResourceView * textureScore0;
47
48  ID3D11ShaderResourceView * textureCoin;  //硬币纹理
49  ID3D11ShaderResourceView * textureBomb;  //炸弹纹理
50  ID3D11ShaderResourceView * textureStart;  //"开始游戏"提示纹理
51  ID3D11ShaderResourceView * textureEnd;  //终点标志纹理
52
53  ID3D11BlendState * blendStateAlpha;  //混合状态
54  ID3D11RasterizerState * NoCullRS;  //背面消隐状态
55
56  //声明道具位置暂存数组
57  static int tempPositionZ[24];
58  static float tempPositionX[24];
```

代码 13.1

（2）定义一个定点结构

这里的顶点结构和第 8 章一样,包含坐标和纹理坐标信息,如代码 13.2 所示。

```
1  struct Vertex
2  {
3    XMFLOAT3 Pos;  //坐标
4    XMFLOAT2 Tex;  //纹理坐标
5  };
```

代码 13.2

（3）**编写 setup( ) 函数**

首先清空 Setup( ) 函数，然后再向函数里填写代码。

第一步，初始化金币和炸弹的随机分布数组，如代码 13.3 所示。

```
1   //对道具进行随机平移达到随机生成效果
2   srand((unsigned)time(NULL)); //以当前时间作为种子进行随机数发生器的初始化
3   float PositionX[4] = {0, 2.5, 5, 7.5}; //存放 X 方向平移距离的数组
4   //向道具位置暂存数组里存入 X 和 Z 方向的随机平移距离
5   for (int i = 0; i < 24; i++)
6   {
7       //第 i+1 个道具的 X 方向随机平移距离
8       tempPositionX[i] = PositionX[rand() % 4];
9       //第 i+1 个道具的 Z 方向随机平移距离
10      tempPositionZ[i] = 10 + rand() % 391;
11  }
```

代码 13.3

第二步，从 .fx 文件创建 ID3DEffect 对象以及将载入纹理图片文件，如代码 13.4 所示。

```
1   HRESULT hr = S_OK;              //声明 HRESULT 的对象用于记录函数调用是否成功
2   ID3DBlob * pTechBlob = NULL;   //声明 ID3DBlob 的对象用于存放从文件读取的信息
3
4   //从之前建立的 Shader.fx 文件读取着色器相关信息
5   hr = D3DX11CompileFromFile(L"Shader.fx", NULL, NULL, NULL, "fx_5_0",
6   D3DCOMPILE_ENABLE_STRICTNESS, 0, NULL, &pTechBlob, NULL, NULL);
7   if (FAILED(hr))
8   {
9       ::MessageBox(NULL, L"fx 文件载入失败", L"Error", MB_OK);
10      return hr;
11  }
12  // 调用 D3DX11CreateEffectFromMemory 创建 ID3DEffect 对象
13  hr = D3DX11CreateEffectFromMemory(
14              pTechBlob -> GetBufferPointer(),
15              pTechBlob -> GetBufferSize(),
16              0,
17              device,
18              &effect);
19
20  if (FAILED(hr))
21  {
22      ::MessageBox(NULL, L"创建 Effect 失败", L"Error", MB_OK);
23      return hr;
24  }
25
```

```
26  //调用 D3DX11CreateShaderResourceViewFromFile 从 img 文件夹下的素材创建纹理
27  D3DX11CreateShaderResourceViewFromFile(device, L"img/road.bmp", NULL,
28                                          NULL, &textureRoad, NULL);
29  D3DX11CreateShaderResourceViewFromFile(device, L"img/lawn.png", NULL,
30                                          NULL, &textureLawn, NULL);
31  D3DX11CreateShaderResourceViewFromFile(device, L"img/tree1.png", NULL,
32                                          NULL, &textureTree1, NULL);
33  D3DX11CreateShaderResourceViewFromFile(device, L"img/tree2.png", NULL,
34                                          NULL, &textureTree2, NULL);
35  D3DX11CreateShaderResourceViewFromFile(device, L"img/tree3.png", NULL,
36                                          NULL, &textureTree3, NULL);
37  D3DX11CreateShaderResourceViewFromFile(device, L"img/tree4.png", NULL,
38                                          NULL, &textureTree4, NULL);
39  D3DX11CreateShaderResourceViewFromFile(device, L"img/tree5.png", NULL,
40                                          NULL, &textureTree5, NULL);
41  D3DX11CreateShaderResourceViewFromFile(device, L"img/tree6.png", NULL,
42                                          NULL, &textureTree6, NULL);
43  D3DX11CreateShaderResourceViewFromFile(device, L"img/cloud1.png", NULL,
44                                          NULL, &textureCloud1, NULL);
45  D3DX11CreateShaderResourceViewFromFile(device, L"img/cloud2.png", NULL,
46                                          NULL, &textureCloud2, NULL);
47  D3DX11CreateShaderResourceViewFromFile(device, L"img/cloud3.png", NULL,
48                                          NULL, &textureCloud3, NULL);
49  D3DX11CreateShaderResourceViewFromFile(device, L"img/cloud4.png", NULL,
50                                          NULL, &textureCloud4, NULL);
51  D3DX11CreateShaderResourceViewFromFile(device, L"img/bus-top.png", NULL,
52                                          NULL, &textureTop, NULL);
53  D3DX11CreateShaderResourceViewFromFile(device, L"img/bus-right.png", NULL,
54                                          NULL, &textureRight, NULL);
55  D3DX11CreateShaderResourceViewFromFile(device, L"img/bus-left.png", NULL,
56                                          NULL, &textureLeft, NULL);
57  D3DX11CreateShaderResourceViewFromFile(device, L"img/bus-back.png", NULL,
58                                          NULL, &textureBack, NULL);
59  D3DX11CreateShaderResourceViewFromFile(device, L"img/start.png", NULL,
60                                          NULL, &textureStart, NULL);
61  D3DX11CreateShaderResourceViewFromFile(device, L"img/end.png", NULL, NULL,
62                                          &textureEnd, NULL);
63  D3DX11CreateShaderResourceViewFromFile(device, L"img/1.png", NULL, NULL,
64                                          &textureScore1, NULL);
65  D3DX11CreateShaderResourceViewFromFile(device, L"img/2.png", NULL, NULL,
66                                          &textureScore2, NULL);
```

```
67  D3DX11CreateShaderResourceViewFromFile(device, L"img/3.png", NULL, NULL,
68                                  &textureScore3, NULL);
69  D3DX11CreateShaderResourceViewFromFile(device, L"img/4.png", NULL, NULL,
70                                  &textureScore4, NULL);
71  D3DX11CreateShaderResourceViewFromFile(device, L"img/5.png", NULL, NULL,
72                                  &textureScore5, NULL);
73  D3DX11CreateShaderResourceViewFromFile(device, L"img/6.png", NULL, NULL,
74                                  &textureScore6, NULL);
75  D3DX11CreateShaderResourceViewFromFile(device, L"img/7.png", NULL, NULL,
76                                  &textureScore7, NULL);
77  D3DX11CreateShaderResourceViewFromFile(device, L"img/8.png", NULL, NULL,
78                                  &textureScore8, NULL);
79  D3DX11CreateShaderResourceViewFromFile(device, L"img/9.png", NULL, NULL,
80                                  &textureScore9, NULL);
81  D3DX11CreateShaderResourceViewFromFile(device, L"img/0.png", NULL, NULL,
82                                  &textureScore0, NULL);
83  D3DX11CreateShaderResourceViewFromFile(device, L"img/coin.png", NULL,
84                                  NULL, &textureCoin, NULL);
85  D3DX11CreateShaderResourceViewFromFile(device, L"img/bomb.png", NULL,
86                                  NULL, &textureBomb, NULL);
```

代码 13.4

第三步，创建各种渲染状态，如代码 13.5 所示。

```
1   //半透明效果
2   D3D11_BLEND_DESC blendDesc;
3   ZeroMemory(&blendDesc, sizeof(blendDesc));    //清零操作
4   //关闭 AlphaToCoverage 多重采样技术
5   blendDesc.AlphaToCoverageEnable = false;
6   //不针对多个 RenderTarget 使用不同的混合状态
7   blendDesc.IndependentBlendEnable = false;
8   //只针对 RenderTarget[0]设置绘制混合状态，忽略 1-7
9   blendDesc.RenderTarget[0].BlendEnable = true;  //开启混合
10  blendDesc.RenderTarget[0].SrcBlend = D3D11_BLEND_SRC_ALPHA;//设置源因子
11  //设置目标因子
12  blendDesc.RenderTarget[0].DestBlend = D3D11_BLEND_INV_SRC_ALPHA;
13  blendDesc.RenderTarget[0].BlendOp = D3D11_BLEND_OP_ADD;//混合操作
14  blendDesc.RenderTarget[0].SrcBlendAlpha = D3D11_BLEND_ONE;//源混合百分比
15  //目标混合百分比因子
16  blendDesc.RenderTarget[0].DestBlendAlpha = D3D11_BLEND_ZERO;
17  //混合百分比的操作
18  blendDesc.RenderTarget[0].BlendOpAlpha = D3D11_BLEND_OP_ADD;
```

```
19  //写掩码
20  blendDesc. RenderTarget[0]. RenderTargetWriteMask =
21                                         D3D11_COLOR_WRITE_ENABLE_ALL；
22  //创建 ID3D11BlendState 接口
23  device -> CreateBlendState(&blendDesc, &blendStateAlpha)；
24  //关闭背面消隐
25  D3D11_RASTERIZER_DESC ncDesc；           //光栅器描述
26  ZeroMemory(&ncDesc, sizeof(ncDesc))；  //清零操作
27  ncDesc. CullMode = D3D11_CULL_NONE；//剔除特定三角形,这里不剔除,即全部绘制
28  ncDesc. FillMode = D3D11_FILL_SOLID；  //填充模式,这里为利用三角形填充
29  ncDesc. FrontCounterClockwise = false；//是否设置逆时针绕续的三角形为正面
30  ncDesc. DepthClipEnable = true；          //开启深度裁剪
31  //创建一个关闭背面消隐的状态,在需要用的时候才设置给执行上下文
32  if (FAILED(device -> CreateRasterizerState(&ncDesc, &NoCullRS)))
33  {
34      MessageBox(NULL, L"Create 'NoCull' rasterizer state failed!",
35                  L"Error", MB_OK)；
36      return false；
37  }
```

代码 13.5

第四步,创建输入布局,如代码 13.6 所示。

```
1   //设置默认的 technique 到 Effect
2   technique = effect -> GetTechniqueByName("TexTech")；
3   //D3DX11_PASS_DESC 结构用于描述一个 Effect Pass
4   D3DX11_PASS_DESC PassDesc；
5   //利用 GetPassByIndex 获取 Effect Pass
6   //再利用 GetDesc 获取 Effect Pass 的描述,并存入 PassDesc 对象中
7   technique -> GetPassByIndex(0) -> GetDesc(&PassDesc)；
8
9   //创建并设置输入布局
10  //这里定义一个 D3D11_INPUT_ELEMENT_DESC 数组
11  //由于定义的顶点结构包括位置坐标和纹理坐标,所以这个数组有两个元素
12  D3D11_INPUT_ELEMENT_DESC layout[] =
13  {
14      {"POSITION", 0, DXGI_FORMAT_R32G32B32_FLOAT, 0, 0,
15          D3D11_INPUT_PER_VERTEX_DATA, 0},
16      {"TEXCOORD", 0, DXGI_FORMAT_R32G32_FLOAT, 0,
17          D3D11_APPEND_ALIGNED_ELEMENT, D3D11_INPUT_PER_VERTEX_DATA, 0}
18  };
19  //layout 元素个数
```

```
20  UINT numElements = ARRAYSIZE(layout);
21  //调用 CreateInputLayout 创建输入布局
22  hr = device -> CreateInputLayout(layout, numElements,
23                              PassDesc.pIAInputSignature,
24                              PassDesc.IAInputSignatureSize,
25                              &vertexLayout);
26  //设置生成的输入布局到执行上下文中
27  immediateContext -> IASetInputLayout(vertexLayout);
28  if (FAILED(hr))
29  {
30      ::MessageBox(NULL, L"创建 Input Layout 失败", L"Error", MB_OK);
31      return hr;
32  }
```

代码 13.6

第五步,创建顶点缓存,如代码 13.7 所示。

```
1   //创建顶点数组,由于每个顶点包含了坐标和纹理坐标
2   Vertex vertices[] =
3   {
4       //车尾
5       { XMFLOAT3(-1.0f, 2.0f, -1.0f), XMFLOAT2(0.0f, 0.0f) },
6       { XMFLOAT3(1.0f, 2.0f, -1.0f), XMFLOAT2(1.0f, 0.0f) },
7       { XMFLOAT3(-1.0f, -0.7f, -1.0f), XMFLOAT2(0.0f, 1.0f) },
8       { XMFLOAT3(-1.0f, -0.7f, -1.0f), XMFLOAT2(0.0f, 1.0f) },
9       { XMFLOAT3(1.0f, 2.0f, -1.0f), XMFLOAT2(1.0f, 0.0f) },
10      { XMFLOAT3(1.0f, -0.7f, -1.0f), XMFLOAT2(1.0f, 1.0f) },
11      //车右侧
12      { XMFLOAT3(1.0f, 2.0f, -1.0f), XMFLOAT2(0.0f, 0.0f) },
13      { XMFLOAT3(1.0f, 2.0f, 5.0f), XMFLOAT2(1.0f, 0.0f) },
14      { XMFLOAT3(1.0f, -1.0f, -1.0f), XMFLOAT2(0.0f, 1.0f) },
15      { XMFLOAT3(1.0f, -1.0f, -1.0f), XMFLOAT2(0.0f, 1.0f) },
16      { XMFLOAT3(1.0f, 2.0f, 5.0f), XMFLOAT2(1.0f, 0.0f) },
17      { XMFLOAT3(1.0f, -1.0f, 5.0f), XMFLOAT2(1.0f, 1.0f) },
18      //车左侧
19      { XMFLOAT3(-1.0f, 2.0f, 5.0f), XMFLOAT2(0.0f, 0.0f) },
20      { XMFLOAT3(-1.0f, 2.0f, -1.0f), XMFLOAT2(1.0f, 0.0f) },
21      { XMFLOAT3(-1.0f, -1.0f, 5.0f), XMFLOAT2(0.0f, 1.0f) },
22      { XMFLOAT3(-1.0f, -1.0f, 5.0f), XMFLOAT2(0.0f, 1.0f) },
23      { XMFLOAT3(-1.0f, 2.0f, -1.0f), XMFLOAT2(1.0f, 0.0f) },
24      { XMFLOAT3(-1.0f, -1.0f, -1.0f), XMFLOAT2(1.0f, 1.0f) },
25      //车顶
26      { XMFLOAT3(-1.0f, 2.0f, 4.2f), XMFLOAT2(0.0f, 0.0f) },
```

```
27      { XMFLOAT3(1.0f, 2.0f, 4.2f), XMFLOAT2(1.0f, 0.0f) },
28      { XMFLOAT3( -1.0f, 2.0f, -1.0f), XMFLOAT2(0.0f, 1.0f) },
29      { XMFLOAT3( -1.0f, 2.0f, -1.0f), XMFLOAT2(0.0f, 1.0f) },
30      { XMFLOAT3(1.0f, 2.0f, 4.2f), XMFLOAT2(1.0f, 0.0f) },
31      { XMFLOAT3(1.0f, 2.0f, -1.0f), XMFLOAT2(1.0f, 1.0f) },
32      //车头(暂时未用到)
33      { XMFLOAT3(1.0f, 2.0f, 5.0f), XMFLOAT2(0.0f, 0.0f) },
34      { XMFLOAT3( -1.0f, 2.0f, 5.0f), XMFLOAT2(1.0f, 0.0f) },
35      { XMFLOAT3(1.0f, -1.0f, 5.0f), XMFLOAT2(0.0f, 1.0f) },
36      { XMFLOAT3(1.0f, -1.0f, 5.0f), XMFLOAT2(0.0f, 1.0f) },
37      { XMFLOAT3( -1.0f, 2.0f, 5.0f), XMFLOAT2(1.0f, 0.0f) },
38      { XMFLOAT3( -1.0f, -1.0f, 5.0f), XMFLOAT2(1.0f, 1.0f) },
39      //车底(暂时未用到)
40      { XMFLOAT3( -1.0f, -1.0f, -1.0f), XMFLOAT2(0.0f, 0.0f) },
41      { XMFLOAT3(1.0f, -1.0f, -1.0f), XMFLOAT2(1.0f, 0.0f) },
42      { XMFLOAT3( -1.0f, -1.0f, 5.0f), XMFLOAT2(0.0f, 1.0f) },
43      { XMFLOAT3( -1.0f, -1.0f, 5.0f), XMFLOAT2(0.0f, 1.0f) },
44      { XMFLOAT3(1.0f, -1.0f, -1.0f), XMFLOAT2(1.0f, 0.0f) },
45      { XMFLOAT3(1.0f, -1.0f, 5.0f), XMFLOAT2(1.0f, 1.0f) },
46
47      //道路顶点
48      { XMFLOAT3( -5.0f, -1.0f, 500.0f), XMFLOAT2(0.0f, 0.0f) },
49      { XMFLOAT3(5.0f, -1.0f, 500.0f), XMFLOAT2(1.0f, 0.0f) },
50      { XMFLOAT3( -5.0f, -1.0f, -10.0f), XMFLOAT2(0.0f, 50.0f) },
51      { XMFLOAT3( -5.0f, -1.0f, -10.0f), XMFLOAT2(0.0f, 50.0f) },
52      { XMFLOAT3(5.0f, -1.0f, 500.0f), XMFLOAT2(1.0f, 0.0f) },
53      { XMFLOAT3(5.0f, -1.0f, -10.0f), XMFLOAT2(1.0f, 50.0f) },
54
55      //草地顶点
56      //右草地
57      { XMFLOAT3(5.0f, -1.0f, 500.0f), XMFLOAT2(0.0f, 0.0f) },
58      { XMFLOAT3(505.0f, -1.0f, 500.0f), XMFLOAT2(50.0f, 0.0f) },
59      { XMFLOAT3(505.0f, -1.0f, -10.0f), XMFLOAT2(50.0f, 51.0f) },
60      { XMFLOAT3(5.0f, -1.0f, 500.0f), XMFLOAT2(0.0f, 0.0f) },
61      { XMFLOAT3(505.0f, -1.0f, -10.0f), XMFLOAT2(50.0f, 51.0f) },
62      { XMFLOAT3(5.0f, -1.0f, -10.0f), XMFLOAT2(0.0f, 51.0f) },
63      //左草地
64      { XMFLOAT3( -505.0f, -1.0f, 500.0f), XMFLOAT2(0.0f, 0.0f) },
65      { XMFLOAT3( -5.0f, -1.0f, 500.0f), XMFLOAT2(50.0f, 0.0f) },
66      { XMFLOAT3( -5.0f, -1.0f, -10.0f), XMFLOAT2(50.0f, 51.0f) },
67      { XMFLOAT3( -505.0f, -1.0f, 500.0f), XMFLOAT2(0.0f, 0.0f) },
```

```
68      { XMFLOAT3( -5.0f, -1.0f, -10.0f), XMFLOAT2(50.0f, 51.0f) },
69      { XMFLOAT3( -505.0f, -1.0f, -10.0f), XMFLOAT2(0.0f, 51.0f) },
70
71      //内侧树(暂时未用到)
72      //左侧
73      { XMFLOAT3( -10.0f, 7.0f, -10.0f), XMFLOAT2(0.0f, 0.0f) },
74      { XMFLOAT3( -10.0f, -1.0f, 500.0f), XMFLOAT2(70.0f, 1.0f) },
75      { XMFLOAT3( -10.0f, -1.0f, -10.0f), XMFLOAT2(0.0f, 1.0f) },
76      { XMFLOAT3( -10.0f, 7.0f, -10.0f), XMFLOAT2(0.0f, 0.0f) },
77      { XMFLOAT3( -10.0f, 7.0f, 500.0f), XMFLOAT2(70.0f, 0.0f) },
78      { XMFLOAT3( -10.0f, -1.0f, 500.0f), XMFLOAT2(70.0f, 1.0f) },
79      //右侧
80      { XMFLOAT3(10.0f, 7.0f, -10.0f), XMFLOAT2(0.0f, 0.0f) },
81      { XMFLOAT3(10.0f, -1.0f, 500.0f), XMFLOAT2(70.0f, 1.0f) },
82      { XMFLOAT3(10.0f, -1.0f, -10.0f), XMFLOAT2(0.0f, 1.0f) },
83      { XMFLOAT3(10.0f, 7.0f, -10.0f), XMFLOAT2(0.0f, 0.0f) },
84      { XMFLOAT3(10.0f, 7.0f, 500.0f), XMFLOAT2(70.0f, 0.0f) },
85      { XMFLOAT3(10.0f, -1.0f, 500.0f), XMFLOAT2(70.0f, 1.0f) },
86
87      //外侧树
88      //左侧
89      { XMFLOAT3( -15.0f, 7.0f, -10.0f), XMFLOAT2(0.0f, 0.0f) },
90      { XMFLOAT3( -15.0f, -1.0f, 500.0f), XMFLOAT2(70.0f, 1.0f) },
91      { XMFLOAT3( -15.0f, -1.0f, -10.0f), XMFLOAT2(0.0f, 1.0f) },
92      { XMFLOAT3( -15.0f, 7.0f, -10.0f), XMFLOAT2(0.0f, 0.0f) },
93      { XMFLOAT3( -15.0f, 7.0f, 500.0f), XMFLOAT2(70.0f, 0.0f) },
94      { XMFLOAT3( -15.0f, -1.0f, 500.0f), XMFLOAT2(70.0f, 1.0f) },
95      //右侧
96      { XMFLOAT3(15.0f, 7.0f, -10.0f), XMFLOAT2(0.0f, 0.0f) },
97      { XMFLOAT3(15.0f, -1.0f, 500.0f), XMFLOAT2(70.0f, 1.0f) },
98      { XMFLOAT3(15.0f, -1.0f, -10.0f), XMFLOAT2(0.0f, 1.0f) },
99      { XMFLOAT3(15.0f, 7.0f, -10.0f), XMFLOAT2(0.0f, 0.0f) },
100     { XMFLOAT3(15.0f, 7.0f, 500.0f), XMFLOAT2(70.0f, 0.0f) },
101     { XMFLOAT3(15.0f, -1.0f, 500.0f), XMFLOAT2(70.0f, 1.0f) },
102
103     //云
104     { XMFLOAT3( -50.0f, 50.0f, 100.0f), XMFLOAT2(0.0f, 0.0f) },
105     { XMFLOAT3(50.0f, 0.0f, 100.0f), XMFLOAT2(1.0f, 1.0f) },
106     { XMFLOAT3( -50.0f, 0.0f, 100.0f), XMFLOAT2(0.0f, 1.0f) },
107     { XMFLOAT3( -50.0f, 50.0f, 100.0f), XMFLOAT2(0.0f, 0.0f) },
108     { XMFLOAT3(50.0f, 50.0f, 100.0f), XMFLOAT2(1.0f, 0.0f) },
```

```
109    { XMFLOAT3(50.0f, 0.0f, 100.0f), XMFLOAT2(1.0f, 1.0f) },
110
111    { XMFLOAT3( -10.0f, 20.0f, 100.0f), XMFLOAT2(0.0f, 0.0f) },
112    { XMFLOAT3(20.0f, 0.0f, 100.0f), XMFLOAT2(1.0f, 1.0f) },
113    { XMFLOAT3( -10.0f, 0.0f, 100.0f), XMFLOAT2(0.0f, 1.0f) },
114    { XMFLOAT3( -10.0f, 20.0f, 100.0f), XMFLOAT2(0.0f, 0.0f) },
115    { XMFLOAT3(20.0f, 20.0f, 100.0f), XMFLOAT2(1.0f, 0.0f) },
116    { XMFLOAT3(20.0f, 0.0f, 100.0f), XMFLOAT2(1.0f, 1.0f) },
117
118    { XMFLOAT3( -100.0f, 40.0f, 100.0f), XMFLOAT2(0.0f, 0.0f) },
119    { XMFLOAT3( -50.0f, 0.0f, 100.0f), XMFLOAT2(1.0f, 1.0f) },
120    { XMFLOAT3( -100.0f, 0.0f, 100.0f), XMFLOAT2(0.0f, 1.0f) },
121    { XMFLOAT3( -100.0f, 40.0f, 100.0f), XMFLOAT2(0.0f, 0.0f) },
122    { XMFLOAT3( -50.0f, 40.0f, 100.0f), XMFLOAT2(1.0f, 0.0f) },
123    { XMFLOAT3( -50.0f, 0.0f, 100.0f), XMFLOAT2(1.0f, 1.0f) },
124
125    { XMFLOAT3(50.0f, 40.0f, 100.0f), XMFLOAT2(0.0f, 0.0f) },
126    { XMFLOAT3(100.0f, 0.0f, 100.0f), XMFLOAT2(1.0f, 1.0f) },
127    { XMFLOAT3(50.0f, 0.0f, 100.0f), XMFLOAT2(0.0f, 1.0f) },
128    { XMFLOAT3(50.0f, 40.0f, 100.0f), XMFLOAT2(0.0f, 0.0f) },
129    { XMFLOAT3(100.0f, 40.0f, 100.0f), XMFLOAT2(1.0f, 0.0f) },
130    { XMFLOAT3(100.0f, 0.0f, 100.0f), XMFLOAT2(1.0f, 1.0f) },
131
132    //横向树
133    { XMFLOAT3( -13.644f, 7.0f, -6.356f), XMFLOAT2(0.0f, 0.0f) },
134    { XMFLOAT3( -6.356f, -1.0f, -6.356f), XMFLOAT2(1.0f, 1.0f) },
135    { XMFLOAT3( -13.644f, -1.0f, -6.356f), XMFLOAT2(0.0f, 1.0f) },
136    { XMFLOAT3( -13.644f, 7.0f, -6.356f), XMFLOAT2(0.0f, 0.0f) },
137    { XMFLOAT3( -6.356f, 7.0f, -6.356f), XMFLOAT2(1.0f, 0.0f) },
138    { XMFLOAT3( -6.356f, -1.0f, -6.356f), XMFLOAT2(1.0f, 1.0f) },
139
140    //左最外侧树
141    { XMFLOAT3( -20.0f, 10.0f, -10.0f), XMFLOAT2(0.0f, 0.0f) },
142    { XMFLOAT3( -20.0f, -1.0f, 500.0f), XMFLOAT2(70.0f, 1.0f) },
143    { XMFLOAT3( -20.0f, -1.0f, -10.0f), XMFLOAT2(0.0f, 1.0f) },
144    { XMFLOAT3( -20.0f, 10.0f, -10.0f), XMFLOAT2(0.0f, 0.0f) },
145    { XMFLOAT3( -20.0f, 10.0f, 500.0f), XMFLOAT2(70.0f, 0.0f) },
146    { XMFLOAT3( -20.0f, -1.0f, 500.0f), XMFLOAT2(70.0f, 1.0f) },
147    //右最外侧树
148    { XMFLOAT3(20.0f, 10.0f, -10.0f), XMFLOAT2(0.0f, 0.0f) },
149    { XMFLOAT3(20.0f, -1.0f, 500.0f), XMFLOAT2(70.0f, 1.0f) },
```

```
150    { XMFLOAT3(20.0f, -1.0f, -10.0f), XMFLOAT2(0.0f, 1.0f) },
151    { XMFLOAT3(20.0f, 10.0f, -10.0f), XMFLOAT2(0.0f, 0.0f) },
152    { XMFLOAT3(20.0f, 10.0f, 500.0f), XMFLOAT2(70.0f, 0.0f) },
153    { XMFLOAT3(20.0f, -1.0f, 500.0f), XMFLOAT2(70.0f, 1.0f) },
154
155    //start 图标
156    { XMFLOAT3( -2.0f, 4.5f, 0.0f), XMFLOAT2(0.0f, 0.0f) },
157    { XMFLOAT3(2.0f, 4.0f, 0.0f), XMFLOAT2(1.0f, 1.0f) },
158    { XMFLOAT3( -2.0f, 4.0f, 0.0f), XMFLOAT2(0.0f, 1.0f) },
159    { XMFLOAT3( -2.0f, 4.5f, 0.0f), XMFLOAT2(0.0f, 0.0f) },
160    { XMFLOAT3(2.0f, 4.5f, 0.0f), XMFLOAT2(1.0f, 0.0f) },
161    { XMFLOAT3(2.0f, 4.0f, 0.0f), XMFLOAT2(1.0f, 1.0f) },
162
163    //道路终点标志
164    { XMFLOAT3( -5.0f, -1.0f, 406.25f), XMFLOAT2(0.0f, 0.0f) },
165    { XMFLOAT3(5.0f, -1.0f, 406.25f), XMFLOAT2(1.0f, 0.0f) },
166    { XMFLOAT3( -5.0f, -1.0f, 405.0f), XMFLOAT2(0.0f, 1.0f) },
167    { XMFLOAT3( -5.0f, -1.0f, 405.0f), XMFLOAT2(0.0f, 1.0f) },
168    { XMFLOAT3(5.0f, -1.0f, 406.25f), XMFLOAT2(1.0f, 0.0f) },
169    { XMFLOAT3(5.0f, -1.0f, 405.0f), XMFLOAT2(1.0f, 1.0f) },
170
171    //得分板
172    { XMFLOAT3( -0.55f, 5.5f, 0.0f), XMFLOAT2(0.0f, 0.0f) },
173    { XMFLOAT3( -0.3f, 5.0f, 0.0f), XMFLOAT2(1.0f, 1.0f) },
174    { XMFLOAT3( -0.55f, 5.0f, 0.0f), XMFLOAT2(0.0f, 1.0f) },
175    { XMFLOAT3( -0.55f, 5.5f, 0.0f), XMFLOAT2(0.0f, 0.0f) },
176    { XMFLOAT3( -0.3f, 5.5f, 0.0f), XMFLOAT2(1.0f, 0.0f) },
177    { XMFLOAT3( -0.3f, 5.0f, 0.0f), XMFLOAT2(1.0f, 1.0f) },
178
179    //金币和炸弹的初始位置
180    { XMFLOAT3( -4.75f, 1.0f, 0.0f), XMFLOAT2(0.0f, 0.0f) },
181    { XMFLOAT3( -2.75f, -1.0f, 0.0f), XMFLOAT2(1.0f, 1.0f) },
182    { XMFLOAT3( -4.75f, -1.0f, 0.0f), XMFLOAT2(0.0f, 1.0f) },
183    { XMFLOAT3( -4.75f, 1.0f, 0.0f), XMFLOAT2(0.0f, 0.0f) },
184    { XMFLOAT3( -2.75f, 1.0f, 0.0f), XMFLOAT2(1.0f, 0.0f) },
185    { XMFLOAT3( -2.75f, -1.0f, 0.0f), XMFLOAT2(1.0f, 1.0f) },
186
187    };
188
189    UINT vertexCount = ARRAYSIZE(vertices);
190    //创建顶点缓存
```

```
191  //首先声明一个 D3D11_BUFFER_DESC 的对象 bd
192  D3D11_BUFFER_DESC bd;
193  ZeroMemory(&bd, sizeof(bd));
194  bd.Usage = D3D11_USAGE_DEFAULT;
195  bd.ByteWidth = sizeof(Vertex) * vertexCount;
196  bd.BindFlags = D3D11_BIND_VERTEX_BUFFER;
197  bd.CPUAccessFlags = 0;
198
199  //声明一个 D3D11_SUBRESOURCE_DATA 数据用于初始化子资源
200  D3D11_SUBRESOURCE_DATA InitData;
201  ZeroMemory(&InitData, sizeof(InitData));
202  InitData.pSysMem = vertices;
203
204  //声明一个 ID3D11Buffer 对象作为顶点缓存
205  ID3D11Buffer * vertexBuffer;
206  //调用 CreateBuffer 创建顶点缓存
207  hr = device->CreateBuffer(&bd, &InitData, &vertexBuffer);
208  if (FAILED(hr))
209  {
210      ::MessageBox(NULL, L"创建 VertexBuffer 失败", L"Error", MB_OK);
211      return hr;
212  }
213  UINT stride = sizeof(Vertex);      //获取 Vertex 的大小作为跨度
214  UINT offset = 0;                   //设置偏移量为 0
215  immediateContext->IASetVertexBuffers(0, 1, &vertexBuffer, &stride,
216                                       &offset);
217  //指定图元类型,D3D11_PRIMITIVE_TOPOLOGY_TRIANGLELIST 表示图元为三角形
218  immediateContext->IASetPrimitiveTopology(
                          D3D11_PRIMITIVE_TOPOLOGY_TRIANGLELIST);
```

代码 13.7

13.2.5 编写 Cleanup() 函数

Cleanup() 函数如代码 13.8 所示。

```
1  void Cleanup()
2  {
3  //释放全局指针
4      if (renderTargetView) renderTargetView->Release();
5      if (immediateContext) immediateContext->Release();
6      if (swapChain) swapChain->Release();
7      if (device) device->Release();
```

```
8        if ( vertexLayout ) vertexLayout -> Release ( ) ;
9        if ( effect ) effect -> Release ( ) ;
10
11       if ( textureRoad ) textureRoad -> Release ( ) ;
12       if ( textureEnd ) textureEnd -> Release ( ) ;
13       if ( textureLawn ) textureLawn -> Release ( ) ;
14       if ( textureTree1 ) textureTree1 -> Release ( ) ;
15       if ( textureTree2 ) textureTree2 -> Release ( ) ;
16       if ( textureTree3 ) textureTree3 -> Release ( ) ;
17       if ( textureTree4 ) textureTree4 -> Release ( ) ;
18       if ( textureTree5 ) textureTree5 -> Release ( ) ;
19       if ( textureTree6 ) textureTree6 -> Release ( ) ;
20       if ( textureCloud1 ) textureCloud1 -> Release ( ) ;
21       if ( textureCloud2 ) textureCloud2 -> Release ( ) ;
22       if ( textureCloud3 ) textureCloud3 -> Release ( ) ;
23       if ( textureCloud4 ) textureCloud4 -> Release ( ) ;
24       if ( textureTop ) textureTop -> Release ( ) ;
25       if ( textureRight ) textureRight -> Release ( ) ;
26       if ( textureLeft ) textureLeft -> Release ( ) ;
27       if ( textureBack ) textureBack -> Release ( ) ;
28       if ( textureScore1 ) textureScore1 -> Release ( ) ;
29       if ( textureScore2 ) textureScore2 -> Release ( ) ;
30       if ( textureScore3 ) textureScore3 -> Release ( ) ;
31       if ( textureScore4 ) textureScore4 -> Release ( ) ;
32       if ( textureScore5 ) textureScore5 -> Release ( ) ;
33       if ( textureScore6 ) textureScore6 -> Release ( ) ;
34       if ( textureScore7 ) textureScore7 -> Release ( ) ;
35       if ( textureScore8 ) textureScore8 -> Release ( ) ;
36       if ( textureScore9 ) textureScore9 -> Release ( ) ;
37       if ( textureScore0 ) textureScore0 -> Release ( ) ;
38       if ( textureCoin ) textureCoin -> Release ( ) ;
39       if ( textureBomb ) textureBomb -> Release ( ) ;
40       if ( textureStart ) textureStart -> Release ( ) ;
41
42      if ( blendStateAlpha )    blendStateAlpha -> Release ( ) ;
43      if ( NoCullRS ) NoCullRS -> Release ( ) ;
44      }
```

代码 13.8

13.2.6 编写 Display ( ) 函数

本例的 Display ( ) 函数主要用于绘制游戏场景中的各个物体,以及实现本章概述中提到的游戏效

213

果,代码如 13.9 所示。

```
1   if (device)
2   {
3       float ClearColor[4] = { 0.0f, 0.5f, 1.0f, 1.0f }; //背景设置为天蓝色
4       immediateContext -> ClearRenderTargetView(renderTargetView, ClearColor);
5
6       //声明得分纹理数组,将数字与对应纹理配对,例如数字 i 的纹理为 textureS[i]
7       ID3D11ShaderResourceView * textureS[] = { textureScore0, textureScore1,
8                   textureScore2, textureScore3, textureScore4, textureScore5,
9                   textureScore6, textureScore7, textureScore8, textureScore9 };
10
11      float BlendFactor[] = { 0, 0, 0, 0 };
12
13      static float tranX = 0;   //初始化 X 方向移动距离
14      static float zpos = 0; //初始化 Z 方向移动距离
15      static bool start = false; //游戏开始标志
16      static int scores = 0; //初始化游戏得分
17      static int scoreItems = 0; //初始化道具得分
18      static int scoreboard[4] = { 0, 0, 0, 0 }; //初始化得分板数组
19
20      //道具碰撞算法
21      for (int i = 0; i < 24; i++)
22      {
23          //得到车头中点到每个道具中点的距离
24          float distance = (tranX - tempPositionX[i] + 3.75)
25                      * (tranX - tempPositionX[i] + 3.75)
26                      + (tempPositionZ[i] - zpos - 5)
27                      * (tempPositionZ[i] - zpos - 5);
28          //距离小于 4 判定为有效,并在 xz 坐标系中将对应道具平移坐标置为(0,0)
29          if (distance < 4)
30          {
31              tempPositionX[i] = 0;
32              tempPositionZ[i] = 0;
33              if (i % 4 == 0) scoreItems -= 200; //碰到炸弹扣 200 分
34              else scoreItems += 100; //碰到金币加 100 分
35          }
36      }
37
38      //游戏开始后,车以 15 单位/timeDelat 的速度前进,
39      //每前进 1 单位得 2 分,到终点后暂停
40      if (start)
```

```
41    {
42        zpos + = timeDelta * 15;
43        scores = scoreItems + (int)(2 * zpos);
44
45        if (zpos > 400)
46        {
47            zpos = 400;
48        }
49
50        if (::GetAsyncKeyState(VK_LEFT) & 0x8000f) //左方向键使车左移
51            tranX - = 3.0f * timeDelta;
52        if (::GetAsyncKeyState(VK_RIGHT) & 0x8000f) //右方向键使车右移
53            tranX + = 3.0f * timeDelta;
54
55        //让巴士不会超过公路边界,左右最多可移动3.5 个单位
56        if (tranX > 3.5) tranX = 3.5;
57        if (tranX < = -3.5) tranX = -3.5;
58    }
59
60    if (::GetAsyncKeyState(13) & 0x8000f) //回车键开始或继续游戏
61        start = true;
62    if (::GetAsyncKeyState(VK_SPACE) & 0x8000f) //空格键暂停游戏
63        start = false;
64
65    world = XMMatrixIdentity();
66
67    //调整视点和视线方向至合适位置
68    XMVECTOR Eye = XMVectorSet(0.0f, 4.5f, zpos - 4, 0.0f);
69    XMVECTOR At = XMVectorSet(0.0f, 0.0f, 5.0f + zpos , 0.0f);
70
71    XMVECTOR Up = XMVectorSet(0.0f, 1.0f, 0.0f, 0.0f);
72    view = XMMatrixLookAtLH(Eye, At, Up);
73    projection = XMMatrixPerspectiveFovLH (XM_PIDIV2, 800.0f / 600.0f,
74                                           0.01f, 100.0f);
75
76    effect -> GetVariableByName("World") -> AsMatrix()
77                                -> SetMatrix((float *)&world);
78    effect -> GetVariableByName("View") -> AsMatrix()
79                                -> SetMatrix((float *)&view);
80    effect -> GetVariableByName("Projection") -> AsMatrix()
81                                -> SetMatrix((float *)&projection);
```

```
82
83    D3DX11_TECHNIQUE_DESC techDesc;
84    technique -> GetDesc(&techDesc);
85
86    //画车道
87    effect -> GetVariableByName("Texture") -> AsShaderResource()
88                                          -> SetResource(textureRoad);
89    technique -> GetPassByIndex(0) -> Apply(0, immediateContext);
90    immediateContext -> Draw(6, 36);
91
92    //画道路终点标志
93    effect -> GetVariableByName("Texture") -> AsShaderResource()
94     -> SetResource(textureEnd);
95    technique -> GetPassByIndex(0) -> Apply(0, immediateContext);
96    immediateContext -> Draw(6, 126);
97
98    //画道路两旁的绿地
99    effect -> GetVariableByName("Texture") -> AsShaderResource()
100                                          -> SetResource(textureLawn);
101   technique -> GetPassByIndex(0) -> Apply(0, immediateContext);
102   immediateContext -> Draw(12, 42);
103
104   immediateContext -> OMSetBlendState(blendStateAlpha,
105                                        BlendFactor, 0xffffffff);
106   immediateContext -> RSSetState(NoCullRS);
107   //画云,让云以 0.92 倍的车速向后退,更符合人的视觉习惯
108   world = world * XMMatrixTranslation(0.0f, 0.0f, 0.92 * zpos);
109   effect -> GetVariableByName("World") -> AsMatrix()
110                                        -> SetMatrix((float *)&world);
111   effect -> GetVariableByName("Texture") -> AsShaderResource()
112                                          -> SetResource(textureCloud1);
113   technique -> GetPassByIndex(0) -> Apply(0, immediateContext);
114   immediateContext -> Draw(6, 78);
115   effect -> GetVariableByName("Texture") -> AsShaderResource()
116                                          -> SetResource(textureCloud4);
117   technique -> GetPassByIndex(0) -> Apply(0, immediateContext);
118   immediateContext -> Draw(6, 84);
119
120   effect -> GetVariableByName("Texture") -> AsShaderResource()
121                                          -> SetResource(textureCloud3);
```

```
122    technique -> GetPassByIndex(0) -> Apply(0, immediateContext);
123    immediateContext -> Draw(6, 90);
124    effect -> GetVariableByName("Texture") -> AsShaderResource()
125                                    -> SetResource(textureCloud2);
126    technique -> GetPassByIndex(0) -> Apply(0, immediateContext);
127    immediateContext -> Draw(6, 96);
128
129    //画树
130    world = XMMatrixIdentity();
131    effect -> GetVariableByName("World") -> AsMatrix()
132                                    -> SetMatrix((float *)&world);
133
134    //画外侧树
135    effect -> GetVariableByName("Texture") -> AsShaderResource()
136                                    -> SetResource(textureTree2);
137    technique -> GetPassByIndex(0) -> Apply(0, immediateContext);
138    immediateContext -> Draw(12,108);
139
140    //画内侧树
141    effect -> GetVariableByName("Texture") -> AsShaderResource()
142                                    -> SetResource(textureTree6);
143    technique -> GetPassByIndex(0) -> Apply(0, immediateContext);
144    immediateContext -> Draw(12, 66);
145
146    world = XMMatrixIdentity();
147    effect -> GetVariableByName("World") -> AsMatrix()
148                                    -> SetMatrix((float *)&world);
149    //将第一棵内侧树向 Z 正方向平移 500 个单位
150    world = world * XMMatrixTranslation(0, 0.0f, 500.0f);
151    //循环平移画左内侧树
152    for (int i = 0; i < 70; i++)
153    {
154        world = world * XMMatrixTranslation(0, 0.0f, -7.288f);
155        effect -> GetVariableByName("World") -> AsMatrix()
156                            -> SetMatrix((float *)&world);
157        effect -> GetVariableByName("Texture") -> AsShaderResource()
158                            -> SetResource(textureTree6);
159        technique -> GetPassByIndex(0) -> Apply(0, immediateContext);
160        immediateContext -> Draw(6, 102);
161    }
162
```

```
163    world = XMMatrixIdentity();
164    effect -> GetVariableByName("World") -> AsMatrix()
165                                          -> SetMatrix((float *)&world);
166    //将初始位置平移至(20,0,500),以便画出右内侧树
167    world = world * XMMatrixTranslation(20, 0.0f, 500.0f);
168
169    //循环平移画右内侧树
170    for (int i = 0; i < 70; i++)
171    {
172      world = world * XMMatrixTranslation(0, 0.0f, -7.288f);
173      effect -> GetVariableByName("World") -> AsMatrix()
174                                            -> SetMatrix((float *)&world);
175      effect -> GetVariableByName("Texture") -> AsShaderResource()
176                                             -> SetResource(textureTree6);
177      technique -> GetPassByIndex(0) -> Apply(0, immediateContext);
178      immediateContext -> Draw(6, 102);
179    }
180
181    //画道具
182    //以金币:炸弹 =3:1的比例画道具
183    for (int i = 0; i < 20; i = i+4)
184    {
185      world = XMMatrixIdentity();
186      world = world * XMMatrixTranslation(tempPositionX[i], 0.0,
187                                           tempPositionZ[i]);
188      effect -> GetVariableByName("World") -> AsMatrix()
189                                            -> SetMatrix((float *)&world);
190      effect -> GetVariableByName("Texture") -> AsShaderResource()
191                                             -> SetResource(textureBomb);
192      technique -> GetPassByIndex(0) -> Apply(0, immediateContext);
193      immediateContext -> Draw(6, 138);
194      world = XMMatrixIdentity();
195      world = world * XMMatrixTranslation(tempPositionX[i + 1], 0.0,
196                                           tempPositionZ[i + 1]);
197      effect -> GetVariableByName("World") -> AsMatrix()
198                                            -> SetMatrix((float *)&world);
199      effect -> GetVariableByName("Texture") -> AsShaderResource()
200                                             -> SetResource(textureCoin);
201      technique -> GetPassByIndex(0) -> Apply(0, immediateContext);
202      immediateContext -> Draw(6, 138);
203      world = XMMatrixIdentity();
```

```
204    world = world * XMMatrixTranslation( tempPositionX[ i + 3 ], 0.0,
205                                          tempPositionZ[ i + 2 ] );
206    effect -> GetVariableByName( "World" ) -> AsMatrix( )
207                                          -> SetMatrix( ( float * )&world );
208    effect -> GetVariableByName( "Texture" ) -> AsShaderResource( )
209                  -> SetResource( textureCoin );
210    technique -> GetPassByIndex( 0 ) -> Apply( 0, immediateContext );
211    immediateContext -> Draw( 6, 138 );
212    world = XMMatrixIdentity( );
213    world = world * XMMatrixTranslation( tempPositionX[ i + 3 ], 0.0,
214                                          tempPositionZ[ i + 3 ] );
215    effect -> GetVariableByName( "World" ) -> AsMatrix( )
216                                          -> SetMatrix( ( float * )&world );
217    effect -> GetVariableByName( "Texture" ) -> AsShaderResource( )
218                                          -> SetResource( textureCoin );
219    technique -> GetPassByIndex( 0 ) -> Apply( 0, immediateContext );
220    immediateContext -> Draw( 6, 138 );
221    }
222    immediateContext -> OMSetBlendState( 0, 0, 0xffffffff );
223    immediateContext -> RSSetState( 0 );
224
225    //开始画车
226    world = XMMatrixIdentity( );
227    //将起始位置置为( tranX,0,zpos )
228    world = world * XMMatrixTranslation( tranX, 0.0f, zpos );
229    immediateContext -> OMSetBlendState( blendStateAlpha, BlendFactor,
230                                          0xffffffff );
231    immediateContext -> RSSetState( NoCullRS );
232    effect -> GetVariableByName( "World" ) -> AsMatrix( )
233                                          -> SetMatrix( ( float * )&world );
234    //画车右侧
235    effect -> GetVariableByName( "Texture" ) -> AsShaderResource( )
236                                          -> SetResource( textureRight );
237    technique -> GetPassByIndex( 0 ) -> Apply( 0, immediateContext );
238    immediateContext -> Draw( 6, 6 );
239    //画车左侧
240    effect -> GetVariableByName( "Texture" ) -> AsShaderResource( )
241                                          -> SetResource( textureLeft );
242    technique -> GetPassByIndex( 0 ) -> Apply( 0, immediateContext );
243    immediateContext -> Draw( 6, 12 );
244    if ( tranX <= -2.5 )
```

```
245  {
246      //画车左侧
247      effect -> GetVariableByName("Texture") -> AsShaderResource()
250                                  -> SetResource(textureLeft);
251      technique -> GetPassByIndex(0) -> Apply(0, immediateContext);
252      immediateContext -> Draw(6, 12);
253      //画车右侧
254      effect -> GetVariableByName("Texture") -> AsShaderResource()
255                                  -> SetResource(textureRight);
256      technique -> GetPassByIndex(0) -> Apply(0, immediateContext);
257      immediateContext -> Draw(6, 6);
258  }
259  //画车头
260  effect -> GetVariableByName("Texture") -> AsShaderResource()
261                                  -> SetResource(textureTop);
262  technique -> GetPassByIndex(0) -> Apply(0, immediateContext);
263  immediateContext -> Draw(6, 18);
264  //画车尾
265  effect -> GetVariableByName("Texture") -> AsShaderResource()
266                                  -> SetResource(textureBack);
267  technique -> GetPassByIndex(0) -> Apply(0, immediateContext);
268  immediateContext -> Draw(6, 0);
269  //画开始游戏图标
270  world = XMMatrixIdentity();
271  //将起始位置置为车的当前位置
272  world = world * XMMatrixTranslation(0.0f, 0.0f, zpos);
273  effect -> GetVariableByName("World") -> AsMatrix()
274                                  -> SetMatrix((float *)&world);
275  //游戏暂停时显示"开始游戏"提示
276  if (!start)
277  {
278      effect -> GetVariableByName("Texture") -> AsShaderResource()
279                                  -> SetResource(textureStart);
280      technique -> GetPassByIndex(0) -> Apply(0, immediateContext);
281      immediateContext -> Draw(6, 120);
282  }
283  //游戏进行时显示得分板
283  else
284  {
285      if (scores < 0) scores = 0; //得分不能为负
286      //将得分按位存入得分板数组
```

```
287    for (int i = 0; i < 4; i++)
288    {
289        scoreboard[i] = scores % 10;
290        scores /= 10;
291    }
292    //依次画出得分的每一位
293    effect->GetVariableByName("Texture")->AsShaderResource()
294                            ->SetResource(textureS[scoreboard[3]]);
295    technique->GetPassByIndex(0)->Apply(0, immediateContext);
296    immediateContext->Draw(6, 132);
297
298    world = world * XMMatrixTranslation(0.3f, 0.0f, 0.0f);
299    effect->GetVariableByName("World")->AsMatrix()
300                            ->SetMatrix((float *)&world);
301    effect->GetVariableByName("Texture")->AsShaderResource()
302                            ->SetResource(textureS[scoreboard[2]]);
303    technique->GetPassByIndex(0)->Apply(0, immediateContext);
304    immediateContext->Draw(6, 132);
305
306    world = world * XMMatrixTranslation(0.3f, 0.0f, 0.0f);
307    effect->GetVariableByName("World")->AsMatrix()
308                            ->SetMatrix((float *)&world);
309    effect->GetVariableByName("Texture")->AsShaderResource()
310                            ->SetResource(textureS[scoreboard[1]]);
311    technique->GetPassByIndex(0)->Apply(0, immediateContext);
312    immediateContext->Draw(6, 132);
313
314    world = world * XMMatrixTranslation(0.3f, 0.0f, 0.0f);
315    effect->GetVariableByName("World")->AsMatrix()
316                            ->SetMatrix((float *)&world);
317    effect->GetVariableByName("Texture")->AsShaderResource()
318                            ->SetResource(textureS[scoreboard[0]]);
319    technique->GetPassByIndex(0)->Apply(0, immediateContext);
320    immediateContext->Draw(6, 132);
321    }
322    immediateContext->OMSetBlendState(0, 0, 0xffffffff);
323    immediateContext->RSSetState(0);
324    swapChain->Present(0, 0);
325    }
326    return true;
```

代码 13.9

13.2.7 编写 d3d::WndProc( )回调函数

该函数代码同代码 4.10 完全一致,这里不再赘述。

13.2.8 编写主函数

主函数的内容和第 4 章一样,其编写方法参考代码代码 4.11。

13.2.9 编译程序

程序编译成功后,会显示如图 13.4 所示画面。

图 13.4　游戏开始画面

通过"←""→"键来控制大巴的左右移动来吃金币和躲开炸弹,如图 13.5 所示。

图 13.5　游戏进行画面

游戏结束后会获得最终分数,如图 13.6 所示。

图 13.6 游戏结束画面

13.3* 思考题

(1)本例中一共有六种树木的纹理贴图,但在绘制中只使用了其中两种。尝试以随机的方式让这六种树在道路两旁交替出现。

(2)尝试载入一个汽车的 OBJ 模型来替代本例中的巴士。

第 **14** 章

投篮游戏

14.1 概　述

本章为本书内容的最后一章，综合利用已介绍的 Direct3D 基础技术，制作一个投篮游戏。游戏截图如图 14.1 所示。

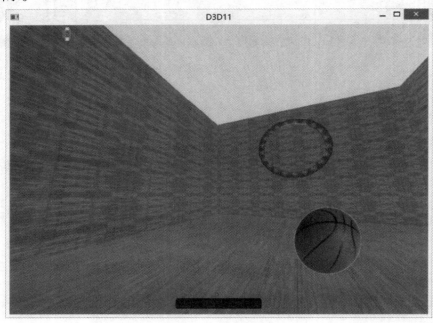

图 14.1　游戏界面

整个游戏界面包括了以下部分：

- 游戏背景：包括天花板、地板和三面墙。
- 篮球：按下并松开空格键，篮球会被抛出，并以抛物线轨迹向前飞行。
- 篮球筐：球筐可以根据难度左右移动。篮球投入球筐可以得分，投到球筐上和球筐外均不得分。

- 蓄力槽:按下空格键蓄力槽就会增加或减少,在适当力度下投出篮球才有可能命中。
- 分数栏:分数栏会记录游戏目前得分。

游戏操作如下:

- 左右方向键:位置左右移动。
- A/D 键:视点左右移动。
- W/S 键:视点上下移动。
- 空格:按住蓄力,槽满后会下降,槽空后会上升。
- F1:降低难度,难度最低时,球筐不移动。
- F2:升高难度,难度最高为 10,球筐快速移动。
- ESC:退出游戏。

接下来介绍一个投篮游戏的具体实现。

14.2　准备编写投篮游戏

前面章节介绍的所有示例都是在本书的程序框架上编写的。这个框架虽然结构简单,运行效率高,但是代码风格并不好,存在代码没有进行很好封装、代码重用性差等问题。使用这个框架的初衷主要是便于读者更好地理解 D3D 中的绘制流程。但是通过本书的学习,读者已经对 D3D 的相关知识和技术有了一定的了解。所以本章的示例对代码进行了简单封装,相较于前面的示例有更好的代码风格。另外本游戏逻辑比较复杂,因此本章的介绍方式将有别于前面章节。

14.2.1　创建一个 Win32 空项目

创建一个 Win32 项目,命名为“D3DBasketball”。创建好项目后,将 DX SDK 和 Effect 框架的 include 和 lib 目录分别配置到项目的包含目录和库目录中,具体创建及配置方法见章节 4.2.3 和 6.2.2。

14.2.2　创建项目所需文件

(1)创建头文件

创建七个 h 文件,分别命名为“Algorithm. h”“Camera. h”“D3DDevice. h”“D3DObject. h”“Game. h”“GameStandard. h”和“GameState. h”。

(2)创建源文件

创建两个 cpp 文件,分别命名为“Camera. cpp”“D3DDevice. cpp”“D3DObject. cpp”“Game. cpp”。

(3)创建一个. fx 文件

首先新建一个筛选器,取名为“Shader”。在新建的 shader 筛选器下新建一个“xShader. fx”文件。注意:和第 5 章的 Triangle. hlsl 一样,也需要将 Shader. fx 设置为“不参与生成”,详细方法见章节 5.2.2。所有文件创建好了,如图 14.2 所示。

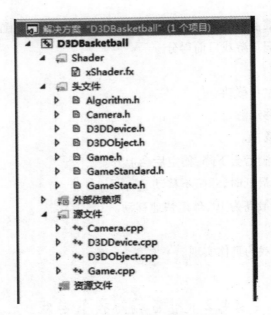

图 14.2　项目文件结构

（4）复制资源文件

从本书的资源网址上将下列纹理图片文件和音频文件都复制到与本项目 cpp 文件相同路径下。这里需要复制的资源文件如表 14.1 所示。

表 14.1　游戏所需资源文件

资源内容	文件名
天花板	ceiling. jpg
地板	floor. jpg
墙壁	wall. jpg
篮球	basketball. png
篮球筐	Ring. png
蓄力槽	tank. png，power. png
分数	score. png
未投入篮球筐提示	Miss. png
打到篮球筐提示	Brick. png
投入篮球筐提示	Goal. png
进球音效	进球. wav
篮球碰撞音效	篮球碰撞. wav
投篮音效	投篮. wav
未投中音效	未进. wav

14.2.3　编写头文件 GameStandard. h

GameStandard. h 头文件包含内容如下：

- 为项目添加所有的外部依赖项（库和头文件等）；

- 存放开发过程中所有的模板函数、宏定义函数、宏定义常量、静态全局常量等,便于管理;
- 存放开发过程中自定义的各种结构体;
- 存放用户设计好的、固定的要绘制的物体的顶点序列。

本例后面设计的所有类的头文件都要包含它。现在先在里面添加依赖项,如代码 14.1 所示。

```
1  #pragma once
2
3  // ---------- 依赖项 ----------
4  #include <Windows.h> // 用于播放音效
5
6  //DirectX11 相关头文件
7  #include <xnamath.h>
8  #include <d3dcompiler.h>
9  #include <d3d11.h>
10 #include <d3dx11.h>
11 #include <d3dx11effect.h>
12
13 //DirectX11 相关库
14 #pragma comment(lib, "Effects11.lib")
15 #pragma comment(lib, "d3d11.lib")
16 #pragma comment(lib, "d3dx11.lib")
17 #pragma comment(lib, "d3dcompiler.lib")
18 #pragma comment(lib, "dxguid.lib")
19 #pragma comment(lib, "winmm.lib")
```

代码 14.1

设计释放指针资源空间的函数模板,如代码 14.2 所示。

```
1  // ---------- 模板 ----------
2  //释放指向动态分配的堆资源的指针的模板
3  template <class T> void Delete(T t)
4  {
5      if(t)
6      {
7          delete t;
8          t = NULL;
9      }
10 }
11
12 //释放指向 D3D 接口生成的指针的模板
13 template <class T> void Release(T t)
14 {
15     if(t)
```

```
16    {
17        t -> Release( );
18        t = NULL;
19    }
20  }
```

代码 14.2

设计 HRESULT 报错的宏定义函数,如代码 14.3 所示。

```
1   // ----------宏定义函数----------
2   //报告错误的宏定义
3   #define ReportError( hr, message )
4   if( FAILED( hr ) )
5   {
6       MessageBox( NULL, message, L"Error", NULL );
7   }
```

代码 14.3

注意:为了便于读者了解整个游戏开发思路,GameStandard. h 文件其他部分内容在整个游戏的实现过程逐渐中增加进去。

14.2.4　编写 Algorithm. h 头文件

这个头文件中,用域名空间的方式给出一些通用算法的函数接口。凡是涉及算法的 cpp 文件,都需要包含这个头文件。现在先留空白,后面设计算法时来完善它。

14.2.5　编写源文件 Game. cpp

设计回调函数,用于以后实现按键交互;同时设计入口函数,程序从这里开始,如代码 14.4 所示。

```
1   //回调函数
2   LRESULT CALLBACK WndProc( HWND hwnd, UINT msg, WPARAM wParam, LPARAM lParam )
3   {
4       switch（msg)
5       {
6         case WM_DESTROY：
7             ::PostQuitMessage( 0 );
8         case WM_KEYDOWN：
9             //这里设计按键交互,后面再阐述
10        break;
11      }
12      return ::DefWindowProc( hwnd, msg, wParam, lParam );
13  }
14
15  int WINAPI WinMain( HINSTANCE hInstance, HINSTANCE hPrevInstance,
16                      LPSTR lpCmdLine, int nShowCmd )
```

```
17  {
18      //程序从这里开始运行,后面再添加代码
19      return 0;
20  }
```

代码 14.4

14.2.6　设计 D3D 设备类、头文件 D3DDevice.h 和源文件 D3DDevice.cpp

通过前面章节的学习,我们知道一个 D3D 设备包含设备、交换链、立即执行上下文等,现在将它们封装起来,结合具体的功能实现一个 D3D 设备类。在 D3DDevice.h 中需要包含 GameStandard.h,在 D3DDevice.cpp 中需要包含 D3DDevice.h。在设计 D3D 设备类的过程中,我们需要定义程序主窗口的大小,并作为一个宏定义写在 GameStandard.h 里面,将代码 14.5 的内容添加到代码 14.3 的内容之后即可。

```
1   // ---------- 宏定义常量 ----------
2   #define SCREEN_WIDTH   800 // 程序主窗口高度(像素)
3   #define SCREEN_HEIGHT 600 // 程序主窗口宽度(像素)
```

代码 14.5

D3DDevice.h 的全部设计如代码 14.6 所示。

```
1   #pragma once
2   #include "GameStandard.h"
3
4   //声明程序入口 Game.cpp 中的回调函数
5   LRESULT CALLBACK WndProc(HWND hWnd, UINT msg, WPARAM wParam,
6                            LPARAM lParam);
7   class D3DDevice
8   {
9     private:
10      // ----- 成员变量 -----
11      ID3D11RenderTargetView *  pRenderTargetView;      // 渲染目标视图
12      ID3D11DeviceContext *  pImmediateContext;          // 立即执行上下文
13      IDXGISwapChain *  pSwapChain;                       // 交换链
14      ID3D11Device *  pDevice;                            // D3D11 设备接口
15      ID3D11Texture2D *  pDepthStencilBuffer;             // 深度缓存
16      ID3D11DepthStencilView *  pDepthStencilView;        // 深度模板
17
18    public:
19      D3DDevice() {}  // 默认构造函数
20      ~D3DDevice();  // 析构函数
21      bool InitD3D(HINSTANCE hInstance);  // 初始化 D3D
22      // 清理深度模板视图,设置程序默认背景色
23      void ClearView(const float ClearColor[4]);
```

```cpp
24
25       // - - - - - - - - - - - - - - Get(内联) - - - - - - - - - - - - - - - - - -
26       ID3D11RenderTargetView *    GetRenderTargetView()
27       {
28         return pRenderTargetView;
29       }
30       ID3D11DeviceContext *       GetImmediateContext()
31       {
32         return pImmediateContext;
33       }
34       IDXGISwapChain *      GetSwapChain()
35       {
36         return pSwapChain;
37       }
38       ID3D11Device *        GetDevice()
39       {
40         return pDevice;
41       }
42       ID3D11Texture2D *     GetDepthStencilBuffer()
43       {
44         return pDepthStencilBuffer;
45       }
46       ID3D11DepthStencilView *    GetDepthStencilView()
47       {
48         return pDepthStencilView;
49       }
50
51       // - - - - - - - - - - - - - - - Set(内联) - - - - - - - - - - - - - - - - - -
52       void SetRenderTargetView(ID3D11RenderTargetView * tmp)
53       {
54         pRenderTargetView = tmp;
55       }
56       void SetImmediateContext(ID3D11DeviceContext * tmp)
57       {
58         pImmediateContext = tmp;
59       }
60       void SetSwapChain(IDXGISwapChain * tmp)
61       {
62         pSwapChain = tmp;
63       }
64       void SetDevice(ID3D11Device * tmp)
```

```
65        {
66            pDevice = tmp;
67        }
68        void SetDepthStencilBuffer( ID3D11Texture2D * tmp)
69        {
70            pDepthStencilBuffer = tmp;
71        }
72        void SetDepthStencilView( ID3D11DepthStencilView * tmp)
73        {
74            pDepthStencilView = tmp;
75        }
76    };
77    inline D3DDevice::~D3DDevice( )
78    {
79        Release( pRenderTargetView);
80        Release( pImmediateContext);
81        Release( pSwapChain);
82        Release( pDevice);
83        Release( pDepthStencilBuffer);
84        Release( pDepthStencilView);
85    }
```

代码 14.6

D3DDevice. cpp 里面主要书写 D3DDevice. h 里面重要函数的函数体,详细注释请仔细阅读函数体,如代码 14.7 所示。

```
1    #include "D3DDevice.h"
2
3    bool D3DDevice::InitD3D( HINSTANCE hInstance)
4    {
5        WNDCLASS wc;  // 窗口类对象(一个结构体)
6        // 窗口样式定义为当窗口尺寸(横、纵)变化时重绘
7        wc.style = CS_HREDRAW | CS_VREDRAW;
8        wc.lpfnWndProc = ( WNDPROC)( WndProc);  // 指定回调函数指针
9        wc.cbClsExtra = NULL;
10       wc.cbWndExtra = NULL;
11       wc.hInstance = hInstance;  // 当前应用程序实例的句柄
12       wc.hIcon = LoadIcon( NULL, IDI_APPLICATION);  // 指定图标
13       wc.hCursor = LoadCursor( NULL, IDC_ARROW);  // 指定光标
14       // 指定白色背景色
15       wc.hbrBackground = static_cast < HBRUSH > ( GetStockObject( WHITE_BRUSH));
16       wc.lpszMenuName = NULL;  // 不使用菜单目录
17       wc.lpszClassName = L" Direct3D11App";  // 指向窗口名的指针
```

```
18
19   //2:注册窗口
20   if (! RegisterClass(&wc))
21   {
22       MessageBox(NULL, L"Register Class Failed! \r\n Init d3d failed!",
23               L"Error", MB_OK);
24       return false;
25   }
26
27   //3:创建窗口
28   //第一个参数必须和 wc.lpszClassName 相同
29   //WS_OVERLAPPEDWINDOW 指定窗口风格为重叠式窗口
30   HWND hMainWnd = NULL;
31   hMainWnd = CreateWindow(L"Direct3D11App", L"D3D11",
32               WS_OVERLAPPEDWINDOW, CW_USEDEFAULT, CW_USEDEFAULT,
33   SCREEN_WIDTH, SCREEN_HEIGHT, NULL, NULL, hInstance, NULL);
34   if (! hMainWnd)
35   {
36       MessageBox(NULL, L"Create Window Failed! \r\n Init d3d failed!",
37               L"Error", NULL);
38       return false;
39   }
40
41   //4:窗口显示和更新
42   ShowWindow(hMainWnd, SW_SHOW);
43   UpdateWindow(hMainWnd);
44
45   //----------第二步:初始化 D3D----------
46   //步骤:
47   //1:填充交换链结构
48   //2:创建 D3D 设备、交换链、立即执行上下文
49   //3:创建目标渲染视图,将其绑定到渲染管线
50   //4:设置视口
51
52   //1:填充交换链结构
53   DXGI_SWAP_CHAIN_DESC sd;
54   memset(&sd, 0, sizeof(sd));
55   sd.BufferCount = 1;   //交换链中后台缓存数量,通常为1,代表双缓存
56   //缓存区中的窗口宽,与实际显示的窗口对应
57   sd.BufferDesc.Width = SCREEN_WIDTH;   //缓存区中的窗口高,与实际显示的窗口对应
```

```
58    sd. BufferDesc. Height = SCREEN_HEIGHT;
59    sd. BufferDesc. Format = DXGI_FORMAT_R8G8B8A8_UNORM;   // 像素格式
60    sd. BufferDesc. RefreshRate. Numerator = 60;   // 刷新频率分子
61    sd. BufferDesc. RefreshRate. Denominator = 1;// 刷新频率分母,即每秒 60 次
62    // 描述后台缓存的用法,此处用作渲染目标的输出
63    sd. BufferUsage = DXGI_USAGE_RENDER_TARGET_OUTPUT;
64    sd. OutputWindow = hMainWnd;   // 指向渲染目标窗口的句柄
65    sd. SampleDesc. Count = 1;   // "1" 表示不使用多重采样
66    sd. SampleDesc. Quality = 0;   // 多重采样质量,为 0 表示不使用多重采样
67    sd. Windowed = TRUE;   // 渲染的窗口为窗口模式
68    sd. Flags = NULL;   // 确定交换链的一些特殊行为,这里不使用
69    // 设置图像显示后如何处理当前缓存,此处为当前后台缓存中的内容被显示后,
70    // 立刻清除它
71    sd. SwapEffect = DXGI_SWAP_EFFECT_DISCARD;
72
73    // 2:创建 D3D 设备、交换链、立即执行上下文
74    // 创建一个数组确定尝试创建 FeatureLevels 的顺序
75    D3D_FEATURE_LEVEL featureLevels[] =
76    {
77      D3D_FEATURE_LEVEL_11_0, // D3D11 支持的特征
78      D3D_FEATURE_LEVEL_10_1, // D3D10 支持的特征
79      D3D_FEATURE_LEVEL_10_0
80    };
81
82    // 获取该数组的元素个数
83    UINT nFeatureLevelsCount = ARRAYSIZE(featureLevels);
84
85    // 调用 D3D11CreateDeviceAndSwapChain 函数创建设备、交换链、
86    // 立即执行上下文
87    HRESULT hr = D3D11CreateDeviceAndSwapChain(
88        NULL,        // 确定显示适配器,NULL 为默认
89        D3D_DRIVER_TYPE_HARDWARE,    // 选择驱动类型,这里使用三维硬件加速
90        NULL, // 当上一个参数为使用软件加速时,会用到这个参数指定光栅化程序
91        0,    // 可选标识符,使用 D3D_CREATE_DEVICE_DEBUG 启用调试模式
92        featureLevels,       // 指向对应数组
93        nFeatureLevelsCount,       // 数组元素个数
94        D3D11_SDK_VERSION,    // SDK 版本号
95        &sd,                 // 填充好的交换链结构
96        &pSwapChain,         // 返回创建好的交换链指针
97        &pDevice,            // 返回创建好的设备指针
98        NULL, // 返回当前设备支持的 featureLevels 数组中的第一个对象
```

```
99       &pImmediateContext    // 返回创建好的立即执行上下文指针
100  );
101  if ( FAILED( hr ) )
102  {
103      MessageBox( NULL, L"Create Device Failed! \r\n Init d3d failed!",
104              L"Error", NULL);
105      return false;
106  }
107
108  // 3:创建目标渲染视图,将其绑定到渲染管线
109  ID3D11Texture2D * pBackBuffer = NULL; // 指向后台缓存对象的指针
110  if ( FAILED( ( pSwapChain) -> GetBuffer(
111      0,                               // 缓存索引,一般设置为 0
112      __uuidof( ID3D11Texture2D),      // 检索 GUID 附加到表达式,缓存类型
113      ( void ** )&pBackBuffer          // 指向后台缓存对象的指针的指针
114      ) ) )
115  {
116      MessageBox( NULL, L"Get Buffer Failed! \r\n Init d3d failed!",
117              L"Error", NULL);
118      return false;
119  }
120
121  // 创建渲染目标视图,存入 pRenderTargetView 中
122  hr = ( pDevice) -> CreateRenderTargetView(
123      pBackBuffer,          // 指向交换链后台缓存的指针
124      NULL,                 // 设置 NULL 得到默认的渲染目标视图
125      &pRenderTargetView    // 返回创建好的渲染目标视图
126      );
127
128  // 释放后台缓存
129  Release( pBackBuffer);
130
131  if ( FAILED( hr ) )
132  {
133      MessageBox( NULL, L"Get Render Failed! \r\n Init d3d failed!",
134              L"Error", NULL);
135      return false;
136  }
137
138  // 填充深度模板结构
139  D3D11_TEXTURE2D_DESC dsDesc;
```

```
140   dsDesc. Format = DXGI_FORMAT_D24_UNORM_S8_UINT;   // 深度缓存数据格式
141   dsDesc. Width = SCREEN_WIDTH;                      // 缓冲区宽高
142   dsDesc. Height = SCREEN_HEIGHT;                    // 与视窗同大小
143   dsDesc. BindFlags = D3D11_BIND_DEPTH_STENCIL;      // 绑定深度模板缓冲区
144   dsDesc. MipLevels = 1;                             // 纹理中的 mipmap 等级
145   dsDesc. ArraySize = 1;                             // 纹理数组中的纹理个数
146   dsDesc. CPUAccessFlags = 0;                        // CPU 访问方式
147   dsDesc. SampleDesc. Count = 1;                     // 不使用多重采样
148   dsDesc. SampleDesc. Quality = 0;
149   dsDesc. MiscFlags = 0;                             // 可选项,一般为 0
150   dsDesc. Usage = D3D11_USAGE_DEFAULT;
151
152   // 创建深度模板
153   hr = (pDevice) -> CreateTexture2D(&dsDesc, 0, &pDepthStencilBuffer);
154   if (FAILED(hr))
155   {
156       MessageBox(NULL, L"Create depth stencil buffer Failed! \r\n Init d3d
157               failed!", L"Error", NULL);
158       return false;
159   }
160   hr = (pDevice) -> CreateDepthStencilView(pDepthStencilBuffer, 0,
161                                       &pDepthStencilView);
162   if (FAILED(hr))
163   {
164       MessageBox(NULL, L"Create depth stencil view Failed! \r\n Init d3d
165               failed!", L"Error", NULL);
166       return false;
167   }
168   // 将渲染目标视图绑定到渲染管线
169   (pImmediateContext) -> OMSetRenderTargets(
170       1,                        // 绑定目标视图的个数
171       &pRenderTargetView,       // 要绑定的渲染目标视图
172       pDepthStencilView         // 绑定深度模板视图
173       );
174
175   // 4:设置视口
176   D3D11_VIEWPORT vp;
177   vp. Width = static_cast < float > (SCREEN_WIDTH);    // 视口宽
178   vp. Height = static_cast < float > (SCREEN_HEIGHT);  // 视口高
179   vp. MinDepth = 0.0f;    // 视口最小深度值,D3D 中深度值范围[0,1]
180   vp. MaxDepth = 1.0f;                                 // 视口最大深度值
```

```
181   vp.TopLeftX  =  0.0f;                                    // 视口左上角横坐标
182   vp.TopLeftY  =  0.0f;                                    // 视口左上角纵坐标
183   (pImmediateContext) ->RSSetViewports(1, &vp);     // 设置视口,视口个数为1
184
185   return true;
186  }
187  void D3DDevice::ClearView(const float ClearColor[4])
188  {
189   pImmediateContext ->ClearRenderTargetView(pRenderTargetView,
190                          ClearColor);
191   pImmediateContext ->ClearDepthStencilView(pDepthStencilView,
192             D3D11_CLEAR_DEPTH | D3D11_CLEAR_STENCIL, 1.0f, 0);
193  }
```

代码 14.7

14.3 投篮游戏的设计与实现

14.3.1 游戏整体空间与摄像机 Camera 类的设计

首先,可以考虑游戏场景是在一个封闭的长方体内,这个长方体就是一个练习投篮的房间。游戏是以第一人称视角投篮,所以设备中的摄像机 Camera 需模拟人眼。于是,摄像机拥有的位置(Eye)属性就对应实际人眼的位置,摄像机拥有的焦点(At)就对应了人眼视线的焦点,即我们盯住的目标点。以左手坐标系建立坐标,假设人眼处于(0,0,0)的位置上,球在人眼前方一些的位置,模拟投篮时球相对于人眼的位置。

本游戏中的篮筐不是篮球架上的篮筐,而是类似于马戏团火圈一样垂直的圆环。它的位置比人眼高一些(对应 Y 值较高),且总是处于一个固定 Z 值的深度。它可以在当前位置沿 X 轴方向移动。由于篮筐的 Z 值固定,我们可以将摄像机焦点的 Z 值也固定住,只让摄像机(对应人的视角)在 Z 值固定的那个面上移动(对应 At 的 X\Y 值的改变),于是,At 只能在 X/Y 轴方向上产生偏移,Z 值固定。

游戏中,投篮时不允许靠近或者远离篮筐,所以,对于人的位置来说,即对 Camera 的 Eye 来说,Z 值也是固定的。由于人的身高是固定的,所以对 Camera 的 Eye 来说,Y 值也是固定的(假设人总是站着投篮,不考虑人跳起来投篮的情况)。于是,Eye 只能在 X 轴方向上产生偏移,Y/Z 固定。

篮球在未投射出去之前,不管我们的视角如何移动,篮球在屏幕上的位置应该是固定的,所以在绘制篮球之前,需要根据视角的偏移量生成变换矩阵,将这个变换矩阵应用到绘制篮球的世界坐标上,之后再绘制篮球。这个生成变换矩阵的算法是重点,在后面代码中有详细注解。

为了简便起见,本例中的篮球和球筐实际都是二维的面经贴图而成的伪 3D 模型而已,3D 球体模型的设计留作思考题内容,供读者拓展。在介绍代码实现之前,读者可以参考图 14.3,对游戏的整体空间形成初步印象。

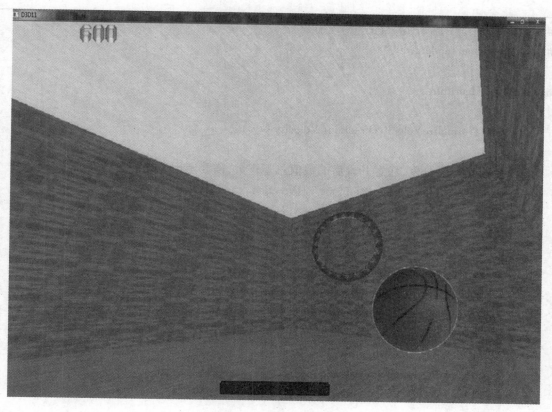

图 14.3　游戏场景空间

虽然第 11 章介绍了灵活摄像头类,但本例中需要根据游戏需求在原来的灵活摄像头类的基础上重新设计 Camera 类。在创建好的 Camera. h 文件中包含 GameState. h 文件,同时在 Camera. cpp 文件中包含 Camera. h 和 Algorithm. h 文件。

（1）在 GameStandard. h 中添加宏定义

开始设计之前,在 GameStandard. h 中添加一些需要用到的宏定义,将代码 14.8 的内容添加到代码 14.5 的内容之后。

```
1    // 限制摄像机的活动范围
2    static const float MAX_EYE_OFF_X = 5.0f; //相机位置沿 X 轴正向的最大偏移量
3    static const float MIN_EYE_OFF_X = −5.0f; //相机位置沿 X 轴负向的最大偏移量
4    static const float MAX_AT_OFF_X = 5.0f;   //焦点位置沿 X 轴正向的最大偏移量
5    static const float MIN_AT_OFF_X = −5.0f;  //焦点位置沿 X 轴负向的最大偏移量
6    static const float MAX_AT_OFF_Y = 10.0f;  //焦点位置沿 Y 轴正向的最大偏移量
7    static const float MIN_AT_OFF_Y = −2.0f;  //焦点位置沿 Y 轴负向的最大偏移量
8
9    // 默认摄像机焦点沿 Y 轴方向偏移量
10   static const float fDefaultAtOffY = 2.0f;
```

代码 14.8

（2）在 Algorithm. h 中添加通用算法

开始设计 Camera 类之前,在 Algorithm. h 中添加需要用到的通用算法,如代码 14.9 所示。算法的具体描述和讲解都在对应的函数体中阐述,读者可以通过阅读函数体来理解算法含义。

```cpp
1    #pragma once
2    #include "GameStandard.h"
3
4    namespace IAlgorithm
5    {
6        static void NormalizeVelocityDirection(Velocity & v)
7        {
8            // 单位化方向分量,注意开方后的数值总是正数,需要考虑原来的速度方向
9            float fSquareSum = v.Direction.x * v.Direction.x + 10
10               v.Direction.y * v.Direction.y + v.Direction.z * v.Direction.z;
11           v.Direction.x = (v.Direction.x < 0) ? -
12               sqrt(v.Direction.x * v.Direction.x / fSquareSum) :
13               sqrt(v.Direction.x * v.Direction.x / fSquareSum);
14           v.Direction.y = (v.Direction.y < 0) ? -
15               sqrt(v.Direction.y * v.Direction.y / fSquareSum) :
16               sqrt(v.Direction.y * v.Direction.y / fSquareSum);
17           v.Direction.z = (v.Direction.z < 0) ? -
18               sqrt(v.Direction.z * v.Direction.z / fSquareSum) :
19               sqrt(v.Direction.z * v.Direction.z / fSquareSum);
20       }
21       static float ComputeTwoVectorAngle(const XMVECTOR & v1,
22                                          const XMVECTOR & v2)
23       {
24           // 计算两个向量夹角弧度值
25           XMVECTOR dot = XMVector3Dot(v1, v2);
26           float fDot = XMVectorGetX(dot); // 两向量点相乘的值
27
28           XMVECTOR len1 = XMVector3Length(v1);
29           XMVECTOR len2 = XMVector3Length(v2);
30           float fLen1 = XMVectorGetX(len1);
31           float fLen2 = XMVectorGetX(len2);
32           float fLenMul = fLen1 * fLen2; // 两向量模的积
33
34           float cosV = static_cast<float>(fDot / fLenMul); // 夹角 cos 值
35           // arccos 得到旋转角度(弧度制),此角度在 0 ~ Pi 范围内
36           float angle = acosf(cosV);
37           return angle;
38       }
39   };
```

代码 14.9

（3）编写 Camera. h 文件（如代码 14. 10 所示）

```
1   #pragma once
2   #include "GameStandard. h"
3
4   class Camera
5   {
6     public：
7       // 定义摄像机初始位置、初始焦点
8       const XMFLOAT3 originalEye = XMFLOAT3(0.0f, 0.0f, 0.0f);
9       const XMFLOAT3 originalAt = XMFLOAT3(0.0f, 0.0f, 10.0f);
10      const XMFLOAT3 up = XMFLOAT3(0.0f, 1.0f, 0.0f);
11
12    private：
13      // ----- 成员变量(公有) -----
14      float fEyeOffX; // 摄像机位置沿 X 轴方向偏移量
15      float fAtOffX； // 摄像机焦点沿 X 轴方向偏移量
16      float fAtOffY； // 摄像机焦点沿 Y 轴方向偏移量
17
18    public：
19      // 构造、析构
20      Camera();
21      ~Camera();
22
23      // ----- 公有函数 -----
24      void   AppendEyeOffX(const float & value);//在原有 EyeOffX 基础上添加量
25      void   AppendAtOffX(const float & value); //在原有 AtOffX 基础上添加量
26      void   AppendAtOffY(const float & value); //在原有 AtOffY 基础上添加量
27      //获取当前的摄像机位置,即初始位置 + 偏移量
28      const XMFLOAT3& GetCurrEye();
29      // 获取当前的摄像机焦点,即初始位置 + 偏移量
30      const XMFLOAT3& GetCurrAt();
31      // 获取生成好的观察坐标系变换矩阵
32      const XMMATRIX& GetViewMatrix();
33      // 获取空间上贴在相机屏幕上的物体要持续贴在当前屏幕上
34      // 位置需要的世界坐标系变换矩阵
35      const XMMATRIX& GetCameraAttachMatrix();
36      void   SetDefaultAt();  // 设置默认焦点
37   };
38
39   // ----- 内联函数 -----
40   inline Camera::Camera()
```

```
41    {
42      fEyeOffX = 0.0f;
43      fAtOffX = 0.0f;
44      fAtOffY = 0.0f;
45    }
46    inlineCamera::~Camera(){}
47    inline const XMFLOAT3& Camera::GetCurrEye()
48    {
49      return XMFLOAT3(originalEye.x + fEyeOffX,
50                      originalEye.y, originalEye.z);
51    }
52    inline const XMFLOAT3& Camera::GetCurrAt()
53    {
54      return XMFLOAT3(originalAt.x + fAtOffX,
55                      originalAt.y + fAtOffY, originalAt.z);
56    }
57    inline const XMMATRIX& Camera::GetViewMatrix()
58    {
58      XMVECTOR currEye = XMVectorSet(originalEye.x + fEyeOffX,
59                                     originalEye.y, originalEye.z, 1.0f);
60      XMVECTOR currAt = XMVectorSet(originalAt.x + fAtOffX,
61                                    originalAt.y + fAtOffY, originalAt.z, 1.0f);
62      XMVECTOR Up = XMVectorSet(up.x, up.y, up.z, 1.0f);
63      return XMMatrixLookAtLH(currEye, currAt, Up);
64    }
65    inline void Camera::SetDefaultAt()
66    {
67      fAtOffY = fDefaultAtOffY;
68    }
```

代码 14.10

（4）Camera.cpp 的全部设计（如代码 14.11 所示）

```
1    #include "Camera.h"
2    #include "Algorithm.h"
3
4    void   Camera::AppendEyeOffX(const float & value)
5    {
6      fEyeOffX = (value > 0.0f) ?
7                 ((fEyeOffX + value > MAX_EYE_OFF_X) ?
8                 MAX_EYE_OFF_X : fEyeOffX + value) :
9                 ((fEyeOffX + value < MIN_EYE_OFF_X) ?
10                MIN_EYE_OFF_X : fEyeOffX + value);
```

```
11    }
12    void    Camera∷AppendAtOffX(const float & value)
13    {
14        fAtOffX = (value > 0.0f) ?
15                  ((fAtOffX + value > MAX_AT_OFF_X) ?
16                  MAX_AT_OFF_X : fAtOffX + value) :
17                  ((fAtOffX + value < MIN_AT_OFF_X) ?
18                  MIN_AT_OFF_X : fAtOffX + value);
19    }
20    void    Camera∷AppendAtOffY(const float & value)
21    {
22        fAtOffY = (value > 0.0f) ?
23                  ((fAtOffY + value > MAX_AT_OFF_Y) ?
24                  MAX_AT_OFF_Y : fAtOffY + value) :
25                  ((fAtOffY + value < MIN_AT_OFF_Y) ?
26                  MIN_AT_OFF_Y : fAtOffY + value);
27    }
28    const XMMATRIX& Camera∷GetCameraAttachMatrix()
29    {
30        // 当相机的位置(Eye)和焦点(At)改变时,球的位置随之改变的算法,
31        // 确保视角变换时,球始终固定在屏幕上的某个位置且大小也固定
32        // 此变换只对 world 矩阵生效,改变球的位置,使球心始终处于屏幕上的固定
33        // 位置。必须确保 Eye 只在 Y=0 平面和 Z=0 平面相交决定的 X 轴上移动
34        // 做 X 轴上的位移变换 Translation 得到 NewEye,Y 轴的位置也更新了
35        // 以位移后的 NewEye 做绕新 Y 轴的旋转(侧视角变换),
36        // 之后 X 轴的位置也更新了
37        // 以位移后的 NewEye 做绕新 X 轴的旋转(俯仰视角变换)
38
39        // 初始化变换矩阵
40        XMMATRIX trans = XMMatrixIdentity();    // 位移矩阵
41        XMMATRIX rotY = XMMatrixIdentity();     // 绕 Y 轴旋转矩阵
42        XMMATRIX rotX = XMMatrixIdentity();     // 绕 X 轴旋转矩阵
43
44        // ---------- 求 trans 矩阵 ----------
45        if (fEyeOffX ! = 0.0f)
46        {
47            // 需要计算 X 轴上的位移
48            trans * = XMMatrixTranslation(fEyeOffX, 0.0f, 0.0f); // 生成位移矩阵
49        }
50
51        // 经过上面的变换后,相对于原来的世界坐标系,当前的 Eye 的位置变了,
```

```
52      // 求出当前的 Eye 在原世界坐标系中的位置
53      XMFLOAT3 currEye = GetCurrEye();
54
55      // ----------求 rotY 矩阵----------
56      if (fAtOffX != fEyeOffX)
57      {
58        // 需要做绕 Y 轴的旋转
59        XMFLOAT3 currAt = GetCurrAt();
60
61        // 获取当前焦点在 XOZ 面上的投影点
62        XMFLOAT3 projAt = XMFLOAT3(currAt.x, 0, currAt.z);
63
64        // 计算从当前 Eye 指向这个投影点的向量
65        XMVECTOR vector1 = XMVectorSet(projAt.x - currEye.x, projAt.y -
66                           currEye.y, projAt.z - currEye.z, 0.0f);
67
68        // 从当前 Eye 向当前焦点在 XOZ 面上的投影点所在的平行于 X 轴的轴作垂线,
69        //计算从当前 Eye 指向这个垂足的向量
70        XMVECTOR vector2 = XMVectorSet(0.0f, 0.0f, projAt.z, 0.0f);
71
72        // 利用两向量点乘后除以他们的模的积来计算夹角的 cos 值
73        float angle = IAlgorithm::ComputeTwoVectorAngle(vector1, vector2);
74
75        if (fAtOffX < fEyeOffX)
76        {
77          // 反向旋转时,角度为负值
78          angle = -angle;
79        }
80
81        // 生成旋转矩阵
82        rotY = XMMatrixRotationY(angle);
83      }
84
85      // ----------求 rotX 矩阵----------
86      if (fAtOffY != 0.0f)
87      {
88        // 需要做绕 X 轴的旋转
89        // 当前焦点的位置
90        XMFLOAT3 currAt = GetCurrAt();
91
92        // 获取当前焦点在 XOZ 面上的投影点
```

```
93    XMFLOAT3 projAt = XMFLOAT3(currAt.x, 0, currAt.z);
94
95    // 计算从当前 Eye 指向当前焦点在 XOZ 面上的投影点的向量
96    XMVECTOR vector1 = XMVectorSet(projAt.x - currEye.x, 0,
97                    projAt.z - currEye.z, 0.0f);
98
99    // 计算从当前 Eye 指向当前焦点的向量
100   XMVECTOR vector2 = XMVectorSet(currAt.x - currEye.x,
101                    currAt.y - currEye.y, currAt.z - currEye.z, 0.0f);
102
103   // 利用两向量点乘后除以他们的模的积来计算夹角的 cos 值
104   float angle = IAlgorithm::ComputeTwoVectorAngle(vector1, vector2);
105
106   if (fAtOffY > 0.0f)
107   {
108       // 反向旋转时,角度为负值
109       angle = -angle;
110   }
111
112   // 生成旋转矩阵
113   rotX = XMMatrixRotationX(angle);
114   }
115
116   return (rotX * rotY * trans); // 复合变换矩阵   顺序很重要!!
117   // 先绕 X,再绕 Y,再平移(每次变换都是相对于最初的原坐标系的),
118   //若先绕 Y 再绕 X,物体相对于摄像机就会歪掉。
119   }
```

代码 14.11

14.3.2 准备绘制游戏中的物体

在定义好游戏空间后,就可以准备在屏幕上绘制物体了。首先要设置好渲染方式,即设计一个 xShader.fx 文件。本例没有使用光照、混合等技术,所以 xShader.fx 文件的设计相对简单。既然是能在 D3D 设备里绘制的物体,那么它们必然有共同的特征,所以,可创建 D3DObject 类来描述所有能在 D3D 设备中绘制的物体。D3DObject 类封装了所有物体在绘制时所需要经历的步骤。本例用 D3DObject.h,D3DObject.cpp 来定义 D3DObject 类。

（1）在 GameStandard.h 里面添加顶点结构和输入布局

设计 Effect 之前,需要在 GameStandard.h 里面定义顶点结构,这与 fx 文件里的缓存结构要一致对应。另外,在 GameStandard.h 中设计通用的顶点输入布局结构,这里只需要将代码 14.12 中的内容添加到代码 14.8 所示内容之后即可。

```
1   // ---------- 自定义结构体 ----------
2   // 通用顶点结构
```

```
3    struct Vertex
4    {
5        XMFLOAT3 Pos;
6        XMFLOAT3 Normal;
7        XMFLOAT2 Tex;
8    };
9
10   // 各种坐标系结构
11   struct CoordinateSystem
12   {
13       XMFLOAT4X4 world;
14       XMFLOAT4X4 view;
15       XMFLOAT4X4 projection;
16       XMFLOAT4   eyePosition;
17   };
18   // 通用顶点输入布局结构
19   static const D3D11_INPUT_ELEMENT_DESC layout[ ] =
20   {
21       {"POSITION", 0, DXGI_FORMAT_R32G32B32_FLOAT, 0, 0,
22       D3D11_INPUT_PER_VERTEX_DATA, 0},
23       {"NORMAL", 0, DXGI_FORMAT_R32G32B32_FLOAT, 0, 12,
24       D3D11_INPUT_PER_VERTEX_DATA, 0},
25       {"TEXCOORD", 0, DXGI_FORMAT_R32G32_FLOAT, 0,
26       D3D11_APPEND_ALIGNED_ELEMENT, D3D11_INPUT_PER_VERTEX_DATA, 0}
27   };
28   static const UINT nInputLayoutDescElemNum = ARRAYSIZE(layout);
```

代码 14.12

（2）编写 xShader.fx 文件（如代码 14.13 所示）

```
1    /////////////////////////////////////////////////////////////////
2    //定义常量缓存
3    /////////////////////////////////////////////////////////////////
4    //坐标变换矩阵的常量缓存
5    cbuffer MatrixBuffer
6    {
7        matrix World;          //世界坐标变换矩阵
8        matrix View;           //观察坐标变换矩阵
9        matrix Projection;     //投影坐标变换矩阵
10       float4 EyePosition;    //视点位置
11   };
12
13   Texture2D Texture;   //纹理变量
```

```
14
15    SamplerState Sampler
16    {
17      //定义采样器
18      Filter = MIN_MAG_MIP_LINEAR；      //采用线性过滤
19      AddressU = Mirror；               //寻址模式
20      AddressV = Mirror；               //寻址模式
21    }；
22
23    //////////////////////////////////////////////////////////
24    //定义输入结构
25    //////////////////////////////////////////////////////////
26    //顶点着色器的输入结构
27    struct VS_INPUT
28    {
29      float4 Pos：POSITION；   //位置
30      float3 Norm：NORMAL；   //法向量
31      float2 Tex：TEXCOORD0；//纹理
32    }；
33
34    //顶点着色器的输出结构
35    typedef struct VS_OUTPUT
36    {
37      float4 Pos：SV_POSITION；    //位置
38      float2 Tex：TEXCOORD0；     //纹理
39      float3 Norm  ：TEXCOORD1； //法向量
40    }PS_INPUT；
41
42    //////////////////////////////////////////////////////////
43    //顶点着色器
44    //////////////////////////////////////////////////////////
45    VS_OUTPUT VS( VS_INPUT input)
46    {
47      VS_OUTPUT output = ( VS_OUTPUT)0；   //声明一个 VS_OUTPUT 对象
48      output. Pos = mul( input. Pos, World)；   //在 input 坐标上进行世界变换
49      output. Pos = mul( output. Pos, View)；          //进行观察变换
50      output. Pos = mul( output. Pos, Projection)；       //进行投影变换
51
52      output. Norm = mul( input. Norm, ( float3x3) World)；//获得 output 的法向量
53      output. Norm = normalize( output. Norm)；   //对法向量进行归一化
54
```

```
55    output. Tex = input. Tex;      //纹理设置
56
57    return output;
58  }
59
60  /////////////////////////////////////////////////////////////////
61  //像素着色器
62  /////////////////////////////////////////////////////////////////
63  float4 PS( PS_INPUT input) : SV_Target
64  {
65    float4 texColor = Texture. Sample( Sampler, input. Tex);
66    clip( texColor. a − 0. 1f);
67    return texColor;   //返回纹理
68  }
69
70  /////////////////////////////////////////////////////////////////
71  //定义 Technique
72  /////////////////////////////////////////////////////////////////
73  technique11 T0
74  {
75    pass P0
76    {
77      SetVertexShader( CompileShader( vs_5_0, VS()));
78      SetGeometryShader( NULL); //本例中没有用几何着色器,所以设置为空
79      SetPixelShader( CompileShader( ps_5_0, PS()));   //设置像素着色器
80    }
81  }
```

代码 14.13

（3）D3DObject. h 文件中 D3DObject 类的设计（如代码 14.14 所示）

```
1   #pragma once
2   #include " GameStandard. h"
3
4   / ************ 基类:D3D 对象类 ************ /
5   class D3DObject
6   {
7     protected：
8       // ----- 成员变量 -----
9       Vertex *   pVertice;       // 顶点序列
10      UINT    nVertexNum;        // 顶点数目
11      UINT    nVertexStructSize;    // 顶点结构的大小
12      XMFLOAT3 offset;//相对于原本顶点序列在世界坐标系中的位置,要位移的量
```

```
13      // 由 D3D 设备生成的它能识别的顶点输入布局对象指针,
14      // 需要绘制时与其绑定(最初设置一次即可,以后直接取出绘制,
15      // 不然每次绘制前都要重复做设置操作)
16      ID3D11InputLayout * pVertexLayout;
17      // 与 Effect 文件绑定后,由 D3D 设备创建的 Effect 资源的指针
18      ID3DX11Effect *    pEffect;
19      // 与 Effect 文件中 Technique 关联的指针,需要绘制时从中获取 pass 结构
20      ID3DX11EffectTechnique *   pTechnique;
21      // 指向 D3D 设备生成的顶点缓存的指针,需要绘制时与其绑定
22      //(最初设置一次即可,以后直接取出绘制,
23      //不然每次绘制前都要重复做设置操作)
24      ID3D11Buffer *    pVertexBuffer;
25      // 由 D3D 设备生成的它能识别的材质对象指针,需要绘制时与其绑定
26      //(最初设置一次即可,以后直接取出绘制,不然每次绘制前都要重复
27      // 做设置操作)
28      ID3D11ShaderResourceView * pTexture;
29
30   public:
31      // -----成员函数(公有)-----
32      D3DObject();
33      ~D3DObject();
34      XMFLOAT3 GetOffset();
35      // 获取位移量
36      void    SetOffset(float offsetX, float offsetY, float offsetZ);
37      // 设置位移量
38      void    AppendOffset(float offsetX, float offsetY, float offsetZ);
39      // 在原有位移量的基础上加上新的位移量
40      const XMMATRIX&          GetOffsetTranslationMatrix();
41      // 获取位移变换矩阵
42      ID3D11InputLayout *      GetVertexLayout();
43      // 获取输入布局对象指针
44      ID3D11Buffer *    GetVertexBuffer();
45      // 获取顶点缓存指针
46      ID3DX11EffectTechnique *   GetTechnique();
47      // 获取 Technique 指针
48      ID3DX11Effect *       GetEffect();
49      // 获取 Effect 指针
50
51      // -----成员函数(虚函数)-----
52      // 与 fx 文件绑定,并利用绑定的 D3D 设备创建好 Effect 资源,
53      // 成员变量指针 pEffect 指向了这个资源
```

```
54      virtual void BindFxFile(WCHAR * fxPath, ID3D11Device * device);
55      virtual void BindTexture(WCHAR * texPath, ID3D11Device * device);
56      // 与材质文件绑定,由 D3D 设备生成的它能识别的纹理对象,
57      // 成员变量指针 pTexture 指向了这个资源
58      // 绑定好需要绘制的顶点序列,视实际情况调整参数类型及函数体
59      virtual void BindVertice(Vertex * vertice, const UINT & vertexNum);
60      // 创建对象的输入布局,由 D3D 设备生成的它能识别的顶点输入布局对象,
61      // 成员变量指针 pVertexLayout 指向这个对象
62      virtual void CreateInputLayout(ID3D11Device * device);
63      virtual void CreateVertexBuffer(ID3D11Device * device);
64      // 创建对象的顶点缓存,由 D3D 设备生成的它能识别的顶点缓存对象,
65      // 成员变量指针 pVertexBuffer 指向这个对象
66      virtual void Draw(ID3D11DeviceContext * immediateContext,
67      const CoordinateSystem & coord); // 在 D3D 设备上绘制对象
68
69    private:
70      // -----成员函数-----
71      void ReleasePointers(); // 释放指针
72      void Init();    // 初始化成员变量
73
74    };
75    // ----- 函数实现(内联函数) -----
76    inline   D3DObject::D3DObject()
77    {
78      Init();
79    }
80    inline   D3DObject:: ~ D3DObject()
81    {
81      ReleasePointers();
82    }
83    inline void D3DObject::Init()
84    {
85      // -----默认值-----
86      pVertice = NULL;
87      nVertexNum = 0;
88      nVertexStructSize = 0;
89      offset = XMFLOAT3(0.0f, 0.0f, 0.0f);
90      pVertexLayout = NULL;
91      pEffect = NULL;
92      pTechnique = NULL;
93      pVertexBuffer = NULL;
```

```
94        pTexture = NULL;
95     }
96     inline void D3DObject::ReleasePointers()
97     {
98         Release(pVertexLayout);
99         Release(pEffect);
100        Release(pVertexBuffer);
101        Release(pTexture);
102    }
103    inline XMFLOAT3 D3DObject::GetOffset()
104    {
105        return offset;
106    }
107    inline void    D3DObject::SetOffset(float offsetX, float offsetY,
108                                         float offsetZ)
109    {
110        offset = XMFLOAT3(offsetX, offsetY, offsetZ);
111    }
112    inline void    D3DObject::AppendOffset(float offsetX, float offsetY,
113                                         float offsetZ)
114    {
115        offset.x += offsetX;
116        offset.y += offsetY;
117        offset.z += offsetZ;
118    }
119    inline const XMMATRIX&D3DObject::GetOffsetTranslationMatrix()
120    {
121        return XMMatrixTranslation(offset.x, offset.y, offset.z);
122    }
123    inline ID3D11InputLayout * D3DObject::GetVertexLayout()
124    {
125        return pVertexLayout;
126    }
127    inline ID3D11Buffer * D3DObject::GetVertexBuffer()
128    {
129        return pVertexBuffer;
130    }
131    inline ID3DX11EffectTechnique *    D3DObject::GetTechnique()
132    {
133        return pTechnique;
134    }
```

```
135   inline ID3DX11Effect * D3DObject::GetEffect()
136   {
137     return pEffect;
138   }
```

代码 14.14

（4）D3DObject.cpp **文件中** D3DObject **类的设计（如代码** 14.15 **所示）**

```
1   #include "D3DObject.h"
2   #include "Algorithm.h"
3   void D3DObject::BindFxFile(WCHAR * fxPath, ID3D11Device * device)
4   {
5     HRESULT hr = NULL;
6     ID3DBlob * pTechBlob = NULL;
7     // 从 fx 文件读取着色器相关信息
8     hr = D3DX11CompileFromFile(
9         fxPath,  // 对应的高级着色语言脚本
10        NULL, // 可选高级参数,这里不使用
11        NULL// 可选高级参数,用于处理着色器中的 Include 文件,这里不使用
12        NULL, // 对应的着色器函数名,这里是 fx 文件,所以不用指明具体的函数
13        "fx_5_0", // 对应的 fx 着色器版本
14        D3DCOMPILE_ENABLE_STRICTNESS, // 使用约束,禁止使用过期的语法
15        NULL,     // Effect 文件编译选项,这里不使用
16        NULL,              // 多线程编程时用于指向线程泵,这里不涉及
17        &pTechBlob,  // 返回编译好的所有着色器所在内存的指针
18        NULL,
19        NULL);  // 指向返回值的指针,这里不使用
20
21    ReportError(hr, L"Failed to compile fx file!");
22
23    // 创建 ID3DEffect 对象
24    hr = D3DX11CreateEffectFromMemory(
25                pTechBlob -> GetBufferPointer(),
26                pTechBlob -> GetBufferSize(),
27                0,        // 不使用 Effect 标识
28                device,    // 设备指针,用来创建 Effect 资源
29                &pEffect); // 返回创建好的 ID3DEffect 对象
30
31    ReportError(hr, L"Failed to create effect!");
32  }
33  void D3DObject::BindTexture(WCHAR * texPath, ID3D11Device * device)
34  {
35      D3DX11CreateShaderResourceViewFromFile(device, texPath, NULL, NULL,
```

```
36                                    &pTexture, NULL);
37    }
38    void D3DObject::BindVertice(Vertex * vertice, const UINT & vertexNum)
39    {
40      // ----- 成员变量设置 -----
41      pVertice = vertice;
42      nVertexNum = vertexNum;
43      nVertexStructSize = sizeof(Vertex);
44    }
45    void D3DObject::CreateInputLayout(ID3D11Device * device)
46    {
47      // ----- 获取 Pass 通道结构,视实际 fx 文件结构调整 -----
48      pTechnique = pEffect -> GetTechniqueByName("T0");
49      D3DX11_PASS_DESC passDesc;
50      HRESULT hr = pTechnique -> GetPassByIndex(0) -> GetDesc(&passDesc);
51      ReportError(hr, L"Get Pass Failed!");
52
53      // ----- 创建 D3D 设备能识别的输入布局 -----
54      hr = device -> CreateInputLayout(
55        layout,// GameStandard 定义的 D3D11_INPUT_ELEMENT_DESC 数组
56        nInputLayoutDescElemNum,// D3D11_INPUT_ELEMENT_DESC 数组的元素个数
57        passDesc.pIAInputSignature,  //Effect Pass 描述的输入标识
58        passDesc.IAInputSignatureSize,//Effect Pass 描述的输入标识的大小
59        &pVertexLayout);  // 返回生成的输入布局对象
60          ReportError(hr, L"创建 Input Layout 失败");
61    }
62    void D3DObject::CreateVertexBuffer(ID3D11Device * device)
63    {
64      // ----- 顶点缓存结构 -----
65      D3D11_BUFFER_DESC vertexBufferDesc;
66      memset(&vertexBufferDesc, 0, sizeof(D3D11_BUFFER_DESC));
67      vertexBufferDesc.Usage = D3D11_USAGE_DEFAULT;  // 缓存读写方式:默认
68      vertexBufferDesc.ByteWidth = nVertexStructSize * nVertexNum;//缓存大小
69      vertexBufferDesc.BindFlags = D3D11_BIND_VERTEX_BUFFER;//绑定到顶点缓存
70      vertexBufferDesc.CPUAccessFlags = 0;  // 0 表示没有 CPU 访问
71      vertexBufferDesc.MiscFlags = 0;  // 其他项标识符,0 表示不使用该项
72
73      // ----- 用于初始化子资源的数据 -----
74      D3D11_SUBRESOURCE_DATA initData;
75      memset(&initData, 0, sizeof(D3D11_SUBRESOURCE_DATA));
76      initData.pSysMem = pVertice;// 设置需要初始化的数据,即对应的顶点数组
```

```
77
78    // ----- 创建 D3D 设备能识别的顶点缓存 -----
79    HRESULT hr = device -> CreateBuffer( &vertexBufferDesc, &initData,
80                                          &pVertexBuffer );
81    ReportError( hr, L"创建 VertexBuffer 失败" );
82  }
83  void D3DObject::Draw( ID3D11DeviceContext * immediateContext, const
84                        CoordinateSystem & coord )
85  {
86    // 设置坐标系缓存到 Effect
87  pEffect -> GetVariableByName( "World" ) -> AsMatrix( )
88                                -> SetMatrix( ( float * )&( coord. world ) );
89    pEffect -> GetVariableByName( "View" ) -> AsMatrix( )
90                                -> SetMatrix( ( float * )&( coord. view ) );
91    pEffect -> GetVariableByName( "Projection" ) -> AsMatrix( )
92                              -> SetMatrix( ( float * )&( coord. projection ) );
93    pEffect -> GetVariableByName( "EyePosition" ) -> AsMatrix( )
94                              -> SetMatrix( ( float * )&( coord. eyePosition ) );
95
96    // 设置材质到 Effect
97    pEffect -> GetVariableByName( "Texture" ) -> AsShaderResource( )
98                                -> SetResource( pTexture );
99
100   // 设置创建好的输入布局到立即执行上下文
101   immediateContext -> IASetInputLayout( pVertexLayout );
102
103   // 设置创建好的顶点缓存到立即执行上下文
104   UINT nOffset = 0;
105   immediateContext -> IASetVertexBuffers(
106     0,                    // 绑定的第一个输入槽
107     1,                    // 顶点缓存的个数,这里为 1 个
108     &pVertexBuffer,       // 创建好的顶点缓存
109     &nVertexStructSize,   // 跨度
110     &nOffset              // 缓存第一个元素到所用元素的偏移量
111     );
112
113   // 指定图元类型为三角形
114   immediateContext -> IASetPrimitiveTopology(
115                     D3D11_PRIMITIVE_TOPOLOGY_TRIANGLELIST );
116
```

```
117     // 将 Pass 通道应用到立即执行上下文
118     pTechnique -> GetPassByIndex(0) -> Apply(0, immediateContext);
119
120     // 通过顶点缓存绘制
121     immediateContext -> Draw(nVertexNum, 0);
122  }
```

代码 14.15

14.3.3　游戏背景的绘制

有了 D3DObject 类,可以考虑对它实例化来绘制一些基础的物体。因为 D3DObject 类只有一些物体通用的基本属性,复杂的物体可能会具有一些自己特殊的属性和行为,用 D3DObject 直接实例化是没有办法实现的,需要从 D3DObject 派生,比如篮球类。

游戏中最基础的物体就是游戏背景。本游戏的游戏背景实际上是在一个封闭的长方体内,所以长方体内部的六个面就构成了游戏背景,由于我们的 Camera 在设计的时候就限制了无法转过头去看背后,所以实际上背景只需绘制 5 个面就可以了,它们分别是天花板、前面的墙、左边的墙、右边的墙、地板。

于是,设计一个 Background 类用于绘制游戏背景,里面的成员变量为 5 个 D3DObject 的对象指针,代表刚才提到的 5 个面。BackGround 类直接定义在 D3DObject 头文件里面。

（1）在 GameStandard. h 中添加房间的顶点序列

将代码 14.16 中的内容添加到代码 14.12 所示内容之后。

```
1  // ---------- 定义物体顶点序列 ----------
2  static const Vertex floorVertices[]  =
3  {
4    //地板
5    {XMFLOAT3( -7.0f,  -2.0f, 14.0f), XMFLOAT3(0.0f, 1.0f, 0.0f),
6     XMFLOAT2(0.0f, 0.0f)},
7    {XMFLOAT3(7.0f,  -2.0f, 14.0f), XMFLOAT3(0.0f, 1.0f, 0.0f),
8     XMFLOAT2(15.0f, 0.0f)},
9    {XMFLOAT3( -7.0f,  -2.0f,  -14.0f), XMFLOAT3(0.0f, 1.0f, 0.0f),
10     XMFLOAT2(0.0f, 15.0f)},
11
12    {XMFLOAT3(7.0f,  -2.0f, 14.0f), XMFLOAT3(0.0f, 1.0f, 0.0f),
13     XMFLOAT2(15.0f, 0.0f)},
14    {XMFLOAT3(7.0f,  -2.0f,  -14.0f), XMFLOAT3(0.0f, 1.0f, 0.0f),
15     XMFLOAT2(15.0f, 15.0f)},
16    {XMFLOAT3( -7.0f,  -2.0f,  -14.0f), XMFLOAT3(0.0f, 1.0f, 0.0f),
17     XMFLOAT2(0.0f, 15.0f)},
18  };
19 static const UINT nFloorVertexNum  =  ARRAYSIZE(floorVertices);
20 static const Vertex leftWallVertices[]  =
```

```
21 {
22    //墙壁左
23    {XMFLOAT3( -7.0f, 8.0f, -14.0f), XMFLOAT3(1.0f, 0.0f, 0.0f),
24     XMFLOAT2(0.0f, 0.0f)},
25    {XMFLOAT3( -7.0f, 8.0f, 14.0f), XMFLOAT3(1.0f, 0.0f, 0.0f),
26     XMFLOAT2(15.0f, 0.0f)},
27    {XMFLOAT3( -7.0f, -2.0f, -14.0f), XMFLOAT3(1.0f, 0.0f, 0.0f),
28     XMFLOAT2(0.0f, 15.0f)},
29
30    {XMFLOAT3( -7.0f, 8.0f, 14.0f), XMFLOAT3(1.0f, 0.0f, 0.0f),
31     XMFLOAT2(15.0f, 0.0f)},
32    {XMFLOAT3( -7.0f, -2.0f, 14.0f), XMFLOAT3(1.0f, 0.0f, 0.0f),
33     XMFLOAT2(15.0f, 15.0f)},
34    {XMFLOAT3( -7.0f, -2.0f, -14.0f), XMFLOAT3(1.0f, 0.0f, 0.0f),
35     XMFLOAT2(0.0f, 15.0f)},
36 };
37 static const UINT nLeftWallVertexNum = ARRAYSIZE(leftWallVertices);
38
39 static const Vertex frontWallVertices[ ] =
40 {
41    //墙壁前
42    {XMFLOAT3( -7.0f, 8.0f, 14.0f), XMFLOAT3(0.0f, 0.0f, -1.0f),
43     XMFLOAT2(0.0f, 0.0f)},
44    {XMFLOAT3(7.0f, 8.0f, 14.0f), XMFLOAT3(0.0f, 0.0f, -1.0f),
45     XMFLOAT2(15.0f, 0.0f)},
46    {XMFLOAT3( -7.0f, -2.0f, 14.0f), XMFLOAT3(0.0f, 0.0f, -1.0f),
47     XMFLOAT2(0.0f, 15.0f)},
48
49    {XMFLOAT3(7.0f, 8.0f, 14.0f), XMFLOAT3(0.0f, 0.0f, -1.0f),
50     XMFLOAT2(15.0f, 0.0f)},
51    {XMFLOAT3(7.0f, -2.0f, 14.0f), XMFLOAT3(0.0f, 0.0f, -1.0f),
52     XMFLOAT2(15.0f, 15.0f)},
53    {XMFLOAT3( -7.0f, -2.0f, 14.0f), XMFLOAT3(0.0f, 0.0f, -1.0f),
54     XMFLOAT2(0.0f, 15.0f)},
55 };
56
57 static const UINT nFrontWallVertexNum = ARRAYSIZE(frontWallVertices);
58
59 static const Vertex rightWallVertices[ ] =
60 {
61    //墙壁右
```

```
62    {XMFLOAT3(7.0f, 8.0f, 14.0f), XMFLOAT3(-1.0f, 0.0f, 0.0f),
63      XMFLOAT2(0.0f, 0.0f)},
64    {XMFLOAT3(7.0f, 8.0f, -14.0f), XMFLOAT3(-1.0f, 0.0f, 0.0f),
65      XMFLOAT2(15.0f, 0.0f)},
66    {XMFLOAT3(7.0f, -2.0f, 14.0f), XMFLOAT3(-1.0f, 0.0f, 0.0f),
67      XMFLOAT2(0.0f, 15.0f)},
68
69    {XMFLOAT3(7.0f, 8.0f, -14.0f), XMFLOAT3(-1.0f, 0.0f, 0.0f),
70      XMFLOAT2(15.0f, 0.0f)},
71    {XMFLOAT3(7.0f, -2.0f, -14.0f), XMFLOAT3(-1.0f, 0.0f, 0.0f),
72      XMFLOAT2(15.0f, 15.0f)},
73    {XMFLOAT3(7.0f, -2.0f, 14.0f), XMFLOAT3(-1.0f, 0.0f, 0.0f),
74      XMFLOAT2(0.0f, 15.0f)},
75  };
76  static const UINT nRightWallVertexNum = ARRAYSIZE(rightWallVertices);
77
78  static const Vertex ceilingVertices[] =
79  {
80    //天花板
81    {XMFLOAT3(-7.0f, 8.0f, -14.0f), XMFLOAT3(0.0f, -1.0f, 0.0f),
82      XMFLOAT2(0.0f, 0.0f)},
83    {XMFLOAT3(7.0f, 8.0f, -14.0f), XMFLOAT3(0.0f, -1.0f, 0.0f),
84      XMFLOAT2(15.0f, 0.0f)},
85    {XMFLOAT3(-7.0f, 8.0f, 14.0f), XMFLOAT3(0.0f, -1.0f, 0.0f),
86      XMFLOAT2(0.0f, 15.0f)},
87
88    {XMFLOAT3(7.0f, 8.0f, -14.0f), XMFLOAT3(0.0f, -1.0f, 0.0f),
89      XMFLOAT2(15.0f, 0.0f)},
90    {XMFLOAT3(7.0f, 8.0f, 14.0f), XMFLOAT3(0.0f, -1.0f, 0.0f),
91      XMFLOAT2(15.0f, 15.0f)},
92    {XMFLOAT3(-7.0f, 8.0f, 14.0f), XMFLOAT3(0.0f, -1.0f, 0.0f),
93      XMFLOAT2(0.0f, 15.0f)},
94  };
95  static const UINT nCeilingVertexNum = ARRAYSIZE(ceilingVertices);
```

代码 14.16

（2）D3DObject.h 中 Background 类的设计

将代码 14.17 中的内容添加到代码 14.14 所示内容之后。

```
1  /************ 背景类 ************/
2  class Background
3  {
4    private:
```

```
5      D3DObject * pFloor;       // 地板
6      D3DObject * pCeiling;     // 天花板
7      D3DObject * pFrontWall;  // 前面的墙
8      D3DObject * pLeftWall;   // 左边的墙
9      D3DObject * pRightWall;  // 右边的墙
10
11   public:
12     Background();
13     ~Background();
14     void Set(ID3D11Device * device); //绘制前需要做的所有设置工作
15     void Draw(ID3D11DeviceContext * immediateContext, const
16              CoordinateSystem & coord);
17   };
18   inline Background::Background()
19   {
20     pFloor = new D3DObject();
21     pCeiling = new D3DObject();
22     pFrontWall = new D3DObject();
23     pLeftWall = new D3DObject();
24     pRightWall = new D3DObject();
25   }
26   inline Background:: ~ Background()
27   {
28     Delete(pFloor);
29     Delete(pCeiling);
30     Delete(pFrontWall);
31     Delete(pLeftWall);
32     Delete(pRightWall);
33   }
34
```

代码 14.17

（3）D3DObject. cpp 中 Background 类的设计

将代码 14.18 中的内容添加到代码 14.15 所示内容之后。

```
1   void Background::Set(ID3D11Device * device)
2   {
3     // 与 fx 文件绑定,并利用绑定的 D3D 设备创建好 Effect 资源,
4     // 成员变量指针 pEffect 指向了这个资源
5     pFloor -> BindFxFile(L"xShader. fx", device);
6     pCeiling -> BindFxFile(L"xShader. fx", device);
7     pFrontWall -> BindFxFile(L"xShader. fx", device);
8     pLeftWall -> BindFxFile(L"xShader. fx", device);
```

```
 9       pRightWall -> BindFxFile( L" xShader. fx" ,  device) ;
10
11       // 与材质文件绑定,由 D3D 设备生成的它能识别的纹理对象,
12       // 成员变量指针 pTexture 指向了这个资源
13       pFloor -> BindTexture( L" floor. jpg" ,  device) ;
14       pCeiling -> BindTexture( L" ceiling. jpg" ,  device) ;
15       pFrontWall -> BindTexture( L" wall. jpg" ,  device) ;
16       pLeftWall -> BindTexture( L" wall. jpg" ,  device) ;
17       pRightWall -> BindTexture( L" wall. jpg" ,  device) ;
18       // 绑定好需要绘制的物体的顶点序列
19       pFloor -> BindVertice( const_cast < Vertex * > ( floorVertices) ,
20                           nFloorVertexNum) ;
21       pCeiling -> BindVertice( const_cast < Vertex * > ( ceilingVertices) ,
22                           nCeilingVertexNum) ;
23       pFrontWall -> BindVertice( const_cast < Vertex * > ( frontWallVertices) ,
24                           nFrontWallVertexNum) ;
25       pLeftWall -> BindVertice( const_cast < Vertex * > ( leftWallVertices) ,
26                           nLeftWallVertexNum) ;
27       pRightWall -> BindVertice( const_cast < Vertex * > ( rightWallVertices) ,
28                           nRightWallVertexNum) ;
29
30       // 创建对象的输入布局,由 D3D 设备生成的它能识别的顶点输入布局对象、成员
31       // 变量指针 pVertexLayout 指向了这个对象
32       pFloor -> CreateInputLayout( device) ;
33       pCeiling -> CreateInputLayout( device) ;
34       pFrontWall -> CreateInputLayout( device) ;
35       pLeftWall -> CreateInputLayout( device) ;
36       pRightWall -> CreateInputLayout( device) ;
37
38       // 创建对象的顶点缓存,由 D3D 设备生成的它能识别的顶点缓存对象、成员变量
39       // 指针 pVertexBuffer 指向这个对象
40       pFloor -> CreateVertexBuffer( device) ;
41       pCeiling -> CreateVertexBuffer( device) ;
42       pFrontWall -> CreateVertexBuffer( device) ;
43       pLeftWall -> CreateVertexBuffer( device) ;
44       pRightWall -> CreateVertexBuffer( device) ;
45  }
46  void Background::Draw( ID3D11DeviceContext * immediateContext, const
47                           CoordinateSystem & coord)
48  {
```

```
49    pFloor -> Draw(immediateContext, coord);
50    pCeiling -> Draw(immediateContext, coord);
51    pFrontWall -> Draw(immediateContext, coord);
52    pLeftWall -> Draw(immediateContext, coord);
53    pRightWall -> Draw(immediateContext, coord);
54  }
```

代码 14.18

14.3.4 篮球的绘制

篮球是个复杂的对象,因为它具有很多特殊的属性,比如球心、半径、速度等。所以,篮球类需要从 D3DObject 类继承。对于篮球来讲,最重要的是它的抛物线轨迹运动的计算,由于屏幕会在短时间内不断刷新,将此时间段传进来,计算这个时间段内球运动的轨迹,在下次刷新屏幕之前更新球的位置。想要深入了解的读者请仔细阅读对应的函数体,有详细注释。

（1）**在 GameStandard. h 里添加篮球所需内容**

在 GameStandard. h 需要添加速度的结构、球的顶点序列等内容,将代码 14.19 中的内容加到代码 14.16 所示代码之后。

```
1   //速度的结构体的定义
2   struct Velocity
3   {
4     XMFLOAT3 Direction; // 速度方向
5     float       Power;      // 速度大小
6   };
7
8   //考虑到篮球投射出去后的抛物线运动,需要的重力常量的定义:
9   // 重力常量 单位米每平方秒
10  static const float gravity = -9.8f;
11
12  //绘制球体的顶点序列:
13  static const Vertex ballVertices[ ] =
14  {
15    // 球
16    { XMFLOAT3(1.9f, -1.5f, 2.0f), XMFLOAT3(0.0f, 0.0f, 1.0f),
17      XMFLOAT2(1.0f, 1.0f) },
18    { XMFLOAT3(0.9f, -1.5f, 2.0f), XMFLOAT3(0.0f, 0.0f, 1.0f),
19      XMFLOAT2(0.0f, 1.0f) },
20    { XMFLOAT3(0.9f, -0.5f, 2.0f), XMFLOAT3(0.0f, 0.0f, 1.0f),
21      XMFLOAT2(0.0f, 0.0f) },
22    { XMFLOAT3(0.9f, -0.5f, 2.0f), XMFLOAT3(0.0f, 0.0f, 1.0f),
23      XMFLOAT2(0.0f, 0.0f) },
24    { XMFLOAT3(1.9f, -0.5f, 2.0f), XMFLOAT3(0.0f, 0.0f, 1.0f),
25      XMFLOAT2(1.0f, 0.0f) },
```

```
26        { XMFLOAT3(1.9f, -1.5f, 2.0f), XMFLOAT3(0.0f, 0.0f, 1.0f),
27          XMFLOAT2(1.0f, 1.0f) }
28    };
29    static const UINT nBallVertexNum = ARRAYSIZE(ballVertices);
```

代码 14.19

（2）D3DObject. h 中添加 BasketBall 类

将代码 14.20 中的内容添加到代码 14.17 所示内容之后。

```
1     / ************ 子类:篮球类 ************ /
2     class BasketBall : public D3DObject
3     {
4       private:
5         // ----- 成员变量 -----
6         Velocity      velocity; // 球速
7         XMFLOAT3      center;   // 球心
8         float         fRadius;  // 半径
9
10      public:
11        // ----- 成员函数(公有) -----
12        BasketBall();
13        ~BasketBall();
14        // 设置球速
15        void SetVelocity(const XMFLOAT3 & direction, const float & power);
16        Velocity GetVelocity();
17        // 获取球速,计算球在重力影响下,以当前速度运行 time 秒
18        void Gravity(const float & time);
19        XMFLOAT3 GetCenter();// 获取球心
20        float    GetRadius(); // 获取半径
21      };
22    // ----- 函数实现(内联) -----
23    inline   BasketBall::BasketBall() : D3DObject()
24    {
25      velocity. Direction = XMFLOAT3(1.0f, 1.0f, 1.0f);
26      velocity. Power = 0.0f;
27      fRadius = 0.5f;
28      center = XMFLOAT3(1.4f, -1.0, 2.0);
29    }
30    inline BasketBall:: ~BasketBall() { }
31    inline void   BasketBall::SetVelocity(const XMFLOAT3 & direction, const
32                                        float & power)
33    {
34      velocity. Direction = direction;
```

```
35      velocity. Power = power;
36    }
37    inline Velocity BasketBall∷GetVelocity( )
38    {
39      return velocity;
40    }
41    inline XMFLOAT3 BasketBall∷GetCenter( )
42    {
43      return center;
44    }
45    inline float BasketBall∷GetRadius( )
46    {
47      return fRadius;
48    }
```

代码 14.20

（3）D3DObject.cpp 中添加 BasketBall 类

将代码 14.21 中的内容添加到代码 14.18 所示内容之后。

```
      void BasketBall∷Gravity( const float & time )
      {
3       // 由于屏幕会在短时间内不断刷新,将此时间段传进来,
4       // 计算这个时间段内球运动的轨迹,在下次刷新屏幕之前更新球的位置。
5       // 单位化速度方向向量
6       IAlgorithm∷NormalizeVelocityDirection( velocity );
7
8       // 分解后三个坐标轴方向上的速度大小(因为已经单位化,
9       // 所以直接乘以 Power 值即可得到分速度)
10      float fVx = velocity. Direction. x * velocity. Power;
11      float fVy = velocity. Direction. y * velocity. Power;
12      float fVz = velocity. Direction. z * velocity. Power;
13
14      // 三个坐标轴方向上经过时间 time 之后的位移量
15      float fSx, fSy, fSz;
16      fSx = time * fVx; // 匀速直线运动
17      fSz = time * fVz; // 匀速直线运动
18      fSy = time * fVy + 0.5f * gravity * time * time; // 有初速度的加速运动
19
20      // 更新至偏移量
21      AppendOffset( fSx, fSy, fSz );
22
23      // y 轴上速度发生了改变
24      fVy + = gravity * time;
```

260

```
25
26    // 新的速度方向的三个分量(分量速度大小决定了方向向量的长度)
27    velocity. Direction. x = fVx;
28    velocity. Direction. y = fVy;
29    velocity. Direction. z = fVz;
30
31    // 新的总速度大小
32    velocity. Power = sqrt((fVx * fVx) + (fVy * fVy) + (fVz * fVz));
33  }
```

代码 14.21

14.3.5 篮球筐的绘制

和篮球一样篮球筐同样需要从 D3DObject 继承。值得注意的是,需要实现篮球筐沿 X 轴正、反方向移动的算法。想要深入了解的读者请仔细阅读对应的函数体注释。

（1）在 GamaStandard. h 里添加所需内容

将代码 14.22 中的内容添加到代码 14.19 所示内容之后。

```
1   // 定义篮球筐移动范围
2   static const float MAX_LEFT_OFF = -4.0f;
3   static const float MAX_RIGHT_OFF = 4.0f;
4
5   //绘制篮球筐的顶点序列:
6   static const Vertex ringVertices[ ] =
7   {
8     //篮球筐(圆环)
9     { XMFLOAT3(-2.0f, 5.0f, 10.0f), XMFLOAT3(0.0f, 0.0f, -1.0f),
10      XMFLOAT2(0.0f, 0.0f) },
11    { XMFLOAT3(2.0f, 5.0f, 10.0f), XMFLOAT3(0.0f, 0.0f, -1.0f),
12      XMFLOAT2(1.0f, 0.0f) },
13    { XMFLOAT3(-2.0f, 1.0f, 10.0f), XMFLOAT3(0.0f, 0.0f, -1.0f),
14      XMFLOAT2(0.0f, 1.0f) },
15
16    { XMFLOAT3(2.0f, 5.0f, 10.0f), XMFLOAT3(0.0f, 0.0f, -1.0f),
17      XMFLOAT2(1.0f, 0.0f) },
18    { XMFLOAT3(2.0f, 1.0f, 10.0f), XMFLOAT3(0.0f, 0.0f, -1.0f),
19      XMFLOAT2(1.0f, 1.0f) },
20    { XMFLOAT3(-2.0f, 1.0f, 10.0f), XMFLOAT3(0.0f, 0.0f, -1.0f),
21      XMFLOAT2(0.0f, 1.0f) },
22  };
23  static const UINT nRingVertexNum = ARRAYSIZE(ringVertices);
```

代码 14.22

（2）在 D3DObject.h 中添加 BasketBallRing 类

将代码 14.23 中的内容添加到代码 14.20 所示内容之后。

```
1   /*********** 子类:篮球筐类 ***********/
2   class BasketBallRing : public D3DObject
3   {
4   private:
5   // ----- 成员变量 -----
6       XMFLOAT3        center;        // 环心
7       float          fRadius;       // 半径
8       bool           bMovingLeft;   // true 圆环移动朝向左,false 向右
9
10  public:
11  // ----- 成员函数 -----
12  BasketBallRing();
13  ~BasketBallRing();
14  XMFLOAT3 GetCenter();    // 获取环心
15  float    GetRadius();    // 获取半径
16  void     TurnAround();            // 转向
17  void     Moving(const float & step); // 移动
18  };
19  // ----- 函数实现 -----
20  inline BasketBallRing::BasketBallRing() : D3DObject()
21  {
22    fRadius = 2.0f;
23    center = XMFLOAT3(0.0f, 3.0f, 10.0f);
24    bMovingLeft = true;
25  }
26  inline BasketBallRing::~BasketBallRing(){}
27  inline XMFLOAT3 BasketBallRing::GetCenter()
28  {
29    return center;
30  }
31  inline float BasketBallRing::GetRadius()
32  {
33    return fRadius;
34  }
35  inline void BasketBallRing::TurnAround()
36  {
37    bMovingLeft = ! bMovingLeft;
38  }
```

代码 14.23

（3）在 D3DObject. cpp 中添加 BasketBallRing 类

将代码 14.24 中的内容添加到代码 14.21 所示内容之后。

```
1   void BasketBallRing：：Moving（const float & step）
2   {
3     if（bMovingLeft）
4     {
5       offset. x  － = step；
6       if（offset. x  <  MAX_LEFT_OFF）TurnAround（）；
7     }
8     else
9     {
10      offset. x  + = step；
11      if（offset. x  >  MAX_RIGHT_OFF）TurnAround（）；
12    }
13  }
```

代码 14.24

14.3.6　游戏界面 UI 设计

到目前为止,我们需要绘制的物体都已经绘制好了。现在需要加入游戏的交互。设计游戏交互时,最先需要考虑的就是 UI 了。本例中 UI 应该要包含以下两部分内容：

积分：显示投篮命中后获得的分数；

蓄力槽：显示投篮之前的蓄力值,决定了球速大小。

实际上,UI 也是可以被绘制到 D3D 设备中的物体。并且,被绘制出来的 UI 也应该是紧贴 Camera 的,每当 Camera 变换,UI 也需要跟着变换。

（1）在 D3DObject. h 添加 UI 类

将代码 14.25 中的内容添加到代码 14.23 所示内容之后。

```
1   / ************ 游戏界面类 ************ /
2   class D3DUI
3   {
4     private：
5       D3DObject * pScore；    // 显示分数
6       D3DObject * pTank；     // 显示蓄力槽槽底
7       D3DObject * pPower；    // 显示蓄力槽槽面
8     public：
9       D3DUI（）；
10      ~ D3DUI（）；
11      void Set（ID3D11Device * device）；
12      void SetPower（float power，ID3D11Device * device）；
13      void SetScore（int score，ID3D11Device * device）；
14      void Draw（ID3D11DeviceContext * immediateContext，const
15              CoordinateSystem & coord）；
```

```
16    };
17    inline D3DUI::D3DUI()
18    {
19        pScore  = new D3DObject();
20        pTank   = new D3DObject();
21        pPower  = new D3DObject();
22    }
23    inline D3DUI:: ~ D3DUI()
24    {
25        Delete(pScore);
26        Delete(pTank);
27        Delete(pPower);
28    }
```

代码 14.25

(2) 在 D3DObject. cpp 中添加 UI 类

将代码 14.26 中的内容添加到代码 14.24 所示内容之后。

```
1     void D3DUI::Set(ID3D11Device * device)
2     {
3         // 与 fx 文件绑定,并利用绑定的 D3D 设备创建好 Effect 资源,
4         // 成员变量指针 pEffect 指向了这个资源
5         pScore -> BindFxFile(L"xShader. fx", device);
6         pTank -> BindFxFile(L"xShader. fx", device);
7         pPower -> BindFxFile(L"xShader. fx", device);
8
9         // 与材质文件绑定,由 D3D 设备生成的它能识别的纹理对象,
10        // 成员变量指针 pTexture 指向了这个资源
11        pScore -> BindTexture(L"score. png", device);
12        pTank -> BindTexture(L"tank. png", device);
13        pPower -> BindTexture(L"power. png", device);
14    }
15    void D3DUI::SetPower(float power, ID3D11Device * device)
16    {
17        //设置顶点坐标
18        double tex_length = (power / 100 * 216 + 2);//取一步中间值
19        double left_topx, right_topx, left_bottomy, right_topy;
20        left_topx  =  - 0.275f;
21        right_topx  =  - 0.275f + tex_length / 400;
22        right_topy  =  - 0.89f;
23        left_bottomy  =  - 0.96f;
24        tex_length / = 220;
25
```

```
26    //创建顶点缓存
27    Vertex vertices[ ]  =
28    {
29      XMFLOAT3(left_topx, right_topy, 1.0f), XMFLOAT3(0.0f, 0.0f, 1.0f),
30      XMFLOAT2(0.0f, 0.0f),
31      XMFLOAT3(right_topx, right_topy, 1.0f), XMFLOAT3(0.0f, 0.0f, 1.0f),
32      XMFLOAT2(tex_length, 0.0f),
33      XMFLOAT3(left_topx, left_bottomy, 1.0f), XMFLOAT3(0.0f, 0.0f, 1.0f),
34      XMFLOAT2(0.0f, 1.0f),
35
36      XMFLOAT3(right_topx, right_topy, 1.0f), XMFLOAT3(0.0f, 0.0f, 1.0f),
37      XMFLOAT2(tex_length, 0.0f),
38      XMFLOAT3(right_topx, left_bottomy, 1.0f),
39      XMFLOAT3(0.0f, 0.0f, 1.0f), XMFLOAT2(tex_length, 1.0f),
40      XMFLOAT3(left_topx, left_bottomy, 1.0f), XMFLOAT3(0.0f, 0.0f, 1.0f),
41      XMFLOAT2(0.0f, 1.0f),
42    };
43    UINT vertexCount  =  ARRAYSIZE(vertices);
44
45    pPower -> BindVertice(vertices, vertexCount);
46
47    // 创建对象的输入布局,由 D3D 设备生成的它能识别的顶点输入布局对象,
48    // 成员变量指针 pVertexLayout 指向了这个对象
49    pPower -> CreateInputLayout(device);
50
51    // 创建对象的顶点缓存,由 D3D 设备生成的它能识别的顶点缓存对象,
52    // 成员变量指针 pVertexBuffer 指向这个对象
53    pPower -> CreateVertexBuffer(device);
54
55    Vertex tankVertices[ ]  =
56    {
57      XMFLOAT3( -0.275f, -0.9f, 1.01f), XMFLOAT3(0.0f, 0.0f, 1.0f),
58      XMFLOAT2(0.0f, 0.0f),
59      XMFLOAT3(0.275f, -0.9f, 1.01f), XMFLOAT3(0.0f, 0.0f, 1.0f),
60      XMFLOAT2(1.0f, 0.0f),
61      XMFLOAT3( -0.275f, -0.97f, 1.01f), XMFLOAT3(0.0f, 0.0f, 1.0f),
62      XMFLOAT2(0.0f, 1.0f),
63
64      XMFLOAT3(0.275f, -0.9f, 1.01f), XMFLOAT3(0.0f, 0.0f, 1.0f),
65      XMFLOAT2(1.0f, 0.0f),
66      XMFLOAT3(0.275f, -0.97f, 1.01f), XMFLOAT3(0.0f, 0.0f, 1.0f),
```

```
67          XMFLOAT2(1.0f, 1.0f),
68          XMFLOAT3( -0.275f, -0.97f, 1.01f), XMFLOAT3(0.0f, 0.0f, 1.0f),
69          XMFLOAT2(0.0f, 1.0f),
70     };
71     UINT nTankVertexNum = ARRAYSIZE(tankVertices);
72
73     pTank -> BindVertice(tankVertices, nTankVertexNum);
74
75     pTank -> CreateInputLayout(device);
76
77     pTank -> CreateVertexBuffer(device);
78  }
79  void D3DUI::SetScore(int score, ID3D11Device * device)
80  {
81    int temp = score;
82    int tempScore[10], bitScore[10];
83    int length = 0;
84    for (int i = 0; temp >= 0; i++)
85    {
86      tempScore[i] = temp % 10;
87      length ++;
88      temp /= 10;
89      if (temp == 0) break; //所有位都取完了
90    }
91    for (int i = 0; i < length; i++)
92      bitScore[i] = tempScore[length - i -1];
93
94    Vertex vertices[60];
95    Vertex tempVertex;
96    double x_offset = 0.0625;
97    double x1, x2, y1, y2;
98    x1 = -1.0f;  x2 = -0.9375;
99    y1 = 1.0f;  y2 = 0.88f;
100   for (int i = length; i >= 0; i--)
101   {
102     tempVertex = { XMFLOAT3(x1 + x_offset * i, y1, 1.0f),
103                    XMFLOAT3(0.0f, 0.0f, 1.0f),
104                    XMFLOAT2(0.0f + 0.1 * bitScore[i], 0.0f) };
105     vertices[6 * i + 0] = tempVertex;
106     tempVertex = { XMFLOAT3(x2 + x_offset * i, y1, 1.0f),
107                    XMFLOAT3(0.0f, 0.0f, 1.0f),
```

```
108                    XMFLOAT2(0.1f + 0.1 * bitScore[i], 0.0f) };
109      vertices[6 * i + 1] = tempVertex;
110  tempVertex = { XMFLOAT3(x1 + x_offset * i, y2, 1.0f),
111                 XMFLOAT3(0.0f, 0.0f, 1.0f),
112     XMFLOAT2(0.0f + 0.1 * bitScore[i], 1.0f) };
113      vertices[6 * i + 2] = tempVertex;
114
115      tempVertex = { XMFLOAT3(x2 + x_offset * i, y1, 1.0f),
116                     XMFLOAT3(0.0f, 0.0f, 1.0f),
117                     XMFLOAT2(0.1f + 0.1 * bitScore[i], 0.0f) };
118      vertices[6 * i + 3] = tempVertex;
119      tempVertex = { XMFLOAT3(x2 + x_offset * i, y2, 1.0f),
120                     XMFLOAT3(0.0f, 0.0f, 1.0f),
121                     XMFLOAT2(0.1f + 0.1 * bitScore[i], 1.0f) };
122      vertices[6 * i + 4] = tempVertex;
123      tempVertex = { XMFLOAT3(x1 + x_offset * i, y2, 1.0f),
124                     XMFLOAT3(0.0f, 0.0f, 1.0f),
125                     XMFLOAT2(0.0f + 0.1 * bitScore[i], 1.0f) };
126      vertices[6 * i + 5] = tempVertex;
127  }
128
129  UINT vertexCount = ARRAYSIZE(vertices);
130
131  pScore -> BindVertice(vertices, vertexCount);
132
133  // 创建对象的输入布局,由 D3D 设备生成的它能识别的顶点输入布局对象,
134   // 成员变量指针 pVertexLayout 指向了这个对象
135  pScore -> CreateInputLayout(device);
136
137  // 创建对象的顶点缓存,由 D3D 设备生成的它能识别的顶点缓存对象,
138  // 成员变量指针 pVertexBuffer 指向这个对象
139  pScore -> CreateVertexBuffer(device);
140  }
141  void D3DUI::Draw(ID3D11DeviceContext * immediateContext, const
142                   CoordinateSystem & coord)
143  {
144  pScore -> Draw(immediateContext, coord);
145  pTank -> Draw(immediateContext, coord);
146  pPower -> Draw(immediateContext, coord);
147  }
```

代码 14.26

14.3.7　投篮结果界面的绘制

我们希望投篮结果可以更加明确地展示出来,所以选择纹理贴图的方式来实现。

理想的实现图:

①未命中时的界面如图 14.4 所示。

图 14.4

②球打到篮球筐边上时的界面如图 14.5 所示。

图 14.5

③命中时的界面如图 14.6 所示。

图 14.6

这也只是很简单的 D3DObject 实例化对象的绘制，所以我们需要再设计 Result 类。

（1）在 GameStandard. h 里添加顶点序列

将代码 14.27 中的内容添加到代码 14.22 所示内容之后。

```
1   static const Vertex resultVertices[ ]  =
2   {
3     // 展示结果的图片
4     { XMFLOAT3( -1.8f, 2.0f, 2.0f), XMFLOAT3(0.0f, 0.0f, -1.0f),
5      XMFLOAT2(0.0f, 0.0f) },
6     { XMFLOAT3(2.2f, 2.0f, 2.0f), XMFLOAT3(0.0f, 0.0f, -1.0f),
7      XMFLOAT2(1.0f, 0.0f) },
8     { XMFLOAT3( -1.8f, -2.0f, 2.0f), XMFLOAT3(0.0f, 0.0f, -1.0f),
9      XMFLOAT2(0.0f, 1.0f) },
10
11    { XMFLOAT3(2.2f, 2.0f, 2.0f), XMFLOAT3(0.0f, 0.0f, -1.0f),
12     XMFLOAT2(1.0f, 0.0f) },
13    { XMFLOAT3(2.2f, -2.0f, 2.0f), XMFLOAT3(0.0f, 0.0f, -1.0f),
14    XMFLOAT2(1.0f, 1.0f) },
15    { XMFLOAT3( -1.8f, -2.0f, 2.0f), XMFLOAT3(0.0f, 0.0f, -1.0f),
16     XMFLOAT2(0.0f, 1.0f) },
17  };
18  static const UINT nResultVertexNum  =  ARRAYSIZE( resultVertices);
```

代码 14.27

（2）在 D3DObject. h 中添加 Result 类

将代码 14.28 中的内容添加到代码 14.25 所示内容之后。

```
1   / ************ 结果展示类 ************ /
2   class Result
3   {
4     private：
5       D3DObject * pResult_Miss；
6       D3DObject * pResult_Goal；
7       D3DObject * pResult_Brick；
8
9     public：
10      Result（ ）；
11      ~ Result（ ）；
12      void Set（ID3D11Device * device）；
13      void Draw（ID3D11DeviceContext * immediateContext, const
14                CoordinateSystem & coord, const int & result）；
15  }；
16  inline Result：：Result（ ）
17  {
18    pResult_Miss = new D3DObject（ ）；
19    pResult_Goal = new D3DObject（ ）；
20    pResult_Brick = new D3DObject（ ）；
21  }
22  inline Result：：~ Result（ ）
23  {
24    Delete（pResult_Miss）；
25    Delete（pResult_Goal）；
26    Delete（pResult_Brick）；
27  }
```

代码 14.28

（3）在 D3DObject. cpp 中添加 Result 类

将代码 14.29 中的内容添加到代码 14.26 所示内容之后。

```
1   void Result：：Set（ID3D11Device * device）
2   {
3     // 与 fx 文件绑定，并利用绑定的 D3D 设备创建好 Effect 资源，
4     // 成员变量指针 pEffect 指向了这个资源
5     pResult_Miss -> BindFxFile（L"xShader. fx", device）；
6     pResult_Goal -> BindFxFile（L"xShader. fx", device）；
7     pResult_Brick -> BindFxFile（L"xShader. fx", device）；
8
9     // 与材质文件绑定，由 D3D 设备生成的它能识别的纹理对象，
```

```
10      // 成员变量指针 pTexture 指向了这个资源
11      pResult_Miss -> BindTexture( L" Miss. png" , device) ;
12      pResult_Goal -> BindTexture( L" Goal. png" , device) ;
13      pResult_Brick -> BindTexture( L" Brick. png" , device) ;
14
15      // 绑定好需要绘制的物体的顶点序列
16      pResult_Miss -> BindVertice( const_cast < Vertex * > ( resultVertices) ,
17                      nResultVertexNum) ;
18      pResult_Goal -> BindVertice( const_cast < Vertex * > ( resultVertices) ,
19                      nResultVertexNum) ;
20      pResult_Brick -> BindVertice( const_cast < Vertex * > ( resultVertices) ,
21                      nResultVertexNum) ;
22
23      // 创建对象的输入布局,由 D3D 设备生成的它能识别的顶点输入布局对象,
24      // 成员变量指针 pVertexLayout 指向了这个对象
25      pResult_Miss -> CreateInputLayout( device) ;
26      pResult_Goal -> CreateInputLayout( device) ;
27      pResult_Brick -> CreateInputLayout( device) ;
28
29      // 创建对象的顶点缓存,由 D3D 设备生成的它能识别的顶点缓存对象,
30      // 成员变量指针 pVertexBuffer 指向这个对象
31      pResult_Miss -> CreateVertexBuffer( device) ;
32  pResult_Goal -> CreateVertexBuffer( device) ;
33      pResult_Brick -> CreateVertexBuffer( device) ;
34  }
35  void Result::Draw( ID3D11DeviceContext * immediateContext, const
36                  CoordinateSystem & coord, const int & result)
37  {
38    switch ( result)
39    {
40    case result_none: return;
41    case result_goal:
42    {
43      pResult_Goal -> Draw( immediateContext, coord) ;
44    } break;
45    case result_brick:
46    {
47      pResult_Brick -> Draw( immediateContext, coord) ;
48    } break;
      case result_miss:
49    {
```

```
50        pResult_Miss -> Draw(immediateContext, coord);
51    } break;
52  }
53 }
```

代码 14.29

14.3.8 游戏状态控制类的设计(GameState.h)

设计一个好的游戏状态控制类,有助于更好地控制游戏的运行。它用于记录游戏的状态,以及玩家的当前得分等信息。

(1)在 GameStandard.h 里添加控制类所需内容

将代码 14.30 中的内容添加到代码 14.27 所示内容之后。

```
1  //游戏状态和投篮结果的枚举
2  // ---------- 枚举 ----------
3  // 定义游戏可能状态
4  enum gameState
5  {
6      state_building,      // 正在生成 D3D 游戏环境
7      state_ready,         // 游戏准备状态,玩家可以调整视角和位置
8      state_chargeUp,      // 蓄力值上升状态,蓄力槽从空到满
9      state_chargeDown,    // 蓄力值下降状态,蓄力槽从满到空
10     state_shooting,      // 射击中,即篮球在飞行中的状态
11     state_showResult     // 展示本次投篮结果的状态
12  };
13
14  // 定义投篮结果
15  enum shootResult
16  {
17     result_none,    // 没有结果
18     result_goal,    // 篮球进框
19     result_miss,    // 篮球没有进框也没有碰到框
20     result_brick    // 篮球碰到框后反弹了
21  };
22
23  //定义游戏难度、得分上下限、蓄力值上下限:
24  // 投影矩阵
25  static const XMMATRIX projection = XMMatrixPerspectiveFovLH( XM_PIDIV2,
26                                         800.0f / 600.0f, 0.01f, 100.0f);
27
28  // 定义游戏难度
29  static const int MAX_DIFFICULTY = 10;
30  static const int MIN_DIFFICULTY = 0;
```

```
31
32    // 定义得分上下限
33    static const int MAX_SCORE = 9999;
34    static const int MIN_SCORE = 0;
35
36    // 定义蓄力值上下限
37    static const float MAX_CHARGE_POWER = 100.0f;
38    // 0.0f 时就没有速度,Gravit 算法会失败
39    static const float MIN_CHARGE_POWER = 0.1f;
```

代码 14.30

（2）编写 GameState.h 文件（如代码 14.31 所示）

```
1    #pragma once
2    #include "GameStandard.h"
3
4    class GameState
5    {
6      private:
7        // -----成员变量-----
8        int   nGameState;   // 当前游戏状态
9        int   nScore;       // 玩家得分
10       float fChargePower; // 蓄力槽数值
11
12     public:
13       // -----成员函数-----
14       GameState();
15       ~GameState();
16       void  ResetState();                              // 重置游戏状态
17       void  StateChange(const int & state);            // 改变游戏状态
18       int   GetState();                                // 获取当前游戏状态
19       void  ShowScore();                               // 显示当前的分数
20       int   GetScore();                                // 获得当前分数
21       void  ScoreUp(const int & scoreUp);              // 增加分数
22       void  ScoreDown(const int & scoreDown);          // 丢失分数
23       void  ResetScore();                              // 积分清零
24       void  ShowChargePower();                         // 显示当前蓄力值
25       float GetChargePower();                          // 获取当前蓄力值
26       void  ChargePowerUp(const float & powerUp);      // 蓄力值增加
27       void  ChargePowerDown(const float & powerDown);  // 蓄力值下降
28       void  ResetChargePower();                        // 蓄力值清零
29       void  ShowResult(const int & result);            // 显示本次投篮结果
30    };
```

```
31   // ----- 函数实现（内联）-----
32   inline    GameState::GameState()
33   {
34     ResetState();
35   }
36   inline    GameState::~GameState() {}
37   inline void GameState::ResetState() {
38   nGameState = state_building;
39   ResetScore();
40   ResetChargePower();
41   }
42   inline void   GameState::StateChange(const int & state)
43   {
44     nGameState = state;
45   }
46   inline int    GameState::GetState()
47   {
48     return nGameState;
49   }
50   inline int    GameState::GetScore()
51   {
52     return nScore;
53   }
54   inline void   GameState::ScoreUp(const int & scoreUp)
55   {
56     nScore = (scoreUp + nScore > MAX_SCORE) ? MAX_SCORE : scoreUp + nScore;
57   }
58   inline void   GameState::ScoreDown(const int & scoreDown)
59   {
60     nScore = (nScore - scoreDown < MIN_SCORE) ? MIN_SCORE :
61             nScore - scoreDown;
62   }
63   inline void   GameState::ResetScore()
64   {
65     nScore = MIN_SCORE;
66   }
67   inline float GameState::GetChargePower()
68   {
69     return fChargePower;
70   }
71   inline void   GameState::ChargePowerUp(const float & powerUp)
```

```
72  {
73     fChargePower = ( fChargePower + powerUp > MAX_CHARGE_POWER ) ?
74                      MAX_CHARGE_POWER : fChargePower + powerUp;
75  }
76  inline void   GameState::ChargePowerDown( const float & powerDown )
77  {
78     fChargePower = ( fChargePower - powerDown < MIN_CHARGE_POWER ) ?
79                      MIN_CHARGE_POWER : fChargePower -> powerDown;
80  }
81  inline void   GameState::ResetChargePower( )
82  {
83     fChargePower = MIN_CHARGE_POWER;
84  }
```

代码 14.31

14.3.9 封装设计游戏类头文件(Game.h)

游戏类设计中还包含部分算法,包括投篮结果的判定算法等,想要深入了解请仔细阅读对应的函数体注释。Game.h 的内容如代码 14.32 所示。

```
1   Game.h 的全部设计:
2
3   #pragma once
4
5   #include "D3DDevice.h"
6   #include "D3DObject.h"
7   #include "Camera.h"
8   #include "GameState.h"
9
10  class Game
11  {
12  public:
13     // -----成员变量-----
14     D3DDevice *        pD3DDevice;        // D3D 设备框架对象指针
15     D3DUI *            pUI;               // D3D 用户游戏界面对象指针
16     Camera *           pCamera;           // D3D 游戏里的摄像机对象指针
17     BasketBall *       pBall;             // 从 D3DObject 类派生的篮球类对象指针
18     BasketBallRing *   pRing;             // 从 D3DObject 类派生的篮球框类对象指针
19     Background *       pBackground;       // 游戏中的场景指针
20     GameState *        pGameState;        // 游戏状态对象指针
21     CoordinateSystem   coord;             // 各种坐标系
22     Result *           pResult;           // 投篮结果展示对象的指针
23     int                nResult;           // 记录一次投篮的结果
```

```
24      int                 nDifficulty;        // 难度系数
25
26    public：
27       // ----- 成员函数(公有) -----
28       Game( );
29       ~Game( );
30       void Build( HINSTANCE hInstance );   // 搭建游戏环境
31       void ResetWorld( );                  // 重置世界坐标系
32       void UpdateView( );   // 从当前 Camera 对象状态更新观察坐标系
33       // 将当前 Camera 的视角偏移应用到世界坐标系变换,
34       // 完成 UI 在 Camera 移动前提上的跟踪
35       void WorldAttachCamera( );
36       void WorldAttachBallOffset( );   // 将篮球的位移附加到世界坐标系变换上
37       void WorldAttachRingOffset( );   // 将篮球筐的位移附加到世界坐标系变换上
38       void CheckShooting( );                     // 检测射击结果
39       void DifficultyUp( );                      // 难度增加
40       void DifficultyDown( );                    // 难度降低
41       void UpdateWindow( const float & timeDelta );    // 更新当前窗口内容
42       int  GetDifficulty( );          // 获取当前难度值,计算加分
43
44    private：
45       // ----- 成员函数 -----
46       void Init( );
47       void ReleasePointers( );
48       void SetObjects( );
49    }；
50    // ----- 函数实现 -----
55    inline Game：：Game( )
56    {
57      Init( );
58    }
59    inline Game：：~Game( )
60    {
61      ReleasePointers( );
62    }
63    inline void Game：：Init( )
64    {
65      pD3DDevice = new D3DDevice( );
66      pUI = new D3DUI( );
67      pCamera = new Camera( );
68      pBall = new BasketBall( );
```

```
69      pRing  =    new BasketBallRing( );
70      pBackground  =  new Background( );
71      pGameState  =  new GameState( );
72      nResult  =  result_none;
73      pResult  =  new Result( );
74      nDifficulty  =  MIN_DIFFICULTY;
75      pCamera -> SetDefaultAt( );
76
77      ResetWorld( );
78      UpdateView( );
79      XMStoreFloat4x4( &( coord. projection) , projection) ;
80      coord. eyePosition. x = pCamera -> GetCurrEye( ). x;
81      coord. eyePosition. y = pCamera -> GetCurrEye( ). y;
82      coord. eyePosition. z = pCamera -> GetCurrEye( ). z;
83      coord. eyePosition. w = 1. 0f;
84   }
85   inline void Game: :ReleasePointers( )
86   {
87      Delete( pD3DDevice) ;
88      Delete( pUI) ;
89      Delete( pCamera) ;
90      Delete( pBall) ;
91      Delete( pRing) ;
92      Delete( pBackground) ;
93      Delete( pGameState) ;
94      Delete( pResult) ;
95   }
96   inline void Game: :ResetWorld( )
97   {
98      XMMATRIX world = XMMatrixIdentity( ) ; // 用于世界变换的矩阵
99      XMStoreFloat4x4( &( coord. world) , world) ;
100  }
101  inline void Game: :UpdateView( )
102  {
103    XMStoreFloat4x4( &( coord. view) , pCamera -> GetViewMatrix( ) ) ;
104  }
105  inline void Game: :WorldAttachCamera( )
106  {
107    XMMATRIX newWorld = XMLoadFloat4x4( &( coord. world) )  *
108                        pCamera -> GetCameraAttachMatrix( ) ;
109  XMStoreFloat4x4( &( coord. world) , newWorld) ;
```

```
110 }
111 inline void Game::WorldAttachBallOffset()
112 {
113    XMMATRIX newWorld = XMLoadFloat4x4(&(coord.world)) *
114                        pBall->GetOffsetTranslationMatrix();
115    XMStoreFloat4x4(&(coord.world), newWorld);
116 }
117 inline void Game::WorldAttachRingOffset()
118 {
119    XMMATRIX newWorld = XMLoadFloat4x4(&(coord.world)) *
120                        pRing->GetOffsetTranslationMatrix();
121    XMStoreFloat4x4(&(coord.world), newWorld);
122 }
123 inline void Game::DifficultyUp()
124 {
125    if (nDifficulty < MAX_DIFFICULTY) nDifficulty++;
126 }
127 inline void Game::DifficultyDown()
128 {
129    if (nDifficulty > MIN_DIFFICULTY) nDifficulty--;
130 }
131 inline int Game::GetDifficulty()
132 {
133    return nDifficulty;
134 }
135
136 void Game::SetObjects()
137 {
138    // 与 fx 文件绑定,并利用绑定的 D3D 设备创建好 Effect 资源,
139    // 成员变量指针 pEffect 指向了这个资源
140    pBall->BindFxFile(L"xShader.fx", pD3DDevice->GetDevice());
141    pRing->BindFxFile(L"xShader.fx", pD3DDevice->GetDevice());
142
143    // 与材质文件绑定,由 D3D 设备生成的它能识别的纹理对象,
144    // 成员变量指针 pTexture 指向了这个资源
145    pBall->BindTexture(L"basketball.png", pD3DDevice->GetDevice());
146    pRing->BindTexture(L"Ring.png", pD3DDevice->GetDevice());
147
148    // 绑定好需要绘制的物体的顶点序列
149    pBall->BindVertice(const_cast<Vertex*>(ballVertices), nBallVertexNum);
150    pRing->BindVertice(const_cast<Vertex*>(ringVertices), nRingVertexNum);
```

```
151
152    // 创建对象的输入布局,由 D3D 设备生成的它能识别的顶点输入布局对象,
153    // 成员变量指针 pVertexLayout 指向了这个对象
154    pBall -> CreateInputLayout( pD3DDevice -> GetDevice( ) );
155    pRing -> CreateInputLayout( pD3DDevice -> GetDevice( ) );
156
157    // 创建对象的顶点缓存,由 D3D 设备生成的它能识别的顶点缓存对象,
158    //成员变量指针 pVertexBuffer 指向这个对象
159    pBall -> CreateVertexBuffer( pD3DDevice -> GetDevice( ) );
160    pRing -> CreateVertexBuffer( pD3DDevice -> GetDevice( ) );
161
162    // 一键处理的对象
163    pBackground -> Set( pD3DDevice -> GetDevice( ) );
164    pResult -> Set( pD3DDevice -> GetDevice( ) );
165    pUI -> Set( pD3DDevice -> GetDevice( ) );
166 }
167 void Game::Build( HINSTANCE hInstance )
168 {
169    // 初始化 D3D 框架设备
170    pD3DDevice -> InitD3D( hInstance );
171
172    // 建立好所有对象(载入顶点序列等)
173    SetObjects( );
174
175    // 改变状态为 Ready
176    pGameState -> StateChange( state_ready );
177 }
178 void Game::CheckShooting( )
179 {
180    // 计算 WorldAttachCamera 时,球发生的位移
181    XMVECTOR vec = XMVectorSet( pBall -> GetCenter( ).x, pBall -> GetCenter( ).y,
182                                pBall -> GetCenter( ).z, 1.0f );
183    XMVECTOR newVec = XMVector4Transform( vec,
184                          pCamera -> GetCameraAttachMatrix( ) );
185    vec = newVec -> vec;
186    XMFLOAT3 attachOff = XMFLOAT3( XMVectorGetX( vec ), XMVectorGetY( vec ),
187                              XMVectorGetZ( vec ) );
188
189    // 如果在球到达球框的 z 平面之前就掉下(蓄力太小的情况)
190    if ( pBall -> GetOffset( ).y < -1.0f)
191    {
```

```
192        nResult = result_miss;
193      return;
194    }
195    // 当球移动到圆环所在 z 平面时
196    if (attachOff.z + pBall -> GetOffset().z + pBall -> GetCenter().z +
197        pBall -> GetRadius() >= pRing -> GetCenter().z)
198    {
199      // 球和圆环都可以看作圆形,计算两个圆形的圆心距 d:
200      // 如果 d 大于半径之和,则相离,未命中 Miss
201      // 如果 d 小于半径之差,则包含,命中 Goal
202      // 如果 d 处于半径之和与差之间,则是相交,擦边框 Brick
203      float d = sqrtf(powf(pBall -> GetCenter().x + pBall -> GetOffset().x +
204                          attachOff.x -> pRing -> GetCenter().x -
205                          pRing -> GetOffset().x, 2.0f) +
206                          powf(pBall -> GetCenter().y +
207                          pBall -> GetOffset().y + attachOff.y -
208                          pRing -> GetCenter().y, 2.0f));
209      if (d > pBall -> GetRadius() + pRing -> GetRadius())
210        nResult = result_miss;
211      else if (d < pRing -> GetRadius() - pBall -> GetRadius())
212        nResult = result_goal;
213        else nResult = result_brick;
214    }
215    }
216    void Game::UpdateWindow(const float & timeDelta)
217    {
218      switch (pGameState -> GetState())
219      {
220      case state_building:break;
221      case state_ready:// 准备投篮阶段
222        {
223        // 绘制球
224        UpdateView();
225        ResetWorld();
226        WorldAttachCamera();
227        pBall -> Draw(pD3DDevice -> GetImmediateContext(), coord);
228
229        // 更新后绘制 UI
230        pUI -> SetPower(pGameState -> GetChargePower(),
231        pD3DDevice -> GetDevice()); // 更新蓄力值
232        // 更新分数
```

```
233        pUI -> SetScore( pGameState -> GetScore( ) , pD3DDevice -> GetDevice( ) );
234        pUI -> Draw( pD3DDevice -> GetImmediateContext( ) , coord);
235
236        // 绘制背景
237        ResetWorld( );
238        pBackground -> Draw( pD3DDevice -> GetImmediateContext( ) , coord);
239
240        // 绘制球框
241        pRing -> Moving( timeDelta * nDifficulty );    // 环先移动,更新位置
242        WorldAttachRingOffset( );
243        pRing -> Draw( pD3DDevice -> GetImmediateContext( ) , coord);
244
245        pD3DDevice -> GetSwapChain( ) -> Present( 0 , 0 );
246     } break ;
247     case state_chargeUp :
248     {
249        // 绘制球
250        UpdateView( );
251        ResetWorld( );
252        WorldAttachCamera( );
253        pBall -> Draw( pD3DDevice -> GetImmediateContext( ) , coord);
254
255        // 绘制 UI
256        pUI -> SetPower( pGameState -> GetChargePower( ),
257                        pD3DDevice -> GetDevice( ) );
258        pUI -> SetScore( pGameState -> GetScore( ) , pD3DDevice -> GetDevice( ) );
259        pUI -> Draw( pD3DDevice -> GetImmediateContext( ) , coord);
260
261        //绘制背景
262        ResetWorld( );
263        pBackground -> Draw( pD3DDevice -> GetImmediateContext( ) , coord);
264
265        // 绘制球框
266        pRing -> Moving( timeDelta * nDifficulty );
267        WorldAttachRingOffset( );
268        pRing -> Draw( pD3DDevice -> GetImmediateContext( ) , coord);
269        pD3DDevice -> GetSwapChain( ) -> Present( 0 , 0 );
270     } break ;
271     case state_chargeDown :
272     {
273        // 绘制球
```

```
274        UpdateView();
275        ResetWorld();
276        WorldAttachCamera();
277        pBall -> Draw(pD3DDevice -> GetImmediateContext(), coord);
278
279        // 绘制 UI
280        pUI -> SetPower(pGameState -> GetChargePower(),
281                        pD3DDevice -> GetDevice());
282        pUI -> SetScore(pGameState -> GetScore(), pD3DDevice -> GetDevice());
283        pUI -> Draw(pD3DDevice -> GetImmediateContext(), coord);
284
285        // 绘制背景
286        ResetWorld();
287        pBackground -> Draw(pD3DDevice -> GetImmediateContext(), coord);
288
289        // 绘制球筐
290        pRing -> Moving(timeDelta * nDifficulty);
291        WorldAttachRingOffset();
292        pRing -> Draw(pD3DDevice -> GetImmediateContext(), coord);
293
294        pD3DDevice -> GetSwapChain() -> Present(0, 0);
295    } break;
296    case state_shooting:
297    {
298        UpdateView();
299        ResetWorld();
300        WorldAttachCamera();
301        pBall -> Gravity(timeDelta);    // 球做抛物线运动
302
303        // 绘制 UI
304        pUI -> SetPower(pGameState -> GetChargePower(),
305                        pD3DDevice -> GetDevice());
306        pUI -> SetScore(pGameState -> GetScore(), pD3DDevice -> GetDevice());
307        pUI -> Draw(pD3DDevice -> GetImmediateContext(), coord);
308
309        // 绘制球
310        WorldAttachBallOffset();
311        pBall -> Draw(pD3DDevice -> GetImmediateContext(), coord);
312
313        // 绘制背景
314        ResetWorld();
```

```
315        pBackground -> Draw( pD3DDevice -> GetImmediateContext( ), coord );
316
317        // 绘制球筐
318        pRing -> Moving( timeDelta * nDifficulty );
319        WorldAttachRingOffset( );
320        pRing -> Draw( pD3DDevice -> GetImmediateContext( ), coord );
321
322        pD3DDevice -> GetSwapChain( ) -> Present( 0, 0 );
323      } break;
324        case state_showResult:
325      {
326        UpdateView( );
327        ResetWorld( );
328        WorldAttachCamera( );
329        pBall -> Gravity( timeDelta );
330
331        // 绘制结果展示图
332        pResult -> Draw( pD3DDevice -> GetImmediateContext( ), coord, nResult );
333
334        // 绘制 UI
335        pUI -> SetPower( pGameState -> GetChargePower( ),
336                     pD3DDevice -> GetDevice( ) );
337    pUI -> SetScore( pGameState -> GetScore( ), pD3DDevice -> GetDevice( ) );
338    pUI -> Draw( pD3DDevice -> GetImmediateContext( ), coord );
339
340    // 绘制球
341    WorldAttachBallOffset( );
342    pBall -> Draw( pD3DDevice -> GetImmediateContext( ), coord );
343
344    // 绘制背景
345    ResetWorld( );
346    pBackground -> Draw( pD3DDevice -> GetImmediateContext( ), coord );
347
348    // 绘制球框
349    pRing -> Moving( timeDelta * nDifficulty );
350    WorldAttachRingOffset( );
351    pRing -> Draw( pD3DDevice -> GetImmediateContext( ), coord );
352
353    pD3DDevice -> GetSwapChain( ) -> Present( 0, 0 );
354      }
355    }
356  }
```

代码 14.32

14.3.10 实现游戏交互

完善 Game.cpp,添加按键响应和消息循环处理程序。详细设计请仔细阅读对应函数体的注释,将代码 14.33 中的内容替换掉代码 14.4 所示内容。

```
1    #include "Game.h"
2    Game game; // 游戏对象
3    // 移动位置和视角的按键响应,详细操作见章节 14.1 概述中说明
4    void TransRespond(const float & timeDelta)
5    {
6      if (::GetAsyncKeyState('A') & 0x8000f)
7        game.pCamera -> AppendAtOffX( - timeDelta * 20);
8      if (::GetAsyncKeyState('D') & 0x8000f)
9        game.pCamera -> AppendAtOffX(timeDelta * 20);
10     if (::GetAsyncKeyState('W') & 0x8000f)
11       game.pCamera -> AppendAtOffY(timeDelta * 20);
12     if (::GetAsyncKeyState('S') & 0x8000f)
13       game.pCamera -> AppendAtOffY( - timeDelta * 20);
14     if (::GetAsyncKeyState(VK_LEFT) & 0x8000f)
15     { game.pCamera -> AppendEyeOffX( - timeDelta * 10);
16       game.pCamera -> AppendAtOffX( - timeDelta * 10);
17     }
18     if (::GetAsyncKeyState(VK_RIGHT) & 0x8000f)
19     {
20       game.pCamera -> AppendEyeOffX(timeDelta * 10);
21       game.pCamera -> AppendAtOffX(timeDelta * 10);
22     }
23   }
24
25   // 消息循环处理函数
26   void Run(float timeDelta)
27   {
28     float ClearColor[4] = { 0.0f, 0.0f, 0.2f, 1.0f };
29     game.pD3DDevice -> ClearView(ClearColor);
30     switch (game.pGameState -> GetState())
31     {
32       case state_building: break;
33       case state_ready:// 此时游戏已开始,玩家可以移动位置和视角
34       {
35         // 移动位置和视角的按键响应
36         TransRespond(timeDelta);
```

```
37
38        // 玩家按下空格,进入蓄力状态
39        if ( ::GetAsyncKeyState( VK_SPACE) & 0x8000f)
40        {
41          game. pGameState -> StateChange( state_chargeUp);
42          break;
43        }
44
45        // 更新窗口绘制
46        game. UpdateWindow( timeDelta);
47    } break;
48    case state_chargeUp:
49    {
50        // 移动位置和视角的按键响应
51        TransRespond( timeDelta);
52
53        // 蓄力按键响应
54        if ( ::GetAsyncKeyState( VK_SPACE) & 0x8000f)
55          game. pGameState -> ChargePowerUp(0. 5f);
56        else
57        {
58          PlaySound( L"投篮. wav", NULL, SND_ALIAS | SND_ASYNC); // 播放音效
59          game. pGameState -> StateChange( state_shooting);
60          XMFLOAT3 dir = XMFLOAT3( game. pCamera -> GetCurrAt( ). x -
61                                     game. pCamera -> GetCurrEye( ). x,
62                                     game. pCamera -> GetCurrAt( ). y -
63                                     game. pCamera -> GetCurrEye( ). y,
64                                     game. pCamera -> GetCurrAt( ). z -
65                                     game. pCamera -> GetCurrEye( ). z);
66          game. pBall -> SetVelocity( dir, game. pGameState -> GetChargePower( ) /
67                                     5. 0f);
68          break;
69        }
70
71        // 蓄力槽满后若还未释放空格,则蓄力下降
72        if ( game. pGameState -> GetChargePower( ) == MAX_CHARGE_POWER)
73        {
74          game. pGameState -> StateChange( state_chargeDown);
75          break;
76        }
77
```

```
78          // 更新窗口绘制
79          game. UpdateWindow( timeDelta);
80      }break;
81      case state_chargeDown:
82      {
83          // 移动位置和视角的按键响应
84          TransRespond( timeDelta);
85
86          // 蓄力按键响应
87          if ( ::GetAsyncKeyState( VK_SPACE) & 0x8000f)
88              game. pGameState -> ChargePowerDown( 0.5f);
89          else
90          {
91              PlaySound( L"投篮.wav", NULL, SND_ALIAS | SND_ASYNC);
92              game. pGameState -> StateChange( state_shooting);
93              XMFLOAT3 dir = XMFLOAT3( game. pCamera -> GetCurrAt( ). x -
94                                      game. pCamera -> GetCurrEye( ). x,
95                                      game. pCamera -> GetCurrAt( ). y -
96                                      game. pCamera -> GetCurrEye( ). y,
97                                      game. pCamera -> GetCurrAt( ). z -
98                                      game. pCamera -> GetCurrEye( ). z);
99              game. pBall -> SetVelocity( dir, game. pGameState -> GetChargePower( ) /
100                             5.0f);
101             break;
102         }
103
104         // 蓄力槽空后若还未释放空格，则蓄力上升
105         if ( game. pGameState -> GetChargePower( ) == MIN_CHARGE_POWER)
106         {
107             game. pGameState -> StateChange( state_chargeUp);
108             break;
109         }
110
111         // 更新窗口绘制
112         game. UpdateWindow( timeDelta);
113     }break;
114     case state_shooting:
115     {
116         static int nTimes = 0; // 防止算法上的 BUG 进入死循环
117         nTimes + +;
118 //如果进入算法的死循环，在屏幕刷新 1000 次后跳出死循环
```

```
119        if ( nTimes > 1000 )
120        {
121            game. pGameState -> StateChange( state_showResult ) ;
122            nTimes = 0 ;
123        }
124
125        // 更新窗口绘制
126        game. UpdateWindow( timeDelta ) ;
127
128        // 开始判断设计结果
129        game. CheckShooting( ) ;
130
131        // 若计算出了结果,进入结果展示状态
132        if ( game. nResult ! = result_none )
133        {
134            game. pGameState -> StateChange( state_showResult ) ;
135            nTimes = 0 ;
136        }
137    } break ;
138    case state_showResult :
139    {
140        static bool bPlaySound = true ;
141        if ( bPlaySound )
142        {
143            switch ( game. nResult )  // 播放音效
144            {
145                case result_goal :
146                    PlaySound( L" 进球. wav" , NULL, SND_ALIAS | SND_ASYNC ) ;
147                    break ;
148                case result_miss :
149                    PlaySound( L" 未进. wav" , NULL, SND_ALIAS | SND_ASYNC ) ;
150                    break ;
151                case result_brick :
152                    PlaySound( L" 篮球碰撞. wav" , NULL, SND_ALIAS | SND_ASYNC ) ;
153                    break ;
154            }
155            bPlaySound = false ;
156        }
157
158        // 记录时间,结果展示的时间为 1 秒左右
159        static float fShowTime = 0. 0f ;
```

```
160        fShowTime + = timeDelta;
161
162        // 更新窗口绘制
163        game.UpdateWindow(timeDelta);
164
165        // 展示时间到,重置状态
166        if (fShowTime > 1.0f)
167        {
168            fShowTime = 0.0f; // 重置时间
169            if (game.nResult == result_goal) // 加分
170            {
171                game.pGameState -> ScoreUp(100 * (game.GetDifficulty() + 1));
172            }
173
174            // 状态重置
175            game.nResult = result_none;
176            game.pGameState -> ResetChargePower();
177            game.pBall -> SetOffset(0.0f, 0.0f, 0.0f);
178            game.pGameState -> StateChange(state_ready);
179            bPlaySound = true;
180        }
181    }
182 }
183 }
184
185 // 消息循环函数
186 int EnterMsgLoop(void(*run)(float timeDelta))
187 {
188   MSG msg;
189   memset(&msg, 0, sizeof(msg));
190   // 获取当前时间,作为上一次记录的时间
191   static float fLastTime = static_cast<float>(timeGetTime());
192
193 while (msg.message ! = WM_QUIT)
194 {
195   // 为一个消息检查线程消息队列,消息可得到,返回非 0 值,否则返回 0
196   if (PeekMessage(&msg, NULL, 0, 0, PM_REMOVE))
197   {
198     TranslateMessage(&msg); // 将消息 msg 的虚拟键转换为字符信息
199     DispatchMessage(&msg); // 将消息传到回调函数中的 WndProc 中
200   }
```

```
201      else
202      {
203          // 获取当前时间
204          float fCurrTime = static_cast < float > (timeGetTime( ));
205          // 调用显示函数,后面实现图形的变化时会用到
206          run((fCurrTime - fLastTime) * 0.001f);
207          fLastTime = fCurrTime;
208      }
209  }
210  return msg.wParam;
211  }
212
213  // 回调函数
214  LRESULT CALLBACK WndProc(HWND hwnd, UINT msg, WPARAM wParam, LPARAM
215                                    lParam)
216  {
217    switch (msg)
218    {
219      case WM_DESTROY:
220          ::PostQuitMessage(0);
221      case WM_KEYDOWN:
222          if (wParam == VK_ESCAPE) DestroyWindow(hwnd);
223          if (wParam == VK_F1) game.DifficultyDown( );
224          if (wParam == VK_F2) game.DifficultyUp( );
225          break;
226    }
227    return ::DefWindowProc(hwnd, msg, wParam, lParam);
228  }
229
230  // 程序主入口
231  int WINAPI WinMain(HINSTANCE hInstance, HINSTANCE hPrevInstance,
232                    LPSTR lpCmdLine, int nShowCmd)
233  {
234    game.Build(hInstance);      // 搭建游戏环境
235    EnterMsgLoop(Run);          // 运行游戏
236    return 0;
237  }
```

代码 14.33

14.3.11　编译并运行游戏

编译并运行游戏,就会出现如图 14.7 所示的画面。

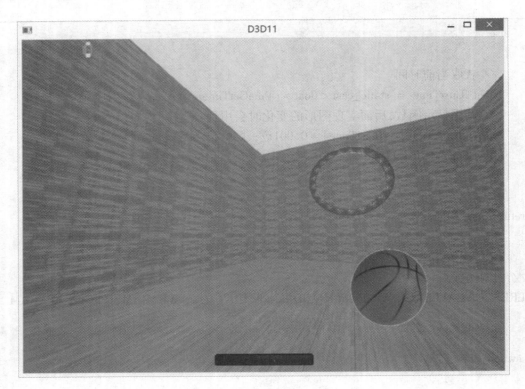

图 14.7　游戏界面

　　按下空格键,蓄力槽就会增长或减少,在适当的力度时松开空格键,就可以抛出篮球,如图 14.8 所示。当篮球投到篮球框里后就可得分。游戏的其他操作细节见本章概述中的游戏操作说明。到此 投篮游戏就编写完成了,读者可以根据对游戏的理解对本游戏进行扩展。

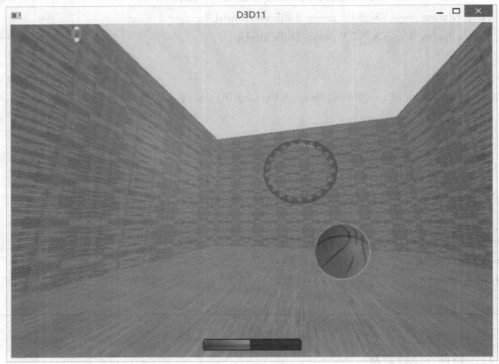

图 14.8　抛出篮球

14.4* 思考题

（1）利用 obj 模型实现 3D 的球体和球筐绘制。
（2）加入光照效果，如投篮命中后展示舞台灯光效果。
（3）引入碰撞检测、球反弹的算法等。

参考文献

［1］Frank D. Luna, Introduction to 3D Game Programming with Directx 11, Mercury Learning & Information, 2012.

［2］Allen Sheerod, Wendy Jones. Beginning DirectX 11 Game Programming, Course Technology PTR, 2011.

［3］Nicolao Hardmod Carlyle, Games with DirectX 11 Support, Crypt Publishing, 2011.

［4］姚莉,高瞻,肖健,等.3D 图形编程基础——基于 DirectX 11［M］.北京:清华大学出版社,2012.

［5］韩元利,王汉东.DirectX 11 高级图形开发技术实战［M］.北京:科学出版社,2013.

［6］Frank D. Luna. DirectX 9.0 3D 游戏开发编程基础［M］.段菲,译.北京:清华大学出版社,2007.

［7］李健波,丁海燕.DirectX 3D HLSL 高级实例精讲［M］.北京:清华大学出版社,2013.